普通高等教育工程管理和工程造价专业系列教材

建 筑 力 学

主　编　陶　阳
副主编　万泽青　徐士代
参　编　张志超　余传斌
主　审　邓宗白

机械工业出版社

本书按照高等学校理工科建筑力学课程教学的基本要求编写而成，在内容体系和方法上做了较大调整，将相同的概念组成概念群以强化学生对基本概念的掌握，将工程问题的建模结合实际工程以强化学生的建模能力和综合应用理论知识解决实际工程问题的能力。本书编排紧凑、概念清晰、体系创新、面向工程，是一本特色鲜明、有创意的教材。

全书共 12 章，包括绪论、静力学基础、平面力系、空间力系、杆件的内力计算、截面的几何性质、杆件的应力与变形、杆件的强度与刚度、压杆稳定、静定结构的内力计算、静定结构的位移计算、超静定结构的计算方法。

本书绪论附有复习思考题，其余各章均附有复习思考题和习题。为便于教学，本书配有教学 PPT 课件、教学大纲、习题答案和二维码视频等丰富的教学资源。

本书可作为工程管理、建筑学等专业的教材，也可作为工程管理从业人员的参考书。

图书在版编目（CIP）数据

建筑力学/陶阳主编. —北京：机械工业出版社，2024.1
普通高等教育工程管理和工程造价专业系列教材
ISBN 978-7-111-74532-7

I.①建… II.①陶… III.①建筑科学-力学-高等学校-教材 IV.①TU311

中国国家版本馆 CIP 数据核字（2024）第 032656 号

机械工业出版社（北京市百万庄大街 22 号 邮政编码 100037）
策划编辑：林 辉   责任编辑：林 辉 高凤春
责任校对：李可意 宋 安   封面设计：张 静
责任印制：任维东
天津嘉恒印务有限公司印刷
2024 年 5 月第 1 版第 1 次印刷
184mm×260mm · 18.25 印张 · 487 千字
标准书号：ISBN 978-7-111-74532-7
定价：59.00 元

电话服务   网络服务
客服电话：010-88361066   机 工 官 网：www.cmpbook.com
　　　　　010-88379833   机 工 官 博：weibo.com/cmp1952
　　　　　010-68326294   金 书 网：www.golden-book.com
封底无防伪标均为盗版   机工教育服务网：www.cmpedu.com

普通高等教育工程管理和工程造价专业系列教材

编审委员会

序

　　住房和城乡建设部高等学校工程管理和工程造价学科专业指导委员会（简称教指委）组织编制了《高等学校工程管理本科指导性专业规范（2014）》和《高等学校工程造价本科指导性专业规范（2015）》（简称《专业规范》）。两个《专业规范》自发布以来，受到相关高等学校的广泛关注，促进学校根据自身的特点和定位，进一步改革培养目标和培养方案，积极探索课程教学体系、教材体系改革的路径，以培养具有各校特色、满足社会需要的工程建设高级管理人才。

　　2017年9月，江苏、安徽等省的高校中一些承担工程管理、工程造价专业课程教学任务的教师在南京召开了具有区域特色的教学研讨会，就不同类型学校的工程管理和工程造价两个专业的本科专业人才培养目标、培养方案以及课程教学与教材体系建设展开研讨。其中，教材建设得到了机械工业出版社的大力支持。机械工业出版社认真领会教指委的精神，结合研讨会的研讨成果和高等学校的教学实际，制订了普通高等教育工程管理和工程造价专业系列教材的编写计划，成立了本系列教材编审委员会。经相关各方共同努力，本系列教材将先后出版，与读者见面。

　　普通高等教育工程管理和工程造价专业系列教材的特点如下：

　　1）系统性与创新性。根据两个《专业规范》的要求，编审委员会研讨并确定了该系列教材中各教材的名称和内容，既保证了各教材之间的独立性，又满足了它们之间的相关性；根据工程技术、信息技术和工程建设管理的最新发展成果，完善教材的内容，创新教材的展现方式。

　　2）实践性和应用性。在教材编写过程中，始终强调将工程建设实践成果写进教材，并将教学实践中收获的经验、体会在教材中充分体现；始终强调基本概念、基础理论要与工程应用有机结合，通过引入适当的案例，深化学生对基础理论的认识。

　　3）符合当代大学生的学习习惯。针对当代大学生信息获取渠道多且便捷、学习习惯在发生变化的特点，本系列教材始终强调在基本概念、基本原理描述清楚、完整的同时，给学生留有较多的空间去获得相关知识。

　　期望本系列教材的出版，有助于促进高等学校工程管理和工程造价专业本科教育教学质量的提升，进而促进这两个专业教育教学的创新和人才培养水平的提高。

前　言

　　本书按照高等学校理工科建筑力学课程教学的基本要求编写而成，结合工程实际和生活实际引入相关问题，深入总结了编者30多年的教学实践，力争做到编写内容在传承中创新、博采众长、与时俱进。

　　本书突出对学生综合能力的培养，在内容体系和方法上做了较大调整，将相同的概念组成概念群以强化学生对基本概念的掌握，将工程问题的建模结合实际工程以强化学生的建模能力和综合应用理论知识解决实际工程问题的能力。本书编排紧凑、概念清楚、体系创新、面向工程，是一本特色鲜明、有创意的教材。

　　本书第1、5、6、7、8、9章主要由扬州大学陶阳编写；第2、3、4章，以及第8、9章习题由扬州大学万泽青编写；第10、11、12章由安徽工业大学徐士代编写；扬州大学张志超和余传斌参加了第6、7章习题的编写工作。全书由陶阳统稿。

　　本书特邀请南京航空航天大学邓宗白教授担任主审，邓宗白教授对本书提出了许多宝贵的意见，在此特向他表示衷心的感谢。

　　在本书编写过程中，编者参阅了有关专家、学者的一些文献，吸取了文献中的许多长处，谨在此表示诚挚的谢意。

　　由于编者水平和时间有限，本书难免有不妥和疏漏之处，敬请读者批评指正。

编　者

目　录

第1章

绪　论

1.1　建筑力学的研究对象和任务

建筑力学的内容是由理论力学中的静力学、材料力学和结构力学的主要内容，依据知识点的连续性和相关性，经重新组织而形成的知识体系，适用于工程管理、工程造价、建筑学等专业的建筑力学课程。

1.1.1　结构与构件

建筑力学的研究对象为建筑结构及其构件。建筑**结构**如厂房、桥梁、闸、坝、电视塔等，是由工程材料制成的构件（如梁、柱等）按合理方式连接而成，它能承受和传递荷载，起骨架作用。

结构按其几何特征可分为三类：

（1）杆系结构　长度方向的尺寸远大于横截面上两个方向尺寸的构件称为杆件。由若干杆件通过适当方式相互连接而组成的结构体系称为杆系结构，如刚架、桁架等。

（2）板壳结构　板壳结构也可称为薄壁结构，是指厚度远小于其他两个方向上尺寸的结构。其中，表面为平面形状的称为板；表面为曲面形状的称为壳（图1-1）。例如，一般的钢筋混凝土楼面均为平板结构，一些特殊形体的建筑，如悉尼歌剧院的屋面及一些穹形屋顶就为壳体结构。

（3）实体结构　实体结构也称为块体结构，是指长、宽、高三个方向尺寸相仿的结构。例如，重力式挡土墙（图1-2）、水坝、建筑物基础等均属于实体结构。

图1-1　壳体结构

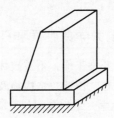

图1-2　重力式挡土墙

组成结构或机械的零部件，如建筑物的梁和柱、旋转机械的轴等，常统称为**构件**。构件在外力作用下，会发生尺寸和形状的变化，这种变化称为**变形**。因此，构件一般都是**变形固体**。杆件是工程实际中最常见、最基本的构件，如桁架中的杆、建筑物的梁、高架桥的桥墩柱和车轮的轴等都可看作杆件。

杆件的两个主要几何因素是横截面和轴线。垂直于杆件长度方向的截面称为**横截面**。横截面形心的连线称为**轴线**。显然，杆件的轴线与其横截面是相互垂直的（图1-3）。

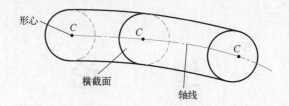

图 1-3　杆件的几何特征

轴线为直线的杆件称为**直杆**；轴线为曲线的杆件称为**曲杆**。

当杆件横截面的尺寸都相同时称为**等截面杆**；否则为**变截面杆**。

工程实际中，最常见的杆件是等截面直杆（图1-4a），简称**等直杆**。等直杆的分析计算原理一般可近似地用于曲率较小的曲杆（图1-4b）和横截面无显著变化的变截面杆。

若杆件的轴线为折线，通常是由几段直线组成的折线，且在折点处是刚性固结，这类结构称为**刚架**；由于折点刚性固结，在受力后不产生变形，故称为**刚结点**（图1-4c）。

建筑力学的主要研究对象是等截面直杆，也不同程度地涉及一些其他构件。

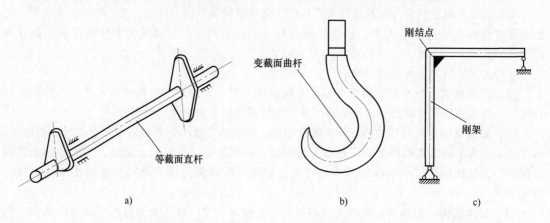

图 1-4　杆件示意图

1.1.2　建筑力学的性质和任务

结构若能正常工作，不被破坏，就必须保证在荷载作用下，组成结构的每一个构件都能安全、正常地工作。因此，结构物及其构件在力学上必须满足以下要求：

（1）静力学　结构各构件之间以及结构整体与支承结构的基础之间不发生相对运动，使结构能承受荷载并维持平衡。

（2）强度　构件不发生破坏（如断裂或屈服），具备足够的抵抗破坏的能力，如飞机机翼、房屋主梁不能断裂，压力容器不能爆炸等。

（3）刚度　构件不产生过大的变形（一般为弹性变形），具备足够的抵抗变形的能力，如车床的主轴变形过大将影响加工精度等。

（4）稳定性　受压力作用的构件在微小干扰下，不会改变原有的平衡状态（也称平衡形

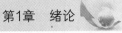

态），具备足够的保持原有平衡状态的能力，如工程中受压的细长杆件，若发生显著的弯曲而不能回到初始直线状态时，结构面临垮塌的危险。

强度、刚度、稳定性是构件设计必须满足的条件，随工况、结构不同，三个方面会有所侧重或兼而有之。显然，改变构件的形状和尺寸、选用优质材料等措施，可以提高构件安全工作的能力。但若片面追求构件的承载能力和安全性，不恰当地改变构件形状和尺寸或选用优质材料，将会增加构件的质量和制造成本，所以安全性与经济性常常是矛盾的。建筑力学就是要合理解决这对矛盾。

1.2　荷载的分类

结构或机械是由多个构件组装而成的，它们相互制约或相互传递机械作用。当取其某一部分作为研究对象时，可设想将它从周边物体中分离取出，并用力代替周边物体对它的作用。其中来自研究对象外部的作用力（或力矩）称为**荷载**；限制研究对象自由运动的反作用力（矩）称为**约束力**。前者是**主动力**，后者是**被动力**。

荷载的分类有不同的形式。若以在构件上的作用方式，可分为连续分布于物体内部各点的**体积力**（如物体的自重和惯性力）和作用于物体表面的**表面力**，表面力按其分布方式又可分为分布荷载和集中荷载。

（1）分布荷载　连续分布在构件表面的荷载称为**分布荷载**，如压力容器里的压力、飞行器受到的气动力、船体和坝体受到的水压力、桥梁和建筑物受到的风力等。

当分布荷载沿杆件的轴线均匀分布时，称为**均布荷载**，如钢板对轧辊的作用力等。

（2）集中荷载　当荷载作用的面积远小于构件的表面尺寸或荷载的作用范围远小于构件的轴线长度时，可视为荷载作用在一个几何点上，称为**集中荷载**，如火车车轮对钢轨的压力和起吊重物对吊索的作用力等。

按其随时间的变化情况，荷载可分为静荷载和动荷载两大类。

（1）静荷载　杆件受到的荷载由零逐渐增大到某一固定值而保持不变或变动甚微，统称为**静荷载**，如起重机以极缓慢的速度吊装重物时所受到的力、建筑物对基础的压力等。

（2）动荷载　大小或方向随时间呈显著变化的荷载统称为**动荷载**，如电动机对机器设备产生的干扰力就属于动荷载。动荷载作用的特点是结构产生明显的加速度，结构的内力和变形都随时间变化。

1.3　变形固体及其基本假定

建筑力学的静力学部分是讨论物体在力作用下整体产生的运动规律，因此将研究对象视为刚体，在刚体内部各质点之间保持相对位置不变，所以假设物体受力过程中其形状和尺寸都不改变（即不变形）。

实际上，任何物体受力后都将发生或大或小的变形，称为变形固体。在力作用下，物体内部各质点间的位置发生相对改变，产生**内力**，并引起物体的变形。因此，即使构件由于约束不允许有总体上的刚性移动，但未被约束的部分仍将有形状或位置的改变，这就是变形固体具有的特点。

1. 变形固体的基本假设

变形固体有多方面的属性，不同的研究领域，侧重面各异。在材料力学的研究中，对变形固体做出如下假设：

(1) 连续性假设　认为物质毫无空隙地充满着固体的整个几何空间。实际上变形固体由许多晶粒结构组成，且具有不同程度的空隙（包括缺陷、夹杂等），但它与构件尺寸相比极为微小，可忽略不计，故认为材料在整个几何空间是密实的，其某些力学量可以用坐标的连续函数来表示。

(2) 均匀性假设　认为从变形固体内取出的任意一小部分，不论其位置如何都具有完全相同的力学性能。实际上，各晶粒结构的性质不尽相同，晶粒交界处的晶界物质和晶粒本身的性质也不相同，晶粒排列也不规则，但由于晶粒尺寸远小于构件的尺寸，材料的力学性能是无数晶粒力学性能的统计平均值，因此可以认为变形固体各部分的材料性能是均匀的，与坐标位置无关。

从构件任意部位取出的一部分或微小单元体块（称为**单元体**），其力学性能都和整体相同。显然，通过材料试样的试验获得的力学性能，可应用于该材料制成的任何构件的任一部分或单元体。

(3) 各向同性假设　认为变形固体在各个方向的力学性能都是相同的，具备这种属性的材料称为各向同性材料。金属的单个晶粒是各向异性的，但由于材料是由无数多的晶粒所组成的，且晶粒的排列是杂乱无章的，金属材料在各个方向的性质就接近相同了。除金属外，玻璃、工程塑料等也为典型的各向同性材料。

由增强纤维和基体材料制成的复合材料等，其力学性能具有方向性，称为各向异性材料，不在本书的讨论范围之内。

2. 构件变形的基本假设

构件受力将产生变形，其大小与所受的力有关。在材料力学中，所研究的问题一般仅限于构件变形的大小远小于其原始尺寸的情况，这通常称为**小变形条件**。在此基础上，为了简化分析计算，材料力学提出**小变形假设**，主要包含两个方面的内容：

(1) 原尺寸原理　研究构件的平衡和运动时，忽略构件的变形，按构件变形前的原始尺寸和形状分析计算。

在图 1-5a 中，简易起重机受力产生变形，由初始的 A 点移动到 A' 点处，但研究构件的平衡关系时，仍采用变形前原始的形状和尺寸，如图 1-5b 所示。

(2) 线性化原理　研究构件的位移和变形的几何关系时，若构件的位移为弧线，为简化分析计算，以直线（垂线或切线）代替，简称**以直代曲**。

例如，在图 1-5a 中，研究 A 点的位移时，设想将两杆在 A 点处拆开，各杆分别沿各自的轴线伸长到 A_1 处和缩短到 A_2 处，由于变形后两杆仍应铰接在一起，则分别以 B、C 为圆心，以 BA_1 和 CA_2 为半径作圆弧，相交于 A' 点（即变形后的位置）。从 A' 点分别向线段 BA_1 和线段 CA_2 引垂线相交于 A_1' 点和 A_2' 点，在小变形情况下，弧线 $\overset{\frown}{A'A_1}$ 与 $\overset{\frown}{A'A_2}$ 可分别用其弦线 $A'A_1'$ 和 $A'A_2'$ 替代，则杆 BA 的伸长近似为 AA_1'，杆 CA 的缩短近似为 AA_2'。

在研究变形的数学关系时，若出现高次幂、非线性情况，则略去高次幂项，近似为线性问题去处理。这些近似包括 $\sin\Delta\theta \approx \Delta\theta$、$\cos\Delta\theta \approx 1$、$\tan\Delta\theta \approx \Delta\theta$、$(1+\Delta)^n \approx 1+n\Delta$ 等。

综上所述，材料力学研究的是连续、均匀和各向同性的变形固体在小变形条件下的行为。

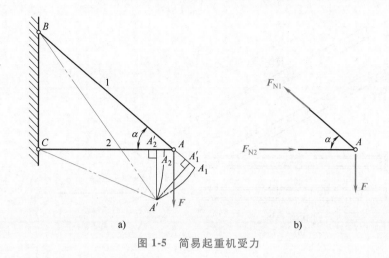

图 1-5　简易起重机受力

1.4　杆件变形的形式

杆件是变形固体,在不同的受力情况下,将产生各种不同的变形,归结起来可分为基本变形和组合变形两大类:基本变形主要包括轴向拉伸或压缩、扭转、弯曲和剪切四种;组合变形由两种或两种以上基本变形组合而成。

1. 轴向拉伸或压缩

当作用于杆件上的外力可简化为一对与轴线重合的作用力时,杆件的长度将沿轴线方向发生伸长或缩短(图1-6a),这类变形称为**轴向拉伸或轴向压缩**。

以承受轴向拉伸或轴向压缩变形为主的杆件称为**杆**,如桁架杆、吊杆、活塞杆及悬索桥和斜拉桥的钢缆(图1-7)等。

2. 扭转

当有一对大小相等、方向相反、作用面与直杆轴线垂直的外力偶作用时,直杆任意相邻的两个横截面将绕轴线做相对转动(图1-6b),这类变形称为**扭转**。

以承受扭转变形为主的杆件称为**轴**,如电动机的主轴、汽车的传动轴等。

3. 弯曲

当杆件的外力(或外力偶)作用于杆轴线所在的纵向平面内时,杆件轴线的曲率将发生变化(图1-6c),这类变形称为**弯曲**。

以承受弯曲变形为主的杆件称为**梁**,如房屋的主梁、桥梁的桥面板梁(图1-7)、厂房中的吊车梁(图1-8)等。

4. 剪切

当杆件受到大小相等、方向相反、作用线相互平行且相距很近的一对横向力作用时,横截面沿力作用方向发生相对错动(图1-6d),这类变形称为**剪切**。机械或结构中的连接件,如铆钉、螺栓、键等都将产生剪切变形。

5. 组合变形

当杆件产生的变形中包含任意两种或两种以上的基本变形时,称为**组合变形**。例如,公路上的指示牌(图1-9)受到风荷载和自重作用,其立柱产生压缩、弯曲和扭转的组合变形;旋转机械中的传动轴常产生弯扭组合变形;建筑物中的柱常受到偏心压缩的作用等。

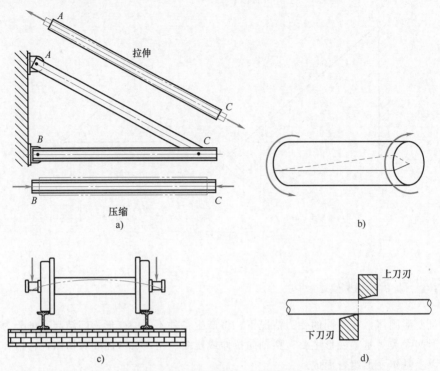

图 1-6 基本变形与组合变形

图 1-7 长江江阴大桥

图 1-8 厂房中的吊车梁

图 1-9 公路指示牌

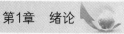

复习思考题

1-1 建筑力学对变形固体做了哪些假设？该假设对研究材料力学问题起到什么作用？

1-2 材料力学的任务是什么？举工程实例、生活实例说明强度、刚度、稳定性。

1-3 杆件的几何特征是什么？指出杆件轴线与横截面的相互关系。

1-4 举例说明杆件的基本变形及其变形特征。

第2章

静力学基础

2.1 力与平衡的概念

2.1.1 力的概念

1. 力的定义

古时候人们在推拉物体时，可以直觉意识到"力"的模糊概念。被推拉的物体发生运动，或者物体滑行时由于摩擦而逐渐变慢直至停下来，都反映了力的作用。我国古代文献《墨经》把这个概念总结为"力者，形之所以奋也"。意思是说，力是使物体奋起运动的原因。然而，人们从直觉意识到"力"的概念到获得"力"的严格科学定义，却经历了长期的斗争。

通常，力的定义被描述为：力是物体与物体之间的相互机械作用。因此，力不能离开物体而存在，它总是成对地出现。物体在力的作用下，可能产生两种效应：一是使物体的运动状态发生变化（称为外效应）；二是使物体发生变形（称为内效应）。当研究第一种效应时，考虑作用在物体上的力的简化与平衡问题，假设将物体视为刚体（物体在力的作用下不变形，或变形很微小，可忽略不计）。这样，既简化了所研究的问题，又不影响研究的结果。

2. 力的三要素

力对物体的作用效应由力的大小、方向和作用点三要素所决定。因此，力是一个矢量，常常用黑体字母 **F** 表示，如图 2-1 所示。图中，用线段的长度（按所定的比例尺）表示矢量的大小，用箭头表示矢量的指向，用箭尾或箭头表示该力的作用点。力的大小通常可用弹簧秤或测力计测得。力的国际标准单位为牛顿，简称牛，符号是 N，有时也用千牛（kN）表示，$1kN = 1000N$。

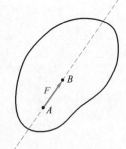

图 2-1 力的三要素

3. 力的可传性

当力作用在**刚体**上时，只要不改变力的大小与方向，力的作用点在其作用线上移动，并不改变该力对物体的作用效果，这称为力的可传性。例如，一人推车或拉车，对物体机械运动的效应是相等的，如图 2-2 所示。

必须说明，力的可传性只适用于刚体，而并不适用于变形体。例如，一杆件两端受一对大小

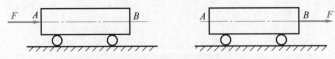

图 2-2 力的可传性

相等、方向相反、离开端部截面的力 F_1、F_2 的作用（图 2-3a），杆件将产生轴向伸长变形。如果利用力的可传性，将 F_1 沿作用线移至 B 端，同样将 F_2 移至 A 端（图 2-3b），那么，杆件将产生轴向压缩变形。这就改变了原来的变形效应。所以，只有当研究刚体的运动效应时，才可使用力的可传性，或者说，力的可传性只限于研究刚体的力学问题。

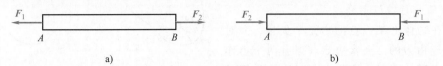

图 2-3 力对物体变形的影响

4. 力的分类

根据不同的分类标准，力有不同的分类结果。根据力的性质可分为重力、万有引力、弹力、摩擦力、分子力、电磁力、核力等。根据力的效果，可分为拉力、张力、压力、支持力、动力、阻力、向心力、回复力等。根据力的作用方式，可分为非接触力（如万有引力、电磁力等）和接触力（如弹力、摩擦力等）。

在工程力学中，通常将作用在物体上的力分为两大类：一类是使物体运动或使物体有运动趋势的主动力，主动力又称为荷载，如结构自重、作用在结构上的土压力和风压力等；另一类是阻碍物体运动的被动力，被动力又称为约束反力，如结构受基础的支持力。

2.1.2 平衡的概念

1. 平衡

平衡一词最早见于《汉书·律历志上》："准正，则平衡而钧权矣。"此处平衡是指衡器两端承受的重力相等。

在力学中，平衡是指在惯性参照系内，物体受到若干个力的作用，仍然保持静止状态或匀速直线运动状态。物体处于平衡状态，简称物体的"平衡"。

2. 平衡力系

力系是指作用在物体上的一群力。若作用在物体上的力系使物体处于平衡状态，则该力系称为平衡力系。若两个力系对同一物体产生的运动效应相同，则这两个力系为等效力系。如果用一个简单力系等效地替换一个复杂力系，则称为力的简化。若一个力与一个力系等效，则该力称为此力系的合力，而力系中各个力称为该合力的一个分力。

力系的简化和平衡是静力学的主要研究内容。

2.2 静力学公理

所谓公理，是无须证明而被人们所公认的一般规律。静力学公理是研究力系的简化与平衡问题的基础。

1. 二力平衡公理

作用在同一**刚体**上的两个力平衡的充要条件：两个力大小相等、方向相反，并且作用在同一条直线上，如图 2-4 所示。

此公理揭示了最简单的力系的平衡条件，是处理复杂力系平衡问题的基础。

只受两个力作用而处于平衡的物体，称为二力构件或二力体。二力构件受力时与构件的形状无关，只与两力作用点有关，且必定沿两力作用点连线等值、反向。因为构件的受力与形状无关，所以二力构件也称为二力杆，如图 2-5 所示。

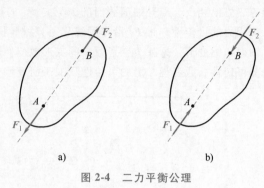

图 2-4　二力平衡公理

2. 力的平行四边形公理

作用在物体上某一点的力是个矢量，力对物体的效应由力的三要素决定。当有两个力作用在物体上某一点时，这两个力对物体作用的效应可用一个合力来代替。这个合力也作用在该点上，合力的大小与方向用以这两个力为边的平行四边形的对角线来确定。这个规律称为力的平行四边形公理。

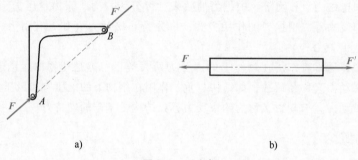

图 2-5　二力杆

如图 2-6a 所示，已知有不共线的 F_1、F_2 两个力作用在某一物体上的 A 点，以 F_1、F_2 为邻边作平行四边形 $ABCD$，那么，对角线 AC 的长度就是合力的数值，其方向为合力 F_R 的方向。

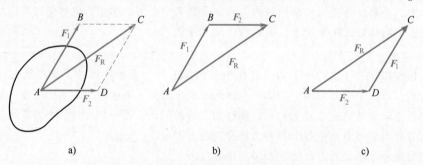

图 2-6　力平行四边形和力三角形

此公理给出了两个交于一点的最简单力系简化的基本方法，是复杂力系简化的基础。

由于合力 F_R 的作用点也为 A 点，求合力的大小及方向可进一步简化：对于求两个交于一点的力的合力 F_R 时，可不必画平行四边形 $ABCD$，而只画其中的 ABC 或 ACD 即可，如图 2-6b、c 所示。线段 AC 即代表合力 F_R。这样作出的三角形称为力三角形，这种求合力的方法称为力三角形法则。画力三角形时，要注意"首尾相接"的规则：将两个力按其方向及大小首尾相连，则始点到终点的连线即为合力。

两个力的合力的大小与方向可利用力平行四边形的几何关系来求解，按比例作图并量取合力的大小与方向的方法，称为图解法。除了图解法，也可利用数学演算来获得解答。凡用数学演算来求解问题的方法，称为解析法。

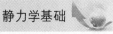

例 2-1 已知两力 F_1 和 F_2 相交于 A 点，力 $F_1 = 600\text{N}$，方向水平向右；力 $F_2 = 500\text{N}$，与水平线成 60°角，而朝向右上方。求它们的合力 F_R。

解：（1）图解法 从两个力的交点 A 出发，沿水平线方向往右按图 2-7a 所示的比例（1cm代表 200N）画出 F_1 的大小；然后从 B 点画一条与 AB 线成 60°的方向线，并用同一比例画 F_2 的大小得矢量 F_2 的箭头点 C，连接 AC，线段 AC 即表示合力 F_R 的大小与方向。用所定比例量取，得 $F_R = 950\text{N}$，合力与水平线的夹角为 27°。

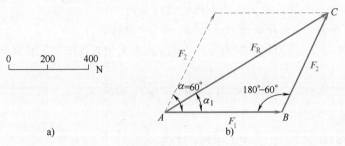

图 2-7 例 2-1 图

（2）解析法 在图 2-7b 所示的力三角形 ABC 中，F_1 和 F_2 的大小显然已知，又已知 AB 和 BC 的夹角为 120°，则先由余弦定理可得合力大小为

$$F_R = \left| F_R \right| = \sqrt{F_1^2 + F_2^2 - 2F_1 F_2 \cos 120°}$$
$$= \sqrt{600^2 + 500^2 - 2 \times 600 \times 500 \times \cos 120°}\,\text{N}$$
$$= 954\text{N}$$

再由正弦定理可得

$$\frac{F_R}{\sin 120°} = \frac{F_2}{\sin \alpha_1}$$

于是可确定合力的方向为

$$\sin \alpha_1 = \frac{F_2}{F_R} \sin 120° = \frac{500}{954} \times \sin 120° = 0.4539$$

$$\alpha_1 = 27°$$

由上面两种方法比较，可见所得的结果是基本一致的。但图解法由于量度上的精度问题，合力的大小与方位可能会有微小的误差。

力的平行四边形公理无论对刚体或变形体都是适用的。但对于刚体，只要两个分力 F_1、F_2 的作用线（图 2-8a）相交于一点 O，那么，可根据力的可传性原理，先分别把两个力的作用点移

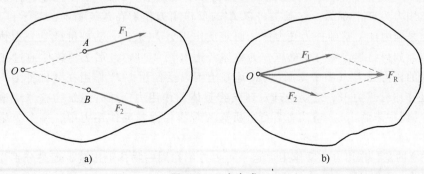

图 2-8 二力合成

到交点 O 上（图 2-8b），再应用力的平行四边形公理求合力，则合力 F_R 的作用线通过 O 点。

以上介绍的是利用力的平行四边形公理完成力的合成问题，根据两个力合成的原理还可将一个力分解为两个汇交力。但是，以这个力为对角线时，可作出无数个平行四边形，可得无数多组分力，所以，人们可以根据工程实际需要，给分力以附加条件：已知一个分力的大小和方向；或已知两个分力的方向，这样就得到一组确定的分力。例如，图 2-9 所示的楼梯斜梁 AB，其上作用一竖直向下的集中力 F，常将力 F 分解为平行于斜梁的 F_x 和垂直于斜梁的 F_y。

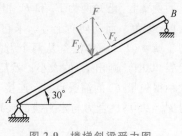

图 2-9 楼梯斜梁受力图

$$F_x = F\sin30°, \quad F_y = F\cos30°$$

3. 加减平衡力系公理

在作用于**刚体**的任意力系中，加上或减去平衡力系，并不改变原力系对刚体的作用效应。也就是说，加上或减去平衡力系的新力系与原力系互为等效力系。此公理是研究力系等效的重要依据。

4. 推论：三力平衡汇交定理

若刚体受三个力作用而处于平衡，且其中两个力作用线相交于一点，则这三个力必位于同一平面内，且第三个力的作用线通过该汇交点。

该定理的证明也很简单。如图 2-10a 所示，在刚体的 A、B、C 三点上分别作用三个力 F_1、F_2、F_3 而处于平衡。利用力的可传性和力的平行四边形公理，可得 F_1 与 F_2 的合力 F_{R12}，如图 2-10b 所示，则力 F_3 应与 F_{R12} 平衡。根据二力平衡公理即可得证。

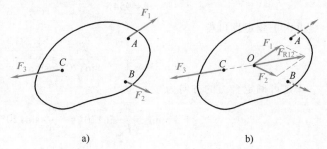

a)   b)

图 2-10 三力平衡汇交定理

5. 作用力与反作用力公理

力是物体间的相互机械作用，因此，力总是成对出现的，有作用力必有反作用力。而作用力与反作用力是一对大小相等、方向相反、作用线共线、分别作用在两个不同物体上的力。这就是作用力与反作用力公理。

例如，如图 2-11a 所示，一厂房建筑物坐立在基础桩上。如图 2-11b 所示，假设建筑物对每根桩的作用力为 F_1，那么，基础桩将以 F_1' 的反作用力作用在建筑物上。对于作用力 F_1 来说，建筑物是施力体，基础桩为受力体，而对反作用力 F_1' 来说，基础桩就是施力体，建筑物变为受力体。如果将建筑物与基础桩作为整体考虑（图 2-11a），那么，整体通过建筑桩对地基土壤所施的压力是 F_2（图中未画出），地基土壤以反作用力 F_2' 作用在基础桩上；在该整体的重心 C 处作用有重力 W，这是地球对建筑物整体的作用力，同时建筑物整体给地球一个反作用力 W'（图中未画出）。请读者自行分析这两对作用力与反作用力中，哪个为施力体？哪个为受力体？

需要注意的是，作用力与反作用力这一对力并不在同一物体上出现，而是分别作用在两个物体上，因此，**不能认为作用力与反作用力相互平衡**。

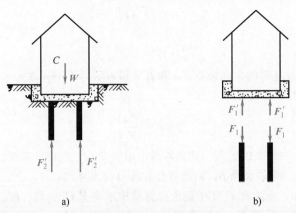

图 2-11　作用力与反作用力

2.3　力在坐标轴上的投影与合力投影定理

2.3.1　力在坐标轴上的投影

将力系置于直角坐标系中，利用力在坐标轴上的投影是对力系的简化与平衡问题进行解析研究的理论基础。该直角坐标系是人为假设的，所以，应尽量使所建立的坐标系有利于简化计算。

如图 2-12a 所示，力 F 与 x 轴、y 轴所夹锐角分别为 α 和 β，力 F 的起始端为 a，终端为 b。过 a、b 点分别作 aa_1、bb_1 垂直于 x 轴，得力 F 在 x 轴上的投影 a_1b_1，记为 F_x。过 a、b 点向 y 轴作垂线 aa_2、bb_2，得力 F 在 y 轴上的投影 a_2b_2，记为 F_y。F_x、F_y 是两个代数量，它们的正负规定：从起点投影 a_1（或 a_2）向终点投影 b_1（或 b_2）与 x 轴（或 y 轴）正方向一致时，则 F_x（或 F_y）为正值，反之为负值。

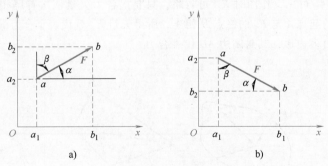

图 2-12　力在坐标轴上的投影

由图 2-12a 可知

$$F_x = F\cos\alpha \tag{2-1a}$$

$$F_y = F\cos\beta = F\sin\alpha \tag{2-1b}$$

F_x、F_y 的正负号可直接从图上判断确定。如图 2-12a 所示，F_x 与 F_y 均为正值；如图 2-12b 所示，F_x 为正值，F_y 为负值。

若已知力 F 在直角坐标系中的投影 F_x、F_y，则可利用几何关系求得力 F 的大小和方向为

$$F = \sqrt{F_x^2 + F_y^2} \qquad\qquad (2\text{-}2\text{a})$$

$$\cos\alpha = \frac{F_x}{F}, \qquad \cos\beta = \frac{F_y}{F} \qquad\qquad (2\text{-}2\text{b})$$

式中，$\cos\alpha$ 和 $\cos\beta$ 称为力 $\boldsymbol{F}$ 的方向余弦，α 和 β 分别表示力 $\boldsymbol{F}$ 与 x 轴和 y 轴**正向**的夹角。

力 $\boldsymbol{F}$ 的方向也可用下式表示

$$\tan\alpha = \left| \frac{F_y}{F_x} \right| \qquad\qquad (2\text{-}3)$$

式中，α 表示力 $\boldsymbol{F}$ 与 x 轴所夹的锐角，其具体指向由 F_x 和 F_y 的正负来决定。当然，也同样可确定力 $\boldsymbol{F}$ 与 y 轴之间小于 90° 的夹角 β，请读者自行练习写出算式。

从上面的分析可知，一矢量 $\boldsymbol{F}$ 可在直角坐标系中求得其投影 F_x、F_y。反之，已知该矢量的投影 F_x、F_y，也可求得该矢量的大小与方向。

需要注意的是，当 x、y 两轴不垂直时，如图 2-13 所示，力沿两轴的分力矢 $\boldsymbol{F}_x$、$\boldsymbol{F}_y$ 的大小不等于力在两轴上的投影 F_x、F_y 的绝对值，则式（2-2）不成立。

2.3.2 合力投影定理

设刚体上作用有作用线汇交于 A 点的三个力 $\boldsymbol{F}_1$、$\boldsymbol{F}_2$、$\boldsymbol{F}_3$（图 2-14a），可以连续应用力的平行四边形公理或力三角形法则来求其合力。首先根据力的可传性，将各力沿其作用线移至 A 点，变为平面共点力系（图 2-14b）。然后按力三角形法则，将 $\boldsymbol{F}_1$、$\boldsymbol{F}_2$ 首尾相接，则连接 A、C 两点的 $\boldsymbol{F}_{12}$ 为 $\boldsymbol{F}_1$、$\boldsymbol{F}_2$ 的合力（图 2-14c），将 $\boldsymbol{F}_{12}$ 和 $\boldsymbol{F}_3$ 再按力三角形法则

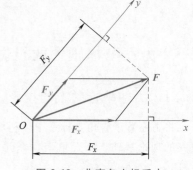

图 2-13 非直角坐标系中
力的投影与分解

求其合力 $\boldsymbol{F}_R$。显然，$\boldsymbol{F}_R$ 就是原来三个力的合力，其大小可由图上量出，方向即为图示方向，而作用线通过汇交点 A。

其实，由图 2-14c 可见，作图时 $\boldsymbol{F}_{12}$ 可省略，只要把各力矢量依次首尾相连，形成一条折线 $ABCD$，最后将 $\boldsymbol{F}_1$ 的起点 A 与 $\boldsymbol{F}_3$ 的终点 D 相连，所得矢量 $\boldsymbol{F}_R$ 就代表了合力的大小和方向。这个多边形 $ABCD$ 称为力多边形，其封闭边 AD 代表合力。

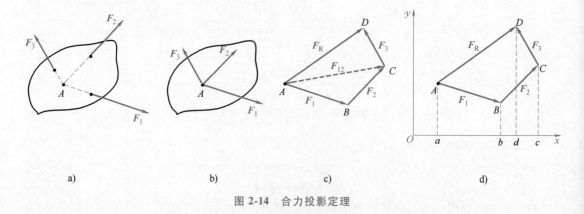

a)　　　　　　　b)　　　　　　　c)　　　　　　　d)

图 2-14 合力投影定理

由多个力组成的平面汇交系的合力也可由解析法计算。对力多边形 $ABCD$ 建立直角坐标系（图 2-14d），则各力在 x 轴上的投影为

$$F_{1x}=ab（正），\quad F_{2x}=bc（正），\quad F_{3x}=cd（负），\quad F_{Rx}=ad（正）$$

因 $ad=ab+bc+cd$，故得

$$F_{Rx}=F_{1x}+F_{2x}+F_{3x}$$

同理可得

$$F_{Ry}=F_{1y}+F_{2y}+F_{3y}$$

将上述关系推广到由任意 n 个力组成的平面汇交力系中，当已知汇交力系各分力在坐标轴上的投影时，合力的投影可用下式求得

$$\begin{cases} F_{Rx}=F_{1x}+F_{2x}+\cdots+F_{nx}=\sum_{i=1}^{n}F_{ix}=\sum F_{x} \\ F_{Ry}=F_{1y}+F_{2y}+\cdots+F_{ny}=\sum_{i=1}^{n}F_{iy}=\sum F_{y} \end{cases} \tag{2-4}$$

即，合力在某一坐标轴上的投影等于各分力在该轴上投影的代数和，这就是**合力投影定理**。

2.3.3　平面汇交力系的合成

当已知汇交力系各力在坐标轴上的投影 F_{1x}，F_{2x}，$\cdots$，F_{nx} 与 F_{1y}，F_{2y}，$\cdots$，F_{ny} 时，可用合力投影定理求解合力 F_R 的大小与方向，即

$$F_{R}=\sqrt{F_{Rx}^{2}+F_{Ry}^{2}}=\sqrt{\left(\sum F_{x}\right)^{2}+\left(\sum F_{y}\right)^{2}} \tag{2-5a}$$

$$\tan\alpha=\left|\frac{F_{Ry}}{F_{Rx}}\right|=\left|\frac{\sum F_{y}}{\sum F_{x}}\right| \tag{2-5b}$$

式中，α 表示合力 F_R 与 x 轴所夹的锐角，合力指向由 F_{Rx} 与 F_{Ry} 的正负号确定。

例 2-2　已知作用在刚体上并交于 O 点的三力均在 Oxy 平面内（图 2-15），且 $F_1=250\mathrm{N}$，$F_2=200\mathrm{N}$，$F_3=100\mathrm{N}$，$\varphi=30°$，$\theta=60°$。用解析法求此平面汇交力系合力的大小和方向。

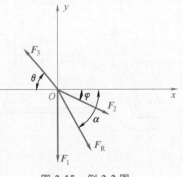

图 2-15　例 2-2 图

解：（1）求各力在坐标轴上的投影

$$F_{1x}=0$$

$$F_{2x}=F_{2}\cos\varphi=200\mathrm{N}\times\cos30°=173.2\mathrm{N}$$

$$F_{3x}=-F_{3}\cos\theta=-100\mathrm{N}\times\cos60°=-50\mathrm{N}$$

$$F_{1y}=-250\mathrm{N}$$

$$F_{2y}=-F_{2}\sin\varphi=-200\mathrm{N}\times\sin30°=-100\mathrm{N}$$

$$F_{3y}=F_{3}\sin\theta=100\mathrm{N}\times\sin60°=86.6\mathrm{N}$$

（2）用合力投影定理求合力 F_R 在坐标轴上的投影

$$F_{Rx}=\sum F_{x}=0+173.2\mathrm{N}-50\mathrm{N}=123.2\mathrm{N}$$

$$F_{Ry}=\sum F_{y}=-250\mathrm{N}-100\mathrm{N}+86.6\mathrm{N}=-263.4\mathrm{N}$$

（3）求合力 F_R 的大小和方向

大小：

$$F_{R}=\sqrt{F_{Rx}^{2}+F_{Ry}^{2}}=\sqrt{123.2^{2}+(-263.4)^{2}}\mathrm{N}=290.8\mathrm{N}$$

方向：

$$\tan\alpha = \left| \frac{F_{Ry}}{F_{Rx}} \right| = \left| \frac{-263.4}{123.2} \right| = 2.138$$

$$\alpha = 64.9°$$

因为 F_{Ry} 为负值，F_{Rx} 为正值，故 $\boldsymbol{F}_R$ 在第四象限内，指向如图 2-15 所示。

2.4　力矩、力偶与力的平移定理

2.4.1　力矩

力对物体作用时可以产生移动和转动两种外效应。力使物体移动的效应取决于它的大小和方向，而力使物体转动的效应则取决于力矩这个物理量。常见的杠杆、铡刀、剪刀、扳手等省力工具（或机械），它们的工作原理中都包含力矩。

1. 力矩的基本概念

以扳手拧紧螺母为例（图 2-16a），螺母绕中心 O 转动，手上用的力 F_1 越大，螺母拧得越紧。有时为了省力，在扳手上套一根管子（图 2-16b），使手上用的力 F_2 的位置离螺母中心 O 点远些，则拧紧螺母所需作用的力 F_2 可小于 F_1。由此可知，扳手绕支点 O 的转动效应不仅与力 F 大小成正比，而且与支点 O 到作用线的垂直距离 h（称力臂，如图 2-16 中的 h_1、h_2、h_3）成正比。引用力矩来度量力使物体绕支点（称为矩心）转动的效应。力矩的定义为力 F 对矩心 O 点的矩，写作 $M_O(\boldsymbol{F})$，其大小等于力 F 大小与力臂 h 的乘积，即

$$M_O(\boldsymbol{F}) = \pm Fh \tag{2-6}$$

习惯上规定：使物体产生逆时针转动（或转动趋势）的力矩取为正值；反之，则为负值。例如，图 2-16 中的力 F_1、F_2、F_3 对矩心 O 的矩应取负值。力矩常用的国际单位为 N·m 或 kN·m。

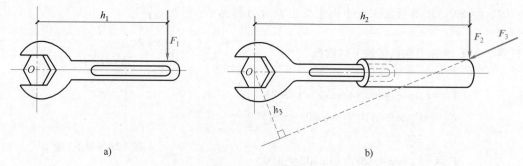

图 2-16　力对点的矩

根据力矩的定义，可知其有如下性质：

1）力对任一已知点之矩，不会因该力沿作用线移动而改变。

2）力的大小等于零，或力的作用线通过矩心（即力臂 $h=0$），则力矩等于零。

3）相互平衡的两个力对同一点的矩的代数和等于零。

根据力矩的定义和性质，在图 2-17 中，要利用撬棍撬起重物时，常在离重物较近的撬棍下垫上一铁块作为支点（图 2-17 中 O 点），人手加力点则尽量远离此支点，这样就使撬棍绕着支点转动，且容易将重物撬起。撬起重物的力矩是力 F 乘以力臂 l_2，而重物的重力 W 对 O 点产生一个反力矩，为重力 W 乘以力臂 l_1，当 $Fl_2 > Wl_1$ 时，重物才能被撬起。当重物刚刚被撬动时，可认

为两力矩的数值相等，即

$$Fl_2 = Wl_1$$

于是，可得

$$F = \frac{Wl_1}{l_2}$$

由上式可知，当增大 l_2 或减小 l_1，都能达到省力的目的。

例 2-3 一钢筋混凝土带雨篷的门顶过梁的尺寸为 240mm×350mm，雨篷板厚 70mm，如图 2-18a 所示，过梁和雨篷板的长度（垂直纸平面）均为 4m。设在此过梁上砌砖至 3m 高时，便要将雨篷下的木支撑拆除，请验算在此情况下雨篷会

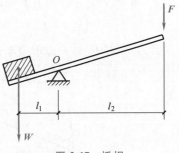

图 2-17 撬棍

不会绕 A 点倾覆（图 2-18b）。已知钢筋混凝土的密度 $\rho_1 = 2600\text{kg/m}^3$，砖砌体的密度 $\rho_2 = 1900\text{kg/m}^3$。验算时需考虑有一检修荷载 $F = 1\text{kN}$ 作用在雨篷边缘上（检修荷载即人和工具的重力）。

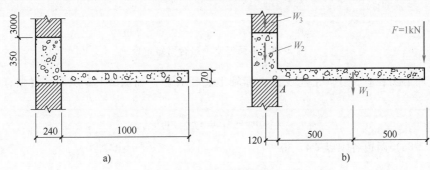

图 2-18 例 2-3 图

解：令雨篷、过梁及 3m 高砖墙的体积分别为 V_1、V_2、V_3，则

雨篷重 $\quad W_1 = \rho_1 g V_1 = \left[2600×9.8×(70×10^{-3}×1×4) \right] \text{N} = 7134.4\text{N}$

过梁重 $\quad W_2 = \rho_1 g V_2 = \left[2600×9.8×(240×10^{-3}×350×10^{-3}×4) \right] \text{N} = 8561.3\text{N}$

砖墙重 $\quad W_3 = \rho_2 g V_3 = \left[1900×9.8×(240×10^{-3}×3×4) \right] \text{N} = 53625.6\text{N}$

各荷载作用位置如图 2-18b 所示。

使雨篷绕 A 点倾覆的因素是 W_1 和 F，它们对 A 点产生的力矩称为倾覆力矩，而阻止雨篷倾覆的因素是 W_2 和 W_3，它们对 A 点产生的反力矩为抗倾覆力矩。分别计算如下：

倾覆力矩

$$M_A(W_1, F) = -W_1×0.5\text{m} - F×1\text{m} = (-7134.4×0.5 - 1000×1)\text{N·m} = -4567.2\text{N·m}$$

抗倾覆力矩

$$M_A(W_2, W_3) = W_2×0.12\text{m} + W_3×0.12\text{m} = (8561.3×0.12 + 53625.6×0.12)\text{N·m} = 7462.4\text{N·m}$$

由上面计算结果可知，抗倾覆力矩大于倾覆力矩的绝对值，所以雨篷不会倾覆。

2. 合力矩定理

前面讨论了力矩的概念和计算。在工程实际中，有时直接计算一力对某点力臂的值较麻烦，而计算该力的分力对该点的力臂值却很方便（或者情况相反），因此，要讨论合力对某点之矩与该合力的分力对某点之矩间的关系。

如图 2-19a 所示，在物体上一点 A 处作用有两力 F_1 和 F_2，它们的合力为 F_R，任选一点 O 为矩心，连接 OA，并将 F_1、F_2、F_R 三力作用线与直线 OA 的夹角分别用 α、β、γ 表示。现讨论 F_1、F_2、F_R 对物体上 O 点的力矩，从 O 点分别向 F_1、F_2、F_R 作垂线，得各力对 O 点的力臂 h_1、

h_2、H，由式（2-6）得合力 F_R 对 O 点的力矩为

$$M_O(F_R) = -F_R H = -F_R \overline{OA}\sin\gamma \tag{2-7a}$$

分力 F_1 和 F_2 对 O 点的力矩代数和为

$$\sum_{i=1}^{2} M_O(F_i) = -F_1 h_1 - F_2 h_2 = -(F_1 \overline{OA}\sin\alpha + F_2 \overline{OA}\sin\beta) \tag{2-7b}$$

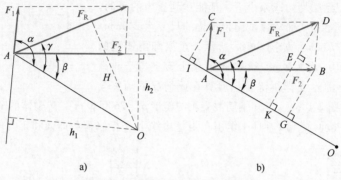

a)   b)

图 2-19　平面汇交力系合力矩定理

另外，将各力在垂直于 OA 连线的坐标轴上进行投影，如图 2-19b 所示，根据合力投影定理，有

$$F_R \sin\gamma = F_1 \sin\alpha + F_2 \sin\beta \tag{2-8a}$$

将式（2-8a）两边各乘以 $\overline{OA}$，得

$$F_R \overline{OA}\sin\gamma = F_1 \overline{OA}\sin\alpha + F_2 \overline{OA}\sin\beta \tag{2-8b}$$

比较式（2-7a）、式（2-7b）和式（2-8b），得

$$M_O(F_R) = M_O(F_1) + M_O(F_2) \tag{2-9}$$

这个结论虽然是从两个共力点的特殊情况推导出来的，但它具有普遍的意义。它适用于任意两个或两个以上的力，不论是不是汇交力系，只要它有合力，那么合力对某点的矩必然等于力系中各个分力对同一点之矩的代数和，这就是**合力矩定理**。用公式表示为

$$M_O(F_R) = M_O(F_1) + M_O(F_2) + \cdots + M_O(F_n)$$
$$= \sum_{i=1}^{n} M_O(F_i) = \sum M_O \tag{2-10}$$

这说明合力矩对物体的转动效应与各分力对物体转动效应的总和是等效的，但应该注意相加的各个力矩的矩心必须相同。合力矩定理还适用于平面任意力系与空间力系。

例 2-4　如图 2-20 所示 AB 悬臂梁的自由端 B，作用一个在 Oxy 平面内、与 x 方向的夹角为 $30°$ 的力 $F = 2\text{kN}$。AB 梁的跨度 $l = 4\text{m}$，求力 F 对 A 点的矩。

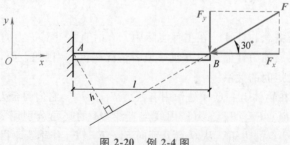

图 2-20　例 2-4 图

解：解题时直接求力臂 h 的大小稍麻烦，如利用合力矩定理，可较为方便地计算出 F 力对 A 点的矩。把力 F 分解为水平分力 F_x 与垂直分力 F_y，由合力矩定理得

$$M_A(\boldsymbol{F}) = M_A(\boldsymbol{F}_x) + M_A(\boldsymbol{F}_y)$$

$$= 0 - F\sin 30° l = -2\text{kN} \times 0.5 \times 4\text{m} = -4\text{kN·m}$$

请读者自己验算 $M_A(\boldsymbol{F})$ 值是否与 $\left[M_A(\boldsymbol{F}_x) + M_A(\boldsymbol{F}_y)\right]$ 值相等。

3. 力矩的平衡

在日常生活中，常常用杆秤来称物体的重力（图 2-21）。物体的重力 W 随不同的物体而改变，但左边 h_1 是不变的，另一边秤砣的重力 F 也是不变的，而 h_2 则随着 W 的改变而改变。当秤杆保持水平而不发生转动时，秤杆处于平衡状态，此时秤杆力矩平衡的条件为

$$Wh_1 = Fh_2 \qquad (2\text{-}11)$$

当考虑力矩的正负号时，可将式（2-11）写成

$$Wh_1 + (-Fh_2) = 0 \qquad (2\text{-}12)$$

推广到物体受到很多力作用时，要保持物体的平衡，也应有

$$M_O(\boldsymbol{F}_1) + M_O(\boldsymbol{F}_2) + \cdots + M_O(\boldsymbol{F}_n) = 0 \qquad (2\text{-}13)$$

或写作

$$\sum_{i=1}^{n} M_O(\boldsymbol{F}_i) = 0 \qquad (2\text{-}14)$$

简写为

$$\sum M_O = 0 \qquad (2\text{-}15)$$

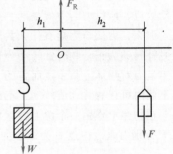

图 2-21 杆秤称重

这就是物体在力矩作用下的平衡条件：作用在物体上同一平面内的各力，对支点或转轴之矩的代数和应为零。

2.4.2 力偶

1. 力偶的概念

作用在同一物体上的两个大小相等、方向相反，且不共线的平行力，称为力偶，记作（$\boldsymbol{F}$、$\boldsymbol{F}'$），如图 2-22 所示。这两个力作用线所决定的平面称为力偶的作用平面，两力作用线间的垂直距离 h 称为力偶臂。例如，驾驶员两手掌握方向盘时作用在上面的一对力（图 2-23）；用丝锥攻螺纹作用在扳手上的两个力（图 2-24），它们都是力偶。

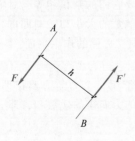

图 2-22 力偶

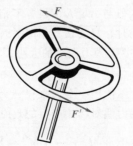

图 2-23 转动方向盘

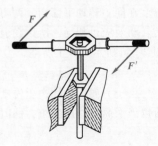

图 2-24 丝锥攻螺纹

由于力偶中两个力的矢量和等于零，因而力偶不可能使物体产生移动效应，又因为力偶中的两力不共线，所以也不能相互平衡。这样的两个力可以使物体产生纯转动效应。力偶对物体产

生转动的效应，用力偶矩 M（F、F'）或 M 来度量。力偶矩是力偶的一个力 F 与力偶臂 h 的乘积，它的计算公式是

$$M(F,F') = M = \pm Fh \qquad (2\text{-}16)$$

式（2-16）中的正负号表示力偶的转向。通常规定，力偶逆时针旋转时，力偶矩取正号；顺时针旋转时，力偶矩取负号。力偶矩的单位是 N·m 或 kN·m。在平面力系问题中，力偶矩是一个代数量。

2. 力偶的性质

力偶对物体产生的是纯转动效应，不产生移动效应，而力对物体产生的既有移动效应，又有转动效应，所以力与力偶是两个互相独立的量，不能用一个力来代替或平衡力偶。

那么，力偶与力矩有什么共同点呢？它们的相同之处为都使物体产生转动效应，使物体产生逆时针转动为正，顺时针转动为负；二者的量纲是相同的，为 N·m 或 kN·m。它们的不同点为力矩是力对物体上某一点而言的，对于不同的点，不同的力臂，力矩值也会不同，而力偶在其作用平面内可任意移动或转动，不改变该力偶对物体的转动效应，下面来证明一下。

在物体上作用一个两力为 F 的力偶，两力线的垂直距离为 h（图 2-25a），该力偶矩可看作两力 F 分别对垂线中点 O 为矩心的力矩之和，即

$$M = F\frac{h}{2} + F\frac{h}{2} = Fh$$

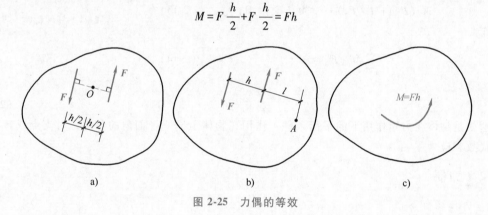

图 2-25　力偶的等效

如果在力偶的作用平面内任取一点 A 为矩心，如图 2-25b 所示，两力对矩心 A 的力矩和为

$$M = F(l+h) - Fl = Fh$$

由此可见，力偶的两个力对其作用平面内任一点的力矩之和恒等于力偶矩值，而与矩心位置无关，即力偶对其作用平面上任一点的转动效应是相同的。

在同一转动平面内，两力偶的 F 值与力臂 h 值虽各不相同，但只要它们的乘积相等，对物体的转动效应也相同。所以在表示力偶时，只要在其作用平面内指出力偶矩的大小和转向即可，如图 2-25c 所示。综上所述，力偶的三要素为力偶矩的大小、力偶的转向、力偶的作用平面。

3. 平面力偶系的合成

由于力偶对物体产生转动效应，不能用一个力来代替力偶，也不能用一个力与力偶相平衡。所以当平面内作用多个力偶时，这些力偶对物体产生的效应是各力偶的力偶矩的代数和，即

$$M = M_1 + M_2 + \cdots + M_n = \sum_{i=1}^{n} M_i \qquad (2\text{-}17)$$

式中，M 为合力偶矩；M_1，M_2，$\cdots$，M_n 为分力偶矩。

当 $M = 0$ 时，表示物体处于平衡状态，各分力偶矩对物体产生的转动效相互抵消。所以，平面力偶系的平衡条件是各分力偶矩的代数和等于零，即

$$\sum_{i=1}^{n} M_i = 0 \tag{2-18a}$$

或简写为

$$\sum M = 0 \tag{2-18b}$$

例 2-5　一简支梁 AB，在 C 处受一力偶作用（图 2-26a），已知力偶矩 $M_e = 100\text{kN} \cdot \text{m}$，梁跨度 $l = 5\text{m}$，求 A、B 两支座反力。

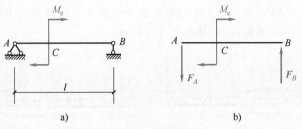

图 2-26　例 2-5 图

解：取 AB 梁为脱离体，由于梁处于平衡状态，故必有支座反力组成的力偶矩与外荷载 M_e 平衡。今 B 处支座反力 F_B 垂直于 AB 梁，所以 F_A 也垂直于 AB 梁，并假设 F_A、F_B 的方向如图 2-26b 所示。由力偶平衡条件

$$F_B l - M_e = 0$$

得

$$F_B = \frac{M_e}{l} = \frac{100}{5}\text{kN} = 20\text{kN}$$

因 F_A 与 F_B 组成一对力偶，故

$$F_A = F_B = 20\text{kN}$$

答案为正值，说明假设方向与实际方向一致。

2.4.3　力的平移定理

作用在物体上的力，它对物体作用的效应取决于力的三要素：力的大小、力的方向、力的作用点。如果只讨论物体的外效应，那么，可将作用点扩大为作用线，这是前面有关力的性质中讨论的。但若将力 F 的作用线由点 A（图 2-27a）平行移动到物体的任一点 B（图 2-27b），称其为 F' 时，那么，F、F' 对物体作用的效应将是各不相同的。如果在图 2-27a 中的 B 点增加一对与力 F 平行、大小与力 F 大小相等的一对平衡力 F'、F''（图 2-27c），那么，该力系 F、F'、F'' 与原力 F 对物体的作用效应相等。但由图 2-27 可见，F 与 F'' 组成一对力偶，其力偶矩为 $M = Fh$。所以，当作用在 A 点的力平行移动至 B 点时，必须附加一个相应的力偶，这样才与原力 F 对物体作用的效应等价，可用图 2-27d 表示。于是得**力的平移定理**：当把作用在物体上的力 F 平行移至

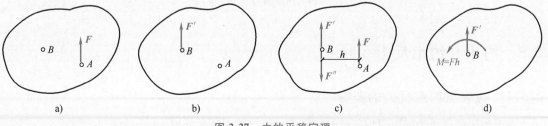

图 2-27　力的平移定理

物体上任一点时，必须同时附加一个力偶，此附加力偶矩等于力 F 对新作用点的力矩。

  力的平移定理不但可以帮助解决第 3 章中的平面一般力系的简化问题，而且可以解释一些实际问题。如用丝锥攻螺纹时（图 2-28a），要求两手作用在铰手上的 F、F' 为大小相等、方向相反的一对力，组成一个力偶，只对丝锥产生绕 O 点转动的效应，图 2-28b 所示该力偶矩 $M=Fh$。如果只在铰手的 A 端作用一个 $2F$ 的力（图 2-28c），这样虽然对丝锥产生的转动效应与图 2-28a 相同，但丝锥容易折弯。这是因为可以将作用在 A 端 $2F$ 的力平移简化至 O 点（图 2-28d），等价得到一个 $2F$ 的力与一个力偶矩 $M'=2Fh/2=Fh$ 组成的力系。力偶矩 M' 与图 2-28b 中力偶矩 M 等价，而图 2-28d 中作用在 O 点的力 $2F$ 使丝锥发生弯折。

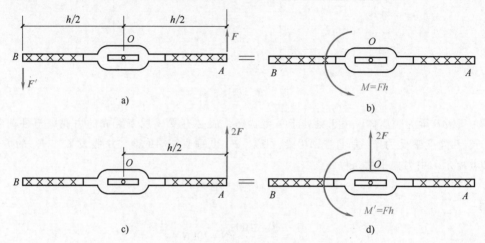

图 2-28 力偶矩与力对点的矩

  力的平移定理是力系简化的理论基础，当研究物体的内效应时，往往也利用它进行物体的受力分析。如一厂房中吊车梁立柱受力如图 2-29a 所示，当研究立柱的内效应时，将力 F 平移至立柱轴线的 O 点处（图 2-29b），并附加一个力偶，该力偶矩 $M=M_O(F)=Fe$，式中，e 称为偏心距。

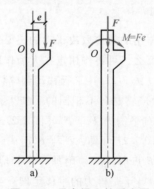

图 2-29 吊车梁立柱受力图

2.5 约束与约束反力

2.5.1 约束与约束反力的概念

  一个物体的运动受到周围物体的限制时，这些周围物体就称为该物体的约束。

约束对物体运动的限制作用是通过约束对物体的作用力实现的，将约束对物体的作用力称为约束反力，简称反力。通常约束反力的大小是未知的，约束反力的方向总是与约束所能限制的运动方向相反。

下面介绍几种在工程实际中常见的约束类型及其约束反力的特性。

2.5.2 柔体约束

由柔软的绳子、链条或皮带所构成的约束称为柔体约束。由于柔体约束只能限制物体沿柔体约束的中心线离开约束的运动，所以柔体约束的约束反力必然沿柔体的中心线而背离物体，即为拉力，通常用 F_T 表示。

如图 2-30a 所示的起重装置中，桅杆和重物一起所受绳子的拉力分别是 F_{T1}、F_{T2} 和 F_{T3}（图 2-30b），而重物单独受绳子的拉力则为 F_{T4}（图 2-30c）。

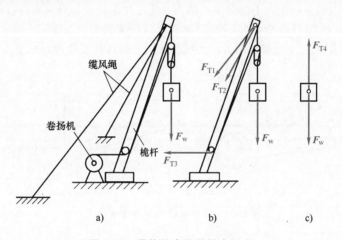

图 2-30 柔体约束及其约束反力

2.5.3 光滑接触面约束

当两个物体直接接触，而接触面处的摩擦力可以忽略不计时，两物体彼此的约束称为光滑接触面约束。

光滑接触面对物体的约束反力一定通过接触点，沿该点的公法线方向指向被约束物体，即为压力或支持力，通常用 F_N 表示，如图 2-31 所示。

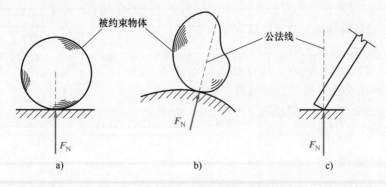

图 2-31 光滑接触面约束及其约束反力

2.5.4 圆柱铰链约束

圆柱铰链约束由圆柱形销钉插入两个物体的圆孔构成,如图 2-32a、b 所示,且认为销钉与圆孔的表面是完全光滑的,这种约束通常用简图 2-32c 表示。

圆柱铰链约束只能限制物体在垂直于销钉轴线平面内的任意方向移动,而不能限制物体绕销钉轴线的转动。但是,随着销钉所受的主动力不同,销钉和孔的接触点的位置也随之不同。所以,当主动力尚

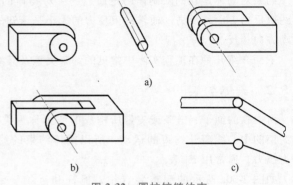

图 2-32 圆柱铰链约束

未确定时,约束反力的方向预先不能确定。然而,无论约束反力朝向何方,它的作用线必垂直于销钉轴线并通过轴心。这样一个方向不能预先确定的约束反力,通常可用通过销钉轴心的两个大小未知的正交分力 F_{Nx}、F_{Ny} 来表示。F_{Nx}、F_{Ny} 的指向暂可任意假定,如图 2-33 所示。

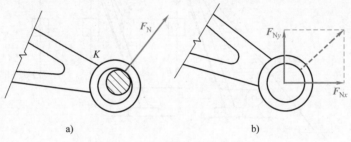

图 2-33 圆柱铰链约束的约束反力

2.5.5 链杆约束

两端用铰链与不同的两个物体分别相连且中间不受力的直杆称为链杆,图 2-34a 中 AB 和 BC、图 2-34b 中 AB 杆都属于链杆约束。这种约束只能限制物体沿链杆中心线趋向或离开链杆的运动。

链杆约束的约束反力沿链杆中心线,指向未定。链杆约束的简图及其反力分别如图 2-34c、d 所示。链杆都是二力杆,只能受拉或者受压。

2.5.6 固定铰支座

用光滑圆柱铰链将物体与支承面或固定机架连接起来,称为固定铰支座,如图 2-35a 所示,计算简图如图 2-35b 所示。其约束反力在垂直于铰链轴线的平面内,过销钉中心,方向不定（图 2-35a）。一般情况下可用图 2-35c 所示的两个正交分力表示。

2.5.7 可动铰支座

在固定铰支座的座体与支承面之间加辊

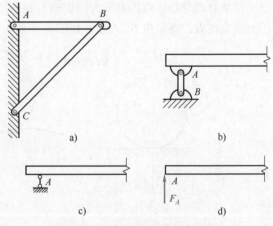

图 2-34 链杆约束及其约束反力

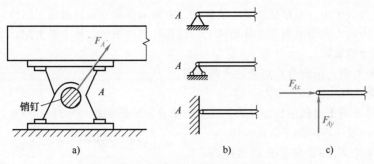

图 2-35　固定铰支座及其约束反力

轴就成为可动铰支座，其简图可用图 2-36a、b 表示，其约束反力必垂直于支承面，指向不定，如图 2-36c 所示。

在房屋建筑中，梁通过混凝土垫块支承在砖柱上，如图 2-36d 所示，不计摩擦时可视为可动铰支座，用简图 2-36e 表示。

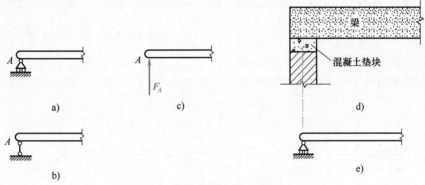

图 2-36　可动铰支座及其约束反力

2.5.8　固定端支座

如房屋的雨篷、挑梁，其一端嵌入墙里（图 2-37a），墙对梁的约束既限制它沿任何方向移动，同时又限制它的转动，这种约束称为固定端支座。它的简图可用图 2-37b 表示，它除了产生水平和垂直方向的约束反力外，还有一个阻止转动的约束反力偶，如图 2-37c 所示。

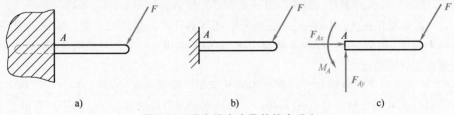

图 2-37　固定端支座及其约束反力

2.6　物体的受力分析与受力图

在受力分析时，当约束被解除时，即人为地撤去约束时，必须在接触点上用一个相应的约束反力来代替。

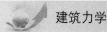

在物体的受力分析中，通常把被研究物体的约束全部解除后单独画出，称为**分离体**。把全部主动力和约束反力用力的图示表示在分离体上，这样得到的图形，称为**受力图**。

画受力图的步骤如下：

1）明确分析对象，画出分析对象的分离简图。

2）在分离体上画出全部主动力。

3）在分离体上画出全部的约束反力，注意约束反力与约束应一一对应。

下面举几个画受力图的例子加以说明。

例 2-6　重力为 F_W 的小球放置在光滑的斜面上，并用绳子拉住，如图 2-38a 所示。画出此球的受力图。

解：以小球为研究对象，解除小球的约束，画出分离体，小球受主动力（重力）F_W，同时小球受到绳子的约束反力（拉力）F_{TA} 和斜面的约束反力（支持力）F_{NB}（图 2-38b）。

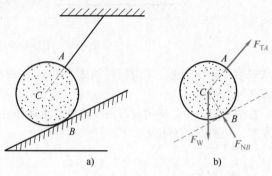

图 2-38　例 2-6 图

例 2-7　水平梁 AB 受已知力 F 作用，A 端为固定铰支座，B 端为可动铰支座，如图 2-39a 所示。梁的自重不计，画出梁 AB 的受力图。

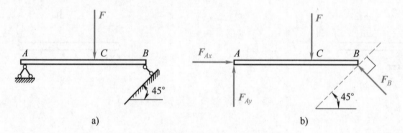

图 2-39　例 2-7 图

解：取梁为研究对象，解除约束，画出分离体，画主动力 F；A 端为固定铰支座，它的反力方向、大小都未知，可用水平和垂直的两个未知力 F_{Ax} 和 F_{Ay} 表示；B 端为可动铰支座，它的约束反力用 F_B 表示，与斜面垂直，但指向可任意假设，受力图如图 2-39b 所示。

此外，考虑到梁仅在 A、B、C 三点受到三个互不平行的力作用而平衡，根据三力平衡汇交定理，已知 F 与 F_B 相交于一点，故 A 处反力 F_A 也应相交于这一点，从而确定 F_A 的方位，最终受力图请读者自行完成。

例 2-8　一自重为 F 的电动机，放置在 ABC 构架上。构架的 A、C 端分别以铰链固定在墙上，AB 梁与 BC 斜杆在 B 处铰链连接（图 2-40a）。如忽略梁与斜杆的自重，试分析斜杆的受力情况。

解：由于 ABC 构架处于静力平衡状态，当只研究 BC 斜杆的受力情况时，可将 BC 杆假想地脱离构架（图 2-40b），BC 杆的自重不予考虑，因此，只在杆的两端通过铰链 B 和 C 分别受到约束反力 F_B 和 F_C。根据光滑铰链的性质，这两个力必定分别通过 B、C 点。BC 杆在这两个力作用下处于平衡，根据二力平衡的条件，这两个力必定沿同一直线且等值反向。所以，可以确定 F_B 和 F_C 的作用线应沿 B 和 C 的连线。至于力的指向，可假设为相对或相背（对于不同的受力情况，应由平衡条件确定）。

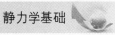

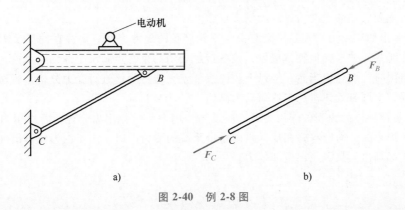

图 2-40 例 2-8 图

在工程上经常会遇到二力构件，二力构件所受约束反力的特点：两力必都沿着作用点的连线。

讨论：如果 *BC* 杆是曲杆，是否也为二力杆？约束反力 F_B 和 F_C 的作用线是否改变？

例 2-9 如图 2-41a 所示，人字梯的两部分 *AB* 和 *AC* 在 *A* 点铰接，又在 *D*、*E* 两点用水平绳连接。梯子放在光滑的地平面上，其一边作用有竖向力 *F*。如不计梯重，试分析并画人字梯整体、*AB* 及 *AC* 部分的受力图。

解：从整体考虑，人字梯所受的外力有竖向力 *F* 与 *B*、*C* 处的约束反力。因梯子 *B*、*C* 端放在光滑的地平面上，由于光滑接触面的约束反力只能是压力，它作用在接触处，方向为沿着接触面在接触处的公法线而指向物体，所以，*B*、*C* 端受到地面垂直向上的约束反力 F_B、F_C。图 2-41b 所示为人字梯整体的受力图。

取 *AB* 为研究对象，如图 2-41c 所示。*DE* 水平绳只能受拉力，不能受压力，从作用力与反作用力公理可知，*AB* 在 *D* 处受 *DE* 方向的绳子拉力 F_{TDE}。*A* 为铰接点，约束反力方向未知，可分解为 F_{Ax} 与 F_{Ay}，其指向可先行假设如图 2-41c 所示。同理，可画出 *AC* 的受力图如图 2-41d 所示。

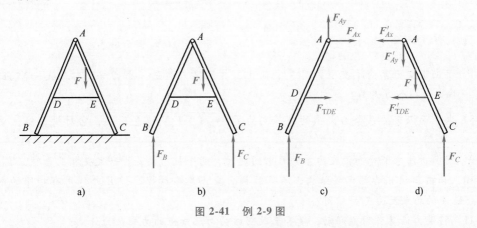

图 2-41 例 2-9 图

正确画出物体的受力图，是分析、解决力学问题的前提。画受力图时必须注意以下几点：

1）必须明确研究对象。根据求解需要，明确研究对象，并画出相应的分离体，以备画受力图。

2）正确画出研究对象所受的每一个外力。由于力是物体之间相互的机械作用，因此，对每一个力都应明确它是哪一个施力物体施加给研究对象的，绝不能凭空产生。同时，也不可漏掉一个力。一般可先画已知的主动力，再画约束反力。

3）正确画出约束反力。凡是研究对象与外界接触的地方，都一定存在约束反力。因此，应分析分离体在哪些地方与其他物体接触，按各接触处的约束特点画出全部约束反力。

在画受力图时，切忌想当然，按以上步骤按部就班地对物体进行受力分析，可避免漏掉力或多出力的错误，也可有效地避免将约束反力画错。

4）当分析两物体间相互的作用力时，应遵循作用力与反作用力公理；若作用力的方向一经假定，则反作用力的方向应与之相反。当画整个系统的受力图时，由于内力成对出现，组成平衡力系，因此不必画出，只需画出全部外力。

复习思考题

2-1　二力平衡条件与作用力和反作用力公理都是说二力等值、反向、共线，问二者有什么区别？

2-2　什么是二力构件？二力构件（或二力杆）的受力特点是什么？分析二力构件受力时与构件的形状有无关系。

2-3　三力平衡汇交时怎样确定第三个力的作用线方向？

2-4　试区别 $\boldsymbol{F}_R = \boldsymbol{F}_1 + \boldsymbol{F}_2$ 和 $F_R = F_1 + F_2$ 两个等式代表的意义。

2-5　试分析在图 2-42 所示的非直角坐标系中，力 $\boldsymbol{F}$ 沿 x、y 方向的分力的大小与力 $\boldsymbol{F}$ 在 x、y 轴上的投影的大小是否相等？

2-6　若平面汇交的四个力作出图 2-43 所示的图形，则此四个力的关系如何？

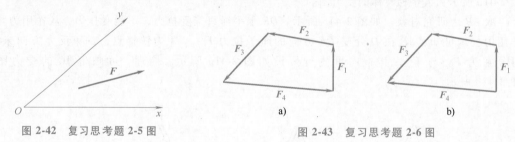

图 2-42　复习思考题 2-5 图　　　　　图 2-43　复习思考题 2-6 图

2-7　平面汇交力系向汇交点以外一点简化，其结果可能是一个力吗？可能是一个力偶吗？可能是一个力和一个力偶吗？

2-8　求平面汇交力系合力大小的计算式为 $F_R = \sqrt{\left(\sum F_x\right)^2 + \left(\sum F_y\right)^2}$，它对投影轴的选取有何要求？

2-9　用解析法求解平面汇交力系的平衡问题时，两个投影轴是否一定要相互垂直？

2-10　如图 2-44 所示的两种结构，不计结构自重，忽略摩擦。如 B 处作用有相同的水平力 F，问铰链 A 的约束反力是否相同？

2-11　将某力沿其作用线移动，是否会改变该力对已知点的力矩？为什么？

2-12　在刚体上 A、B、C、D 四点作用的四个力构成两个平面力偶（$\boldsymbol{F}_1$，$\boldsymbol{F}_1'$）和（$\boldsymbol{F}_2$，$\boldsymbol{F}_2'$），其力多边形自行封闭，如图 2-45 所示。问刚体是否平衡？为什么？

2-13　力偶不能与一个力相平衡，为什么图 2-46 中的圆轮又可以平衡呢？

2-14　如图 2-47 所示，在求约束反力时，哪一种情况可将力 $\boldsymbol{F}$ 沿其作用线移动而不影响结果？

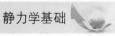

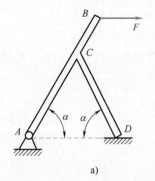
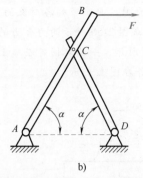

图 2-44　复习思考题 2-10 图

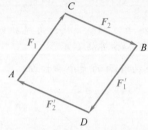

图 2-45　复习思考题 2-12 图

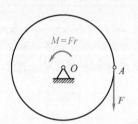

图 2-46　复习思考题 2-13 图

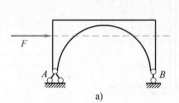
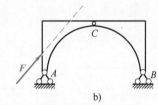
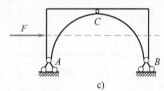

图 2-47　复习思考题 2-14 图

习　题

2-1　一承重三脚架，A、D、C 三处均为铰接，如图 2-48 所示。在 B 处承重为 W。请画 CD 杆的受力分析图（两杆自重不予考虑）。

2-2　如图 2-49 所示，一起重构架，不计组成构架各杆的自重，D、B、C 三处均为圆柱铰，

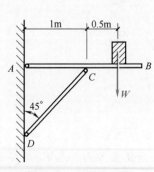

图 2-48　习题 2-1 图

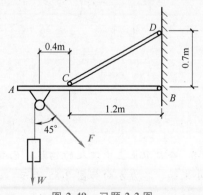

图 2-49　习题 2-2 图

被吊起重物的重力为 **W**。画出下列各对象的受力分析图：**CD** 杆、**AB** 杆、整体。

2-3 用图解法求图 2-50 所示两力合力的大小与方向，并在图上表示。

2-4 如图 2-51 所示，一圆环固定在墙上，受两绳索的拉力作用，试用图解法求圆环所受合力的大小和方向，并在图上表示。

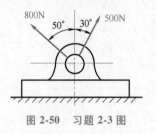

图 2-50 习题 2-3 图

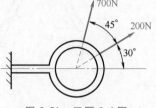

图 2-51 习题 2-4 图

2-5 图 2-52 所示为一房子轮廓。在左边屋顶上受到与水平方向成 30° 夹角风压的压力 $F = 30\text{kN}$。将此力分解为垂直屋面和沿屋面的两个分力，并求出两个分力的大小。

2-6 试用解析法求作用在图 2-53 所示支架上点 O 的三个力合力的大小和方向。

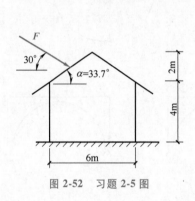

图 2-52 习题 2-5 图

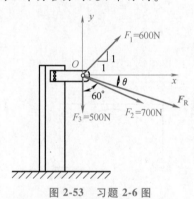

图 2-53 习题 2-6 图

2-7 如图 2-54a、b 所示，力 $F = 100\text{N}$ 分别分解为两个分量。若已知力 **F** 沿 c—c 线的分量为 70N，求力 **F** 与 d—d 线的夹角 α。

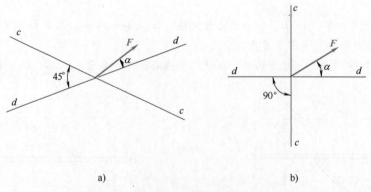

a)   b)

图 2-54 习题 2-7 图

2-8 今欲取出土中埋入的钢柱。已知两作用力的方向如图 2-55 所示，其中一力 $F_1 = 6\text{kN}$，F_2 大小未知，各力方向如图 2-55 所示。为使其合力作用线沿竖直方向，求 F_2 及其合力 F_R 的数值。

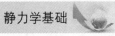

2-9　如图 2-56 所示，一起重构架 ABC 的 A 点装置一个定滑轮。铰车 D 的钢绳通过滑轮起吊重物 W，已知 W＝15kN。支架 A、B、C 三处的连接均为铰接，不计滑轮、钢绳、构架的自重、滑轮大小及滑轮轴的摩擦。求起重架 AB、AC 杆所受的力 F_1、F_2。

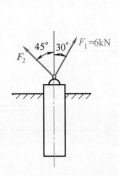

图 2-55　习题 2-8 图

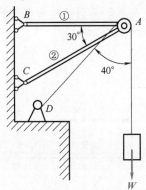

图 2-56　习题 2-9 图

2-10　如图 2-57 所示，AB 木桅杆系有两根钢丝绳。其中，一根拉力 F_1＝2kN，与水平线夹角为 25°；另一根的位置如图 2-57 所示，但其拉力 F_2 大小未定，为了使这两根钢丝绳拉力的合力竖直向下作用于柱顶，试问 F_2 应该多大？

2-11　如图 2-58 所示，一梁自由端作用 F_1，F_2 两个力，分别求这两个力对梁上 O 点的力矩。

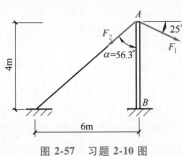

图 2-57　习题 2-10 图

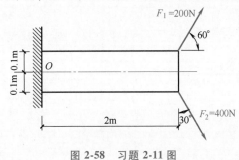

图 2-58　习题 2-11 图

2-12　如图 2-59 所示，挡土墙受土压力的合力为 F_R，它的大小为 F_R＝150kN，方向如图 2-59 所示。求土压力 F_R 使墙倾覆的力矩。

2-13　重力坝受力情况如图 2-60 所示。已知 F_1＝400kN，F_2＝80kN，F_3＝450kN，F_4＝200kN。

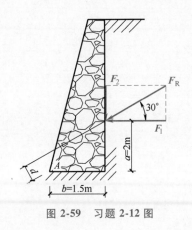

图 2-59　习题 2-12 图

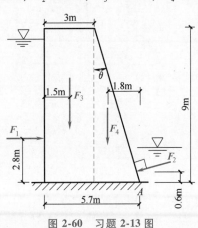

图 2-60　习题 2-13 图

试验算在此情况下重力坝会不会绕 A 点倾覆。

2-14　物体的某平面内作用有三个力偶，如图 2-61 所示。已知 $F_1 = 200\mathrm{N}$，$F_2 = 600\mathrm{N}$，$M = 100\mathrm{N\cdot m}$，求此三力偶的合力偶矩。

2-15　在图 2-62 所示结构中，构件 AB 上作用一力偶矩为 M 的力偶，不计结构的自重，求支座 A 和 C 的约束反力。

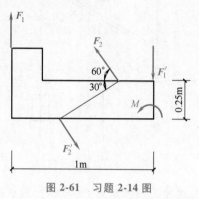

图 2-61　习题 2-14 图

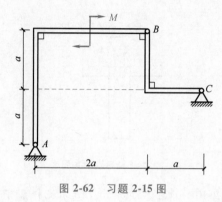

图 2-62　习题 2-15 图

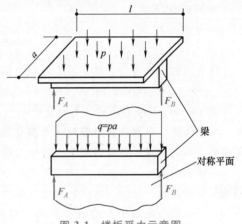

第3章

平面力系

在工程实践中，经常会遇到所有的外力都作用在一个平面内的情况，这样的力系为平面力系。当构件有对称平面，荷载又对称作用时，常把外力简化为作用在此对称平面内的力系。如图 3-1 所示，建筑物中的楼板是放置在梁上的，而梁又搁在柱上（图中柱未画出）。对下面的梁来说，楼板上的面荷载 p（N/m^2）可化作线荷载 q（N/m）作用在梁的对称平面内，柱给梁的约束力也可看成作用在此平面内，故梁上作用的力为平面力系。平面力系又可按力系中各力的相互关系分为平面汇交力系、平面平行力系与平面一般力系。当平面力系中各力汇交于一点时，称为平面汇交力系；各力相互平行时称为平面平行力；图 3-1 中梁上作用的力系属于平面平行力系；如果平面力系中各力既不全部平行，又不全部交于一点，则为平面一般力系。本章将着重讨论如何求平面力系的合力，以及平面力系平衡的条件。

图 3-1 楼板受力示意图

3.1 平面一般力系的简化

如图 3-2a 所示，一平面任意力系 F_1，F_2，$\cdots$，F_n 分别作用在 A_1，A_2，$\cdots$，A_n 点。将该力系向作用平面内任一点 O 简化（图 3-2b），F_1 向 O 点平移，得力 F_1'、力偶 M_1，与原力 F_1 等价；同理，F_2，$\cdots$，F_n 向 O 点平移，得 F_2'，$\cdots$，F_n' 与 M_2，$\cdots$，M_n。故作用在 A_1，A_2，$\cdots$，A_n 点的力 F_1，F_2，$\cdots$，F_n 向作用平面 O 点简化后得一汇交力系 F_1'，F_2'，$\cdots$，F_n' 及一平面力偶系 M_1，

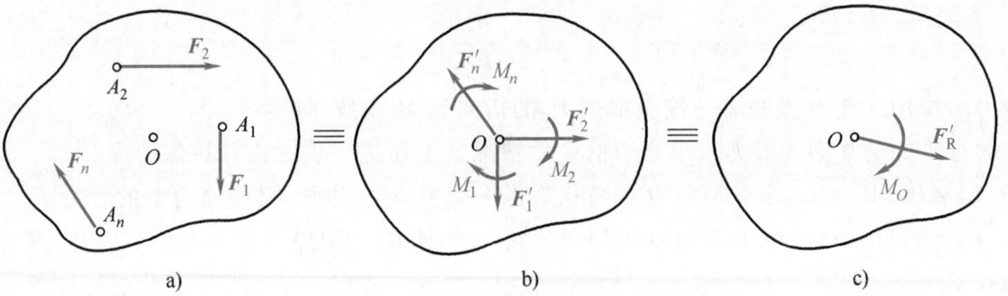

a)   b)   c)

图 3-2 平面任意力系的简化

M_2, ···, M_n。由 2.3 节可知，平面汇交力系可合成得一合力矢量，称为该力系的**主矢量**（简称力系的**主矢**）F'_R。平面力偶系也可合成一合力偶矩，称为力系对于简化中心 O 的**主矩** M_O（图 3-2c）。

主矢 F'_R 的大小与方向由原力系各力的矢量之和确定，可用力多边形法则的图解法求解，或用解析法求出。用解析法时，先计算 F'_R 在 x 轴和 y 轴上的投影，即

$$F'_{Rx} = F_{1x} + F_{2x} + \cdots + F_{nx} = \sum_{i=1}^{n} F_{ix} = \sum F_x$$

$$F'_{Ry} = F_{1y} + F_{2y} + \cdots + F_{ny} = \sum_{i=1}^{n} F_{iy} = \sum F_y$$

然后进一步得到主矢 F'_R 的大小

$$F'_R = \sqrt{F'^2_{Rx} + F'^2_{Ry}} = \sqrt{\left(\sum F_x\right)^2 + \left(\sum F_y\right)^2} \tag{3-1}$$

主矢 F'_R 的方向

$$\tan\alpha = \left|\frac{F'_{Ry}}{F'_{Rx}}\right| = \left|\frac{\sum F_y}{\sum F_x}\right| \tag{3-2}$$

因平面力偶系的合力偶矩等于各分力偶矩的代数和（见 2.4 节），所以主矩 M_O 为

$$M_O = M_1 + M_2 + \cdots + M_n = M_O(F_1) + M_O(F_2) + \cdots + M_O(F_n) = \sum M_O(F) \tag{3-3}$$

即主矩 M_O 是原力系中各力对简化中心 O 点之矩的代数和。

综上所述，**平面任意力系向一点简化的结果一般是一个力和一个力偶矩，这个力作用于简化中心，其力矢等于力系的主矢；这个力偶的矩等于力系对于简化中心的主矩。**

需要说明的是，力系的主矢与简化中心位置无关。因为原力系中各力的大小及方向一定，它们的矢量和也是一定的。所以，一个力系的主矢是一常量，不随简化中心选取的不同而改变。力系的主矩一般与简化中心的位置有关。因为力系中各力对于不同的简化中心的力矩是不同的，因而它们的和一般来说也不相等。所以，提到力系的主矩时，必须指出是力系对于哪一点的主矩。

由 2.4 节已知，可将一力平移后用一力与一力偶与之等价，反之，也可利用力的平移定理的逆过程将一力与一力偶合成一个力。现将图 3-3a 所示力系合成图 3-3c 所示的合力 F_R。下面叙述如何求得合力 F_R 的大小、方向和作用线。

将主矩 M_O 用图 3-3b 中的 F''_R、F_R 两力表示，要求 $F''_R = F_R = F'_R$，F''_R 与 F_R 等值、反向、共线，F''_R、F_R 两力的力偶臂为 h，并保证 $F_R h = M_O$。这样，图 3-3a 中主矢量 F'_R、主矩 M_O 与图 3-3c 中所示的合力 F_R 等价。由此可见，力系合成的最后结果得一合力 F_R。其大小、方向与主矢量 F'_R 相同，而作用线过点 O_1。从点 O 到其作用线的距离为

$$h = \frac{|M_O|}{F'_R} \tag{3-4}$$

合力的作用线在 O 点的哪一侧应根据 F'_R 的指向和 M_O 的转向确定。

上面讨论的是平面一般力系求合力的一般情况，下面进一步讨论其特殊情况。

1）$F'_R \neq 0$，$M_O = 0$，原力系向 O 点简化后得一个力 F'_R，则该 F'_R 即原力系的合力 F_R。

2）$F'_R = 0$，$M_O \neq 0$，原力系向 O 点简化后得一力偶 M_O，则原力系无合力 F_R，而只有合力偶矩 M_O。

3）$F'_R = 0$，$M_O = 0$，原力系是平衡力系，3.2 节将对此进行讨论。

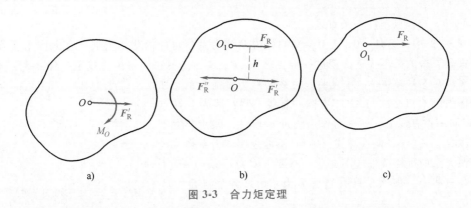

图 3-3　合力矩定理

3.2　平面一般力系的平衡方程及其应用

由 3.1 节讨论已知，一般力系合成的结果为一矢量 $\boldsymbol{F}'_R$ 与主矩 M_O，因此，平面一般力系平衡的必要与充分条件是主矢量 $\boldsymbol{F}'_R = 0$ 和主矩 $M_O = 0$。一般将 $\boldsymbol{F}'_R = 0$ 用解析方程表示，则平衡方程表达式为

$$\begin{cases} \sum F_x = 0 \\ \sum F_y = 0 \\ \sum M_O = 0 \end{cases} \tag{3-5}$$

式（3-5）是平面一般力系的平衡方程，称为一矩式方程组，其中，前两式称为投影方程，第三式称为力矩方程，这组方程是平面一般力系平衡的基本形式。它表明：平面一般力系平衡的必要和充分条件是力系中各力在两坐标轴上的投影的代数和为零，且力系中各力对坐标平面内任意点力矩的代数和也等于零。

除上面基本形式的平衡方程以外，平面一般力系的平衡方程还可以表达为二矩式或三矩式。二矩式平衡方程为

$$\begin{cases} \sum F_x = 0 \\ \sum M_A = 0 \\ \sum M_B = 0 \end{cases} \tag{3-6}$$

式中，A、B 两矩心的连线不能垂直于 x 轴。

式（3-6）中的 $\sum M_A = 0$ 表示该力系不能简化为力偶，但可能简化为一个通过 A 点的合力或者处于平衡状态。若该力系同时满足 $\sum M_B = 0$，那么，力系的平衡条件还不充分，因当 AB 连线与合力的作用线相重合时，力系能同时满足式（3-6）后两式，而合力还可能不为零（图 3-4）。所以还必须要求 AB 连线与 x 轴不垂直，且合力在 x 轴上的投影为零，即 $\sum F_x = 0$。因合力作用线不垂直于 x 轴，那么，只有合力为零，才能满足方程。

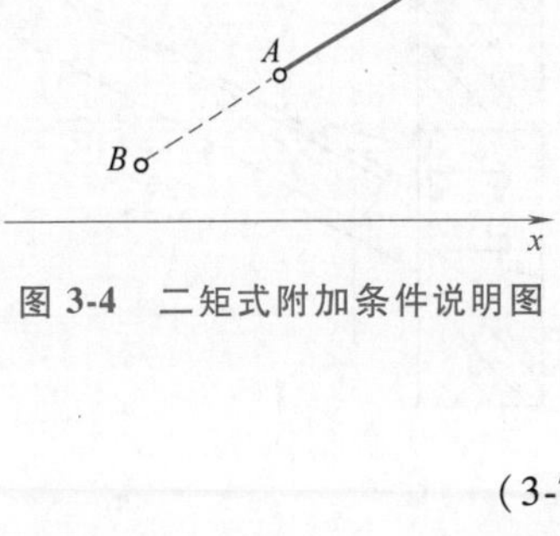

三矩式平衡方程为

图 3-4　二矩式附加条件说明图

$$\begin{cases} \sum M_A = 0 \\ \sum M_B = 0 \\ \sum M_C = 0 \end{cases} \tag{3-7}$$

式中，A、B、C 三点不在一条直线上。

式（3-7）中，$\sum M_A = 0$，$\sum M_B = 0$ 同样说明该力系不可能简化为力偶，合力作用线若与 AB 连线相重合，合力可不为零。现进一步要求 A、B、C 三点不在同一条直线上（图3-5），当该力系同时需满足 $\sum M_C = 0$ 时，才表明原力系必然为平衡力系。那么，为何强调 C 点必须与 AB 不在同一直线上呢？因为当 C 点与 AB 在同一条直线上，即合力作用线过 C 点时，即使合力不为零也满足 $\sum M_C = 0$，但这样式（3-7）不能表明该力系是平衡的，即该力系的平衡条件还不充分。现要求 C 点必须与 AB 不在同一条直线上，那么，只有当合力为零时，才能满足方程 $\sum M_C = 0$。

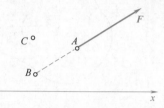

图 3-5　三矩式附加条件说明图

平面一般力系的平衡条件可有式（3-5）、式（3-6）、式（3-7）三种方程组的表达形式。每一组方程皆由三个彼此独立的方程式组成，只要满足其中一组方程组，力系就既不可能简化为合力，也不可能简化为力偶，该力系就必定平衡。所以，当一个物体受平面一般力系作用而处于平衡状态时，只能写出三个独立方程，能解三个未知量。对于另外写出的投影方程或力矩方程，只能作为校核计算结果之用，故称为不独立方程。

应用平面一般力系的平衡方程解题的步骤如下：

1）确定研究对象。根据题意分析已知量和未知量，选取适当的研究对象。

2）画研究对象的受力图。在研究对象上画出它受到的所有主动力和约束反力。

3）列平衡方程。选取适当形式的平衡方程、投影轴和矩心。选取哪种形式的平衡方程，完全取决于计算的简便与否，力求做到一个平衡方程中只包含一个未知量，以免求解联立方程。在应用投影方程时，选取的投影轴尽可能与较多的未知力的作用线垂直；应用力矩方程时，矩心尽可能取在未知力的交点上。计算力矩时，要善于运用合力矩定理，以简便计算。

4）解平衡方程，求得未知量。

5）校核计算结果。列出非独立的平衡方程，以检查解题的正确与否。

例 3-1　一个三角形支架固定在砖柱上（图3-6a），支架由两根型钢与结点板构成。结点 A、B、C 均采用焊接，在分析支架受力情况时，可简化为铰接计算，已知每一管道重为 248N/m，支架间距为 6m。试求支架 A、B 两处的约束反力。支架自重忽略不计。

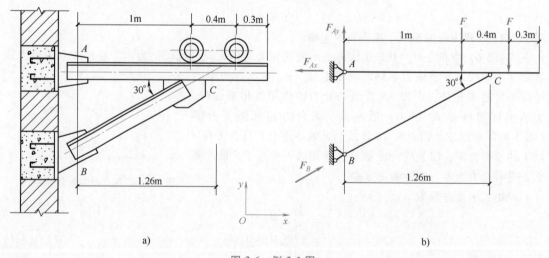

图 3-6　例 3-1 图

解：由题意知，支架结点均简化为铰接，故其计算简图如图 3-6b 所示。管道重以集中力的形式通过接触点垂直作用在支架上，支架间距为 6m，每一支架承担 6m 长的管道重力，故 $F =$ 6m×248N/m = 1.488kN。支架中 BC 杆为二力杆，所以，B 铰处的约束反力 F_B 必须沿 BC 方向作用。而 AC 不是二力杆，A 处约束反力方向未知，以 F_{Ax} 及 F_{Ay} 两分力代替。各反力指向先假定。

1. 用一矩式方程求解

$$\sum M_A = 0, \quad F_B\cos30° \times 1.26\text{m} \times \tan30° - F \times 1\text{m} - F \times 1.4\text{m} = 0$$

得
$$F_B = 5.67\text{kN}$$

$$\sum F_y = 0, \quad F_{Ay} + F_B\sin30° - F - F = 0$$

得
$$F_{Ay} = 0.14\text{kN}$$

$$\sum F_x = 0, \quad -F_{Ax} + F_B\cos30° = 0$$

得
$$F_{Ax} = 4.91\text{kN}$$

2. 用二矩式方程求解

如上，由 $\sum M_A = 0$ 可求得 $F_B = 5.67\text{kN}$。

$$\sum M_B = 0, \quad F_{Ax} \times 1.26\text{m} \times \tan30° - F \times 1\text{m} - F \times 1.4\text{m} = 0$$

得
$$F_{Ax} = 4.91\text{kN}$$

方程 $\sum F_y = 0$ 与上面一矩式中的相同，可得 $F_{Ay} = 0.14\text{kN}$。这里若再用方程 $\sum F_x = 0$，不能解出第四个未知量，因 x 轴与两个矩心 A、B 连线垂直，故称 $\sum F_x = 0$ 为不独立方程，只能将此式作为校核之用。

$$\sum F_x = 0, \quad -F_{Ax} + F_B\cos30° = -4.91\text{kN} + 5.67\text{kN} \times \cos30° = 0$$

3. 用三矩式方程求解

$\sum M_A = 0$，如上求得 $F_B = 5.67\text{kN}$。

$\sum M_B = 0$，如上求得 $F_{Ax} = 4.91\text{kN}$。

$\sum M_C = 0, \quad -F_{Ay} \times 1.26\text{m} + F \times (1.26\text{m} - 1\text{m}) - F \times (1.4\text{m} - 1.26\text{m}) = 0$

得
$$F_{Ay} = 0.14\text{kN}$$

上面三组平衡方程，在解题时只需任选一组即可。

例 3-2 一简支梁受力如图 3-7a 所示。已知 $F = 20\text{kN}$，$q = 10\text{kN/m}$，不计梁自重，求 A、B 两支座反力。

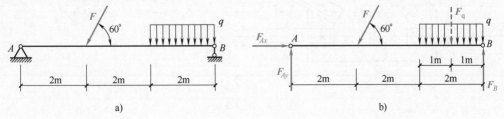

a)
b)

图 3-7 例 3-2 图

解：画 A、B 两支座的约束反力如图 3-7b 所示。在求支座反力时，可将分布荷载 q 以集中力 $F_q = 10\text{kN/m} \times 2\text{m} = 20\text{kN}$ 的形式作用在分布荷载的中点（图 3-7b 中虚线所示）。由平衡方程

$$\sum F_x = 0, \quad F_{Ax} - F\cos60° = 0$$

得
$$F_{Ax} = 10\text{kN}$$

$$\sum M_A = 0, \quad F_B \times 6\text{m} - q \times 2\text{m} \times 5\text{m} - F \times \sin60° \times 2\text{m} = 0$$

得
$$F_B = 22.4\text{kN}$$

$$\sum F_y = 0, \quad F_{Ay} - F\sin 60° - 2q + F_B = 0$$

得

$$F_{Ay} = 14.9\text{kN}$$

为了检查计算结果的正确性，可用方程 $\sum M_B = 0$ 进行校核。

$$\sum M_B = 0, \quad -F_{Ay} \times 6\text{m} + F\sin 60° \times 4\text{m} + 2q \times 1\text{m} = 0$$

说明前面计算正确。

3.3 平面特殊力系的平衡方程及其应用

3.3.1 平面汇交力系的平衡方程及其应用

平面汇交力系对刚体作用的效应，与其合力对刚体作用的效应是等价的。平面汇交力系合成的结果是一个合力，若合力等于零，则物体处于平衡状态；反之，若物体在平面汇交力系作用下处于平衡，则该力系的合力一定为零。因此，平面汇交力系平衡的必要和充分条件是力系的合力等于零。

由前述 $F_R = \sqrt{F_{Rx}^2 + F_{Ry}^2} = \sqrt{(\sum F_x)^2 + (\sum F_y)^2}$ 可知，欲使 $F_R = 0$，必须且只需

$$\begin{cases} \sum F_x = 0 \\ \sum F_y = 0 \end{cases} \tag{3-8}$$

于是得平面汇交力系平衡的必要和充分条件为：力系中各力在两个坐标轴中每一轴上的投影的代数和都等于零。式（3-8）称为平面汇交力系的平衡方程。应用这两个彼此独立的方程，可求解两个未知量。

例 3-3 一桁架的结点由四根角钢铆接在连接板上而成（图 3-8a）。已知作用在杆件 A 和 C 上的力为 $F_A = 4\text{kN}$，$F_C = 2\text{kN}$，以及作用在杆件 B 和 D 上的力 $\boldsymbol{F}_B$、$\boldsymbol{F}_D$ 作用的方向，该力系汇交于 O 点。求在平衡状态下力 F_B、F_D 的值。

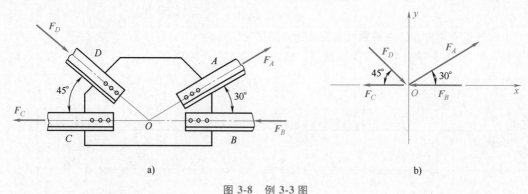

图 3-8 例 3-3 图

解：1）建立直角坐标系，以汇交点为直角坐标系的原点，x 轴与力 $\boldsymbol{F}_B$、$\boldsymbol{F}_C$ 作用线重合，方向向右为正，y 轴向上为正，如图 3-8b 所示。

2）列出两个平衡方程：

$$\sum F_x = 0, \quad F_A\cos 30° - F_B - F_C + F_D\cos 45° = 0$$

$$\sum F_y = 0, \quad F_A\sin 30° - F_D\sin 45° = 0$$

联立解得

$$F_B = 3.46\text{kN}, \quad F_D = 2.83\text{kN}$$

例 3-4 一梯子 AB 自重 $W=100N$，重心假定在梯子长度中点 C。梯子的上端 A 靠在光滑的墙上，下端 B 放置在与水平面成 $40°$ 倾角的光滑斜坡上（图 3-9a）。试求梯子平衡时两端的约束反力。

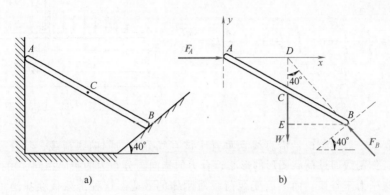

图 3-9 例 3-4 图

解：取梯子为研究对象，它在重力 W 和光滑面的约束反力 F_A、F_B 作用下处于平衡，由三力平衡汇交定理可知，这三个力必汇交于一点 D，梯子的受力图如图 3-9b 所示。

选直角坐标系如图 3-9b 所示，列平衡方程

$$\sum F_y = 0, \quad F_B \cos40° - W = 0$$

得

$$F_B = \frac{W}{\cos40°} = \frac{100N}{\cos40°} = 130.54N$$

$$\sum F_x = 0, \quad F_A - F_B \sin40° = 0$$

得

$$F_A = F_B \sin40° = 130.54N \times \sin40° = 83.91N$$

3.3.2 平面平行力系的平衡方程及其应用

在工程实际中，往往遇到作用在物体同一平面内的力是相互平行的，称为平面平行力系。可知平面平行力系是平面一般力系的一个特例。在工程上如何求得平面平行力系的合力，有时是至关重要的问题。

如图 3-10 所示，物体同一平面内作用有 F_1、F_2、F_3 三个互相平行的力，那么它们的合力作用线必平行于各力作用线，合力的大小是三个力的代数和，即

$$F_R = F_1 + F_2 + F_3 = \sum_{i=1}^{n} F_i = \sum F \qquad (3-9)$$

合力作用线的位置，可在该平面内任选一点为参考点（图 3-10 中 O 点），利用合力矩定理求得

$$H = \frac{F_1 h_1 + F_2 h_2 + F_3 h_3}{F_R} = \frac{\sum M_o}{\sum F} \qquad (3-10)$$

图 3-10 平面平行力系的合成

例 3-5 如图 3-11 所示，AB 水平杆件受按直线变化的荷载垂直作用，试求其合力的大小与合力作用线的位置。

解：以 A 为原点，如图 3-11 所示作 x 轴，在距坐标原点 x 处取一微段 $\mathrm{d}x$，x 处的荷载集度为 q_x，$q_x = qx/L$。$\mathrm{d}x$ 微段的荷载集度视为常量，则 $\mathrm{d}x$ 长度上的合力大小为 $q_x \mathrm{d}x$，那么，AB 杆上按三角形分布的线荷载合力为

$$F_R = \int_0^L q_x dx = \int_0^L \frac{q}{L} x dx = \frac{1}{2} qL$$

令合力作用线至 A 点的距离为 x_c，则由合力矩定理可得

$$F_R x_c = \int_0^L x q_x dx = \int_0^L x \frac{q}{L} x dx = \int_0^L \frac{q}{L} x^2 dx = \frac{q}{3L} L^3 = \frac{qL^2}{3}$$

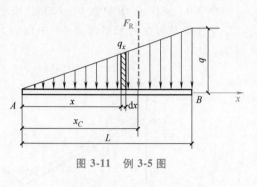

图 3-11　例 3-5 图

$$x_c = \frac{\dfrac{qL^2}{3}}{F_R} = \frac{\dfrac{qL^2}{3}}{\dfrac{qL}{2}} = \frac{2}{3} L$$

据此可以得到一般性结论：沿直线且垂直于该直线分布的同向线荷载，其合力的大小等于荷载图的面积，作用线通过荷载图形的形心，合力的指向与分布力的指向相同。由此可知，线荷载可以用一个集中力来替换，而不改变线荷载对刚体的效应。这种等效代换只适用于研究力对物体的运动效应。

例 3-6　图 3-12 所示为一最大起吊重力 $F = 100\text{kN}$ 的塔式起重机，其自重 $G = 400\text{kN}$，作用线距离塔身中心线 $O—O'$ 为 0.5m。塔身最下面四个轮子可在轨道上行走。为使在起吊过程中不倾倒，必须放置配重 W，配重作用线位置如图 3-12 所示。试问 W 为多少时，该塔式起重机不会发生倾倒？

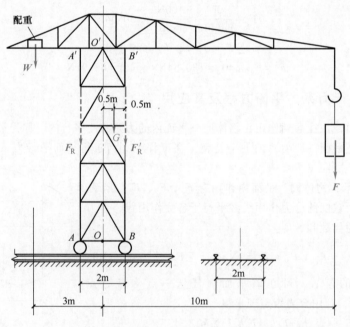

图 3-12　例 3-6 图

解：该塔式起重机受平面平行力系 W、G、F 作用，为使它不倾倒，力系的合力作用线范围必须在 AB 之间。

合力大小

$$F_R = W + G + F = W + 400\text{kN} + 100\text{kN} = W + 500\text{kN}$$

若合力作用线位置在 AA'，各力对塔身中心线 OO' 取矩，合力 F_R 的力臂 $H = 1\text{m}$，

$$F_R H = W \times 3\mathrm{m} - G \times 0.5\mathrm{m} - F \times 10\mathrm{m}$$

$$(W + 500\mathrm{kN}) \times 1\mathrm{m} = W \times 3\mathrm{m} - 400\mathrm{kN} \times 0.5\mathrm{m} - 100\mathrm{kN} \times 10\mathrm{m}$$

得

$$W = 850\mathrm{kN}$$

若合力作用线位置在 BB'，此情况下记合力为 F_R' 以示区别，各力对塔身中心线取矩

$$-F_R' H = -G \times 0.5\mathrm{m} - F \times 10\mathrm{m} + W \times 3\mathrm{m}$$

$$(W + 500\mathrm{kN}) \times 1\mathrm{m} = 400\mathrm{kN} \times 0.5\mathrm{m} + 100\mathrm{kN} \times 10\mathrm{m} - 3\mathrm{m} \times W$$

得

$$W = 175\mathrm{kN}$$

所以，当塔式起重机有最大起重力 $F = 100\mathrm{kN}$ 时，配重范围为 $175\mathrm{kN} < W < 850\mathrm{kN}$。

思考：

1）当塔式起重机未起吊重力（$F = 0$）时，配重 W 最大不得超过多少？

2）综合考虑起吊重力从 $F = 0$ 至 $F = 100\mathrm{kN}$ 的过程，请选择配重 W 的允许范围。

上面讨论了平面平行力系的合成，现在进一步讨论平面平行力系的平衡问题。一般建立平面平行力系的静力平衡方程式，用来求解支座的约束反力。下面就图 3-13 加以说明，图 3-13a 所示的 AB 横梁上作用一个平面平行力系 F_1、F_2、F_3。图 3-13b 所示是计算简图。

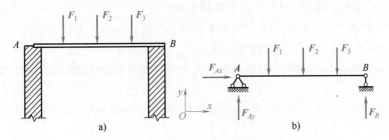

图 3-13 平面平行力系的平衡

由于平面平行力系的作用线均垂直 x 轴，故 A 处无水平约束反力，即 $F_{Ax} = 0$，应用平面一般力系平衡的三个方程式〔如式（3-5）〕时，可以不必列出 $\sum F_x = 0$。而用两个独立的方程式求解两个未知量 F_{Ay} 和 F_B，因而平面平行力系的平衡方程为

$$\begin{cases} \sum F_y = 0 \\ \sum M_O = 0 \end{cases} \tag{3-11}$$

平面平行力系的平衡方程，也可以用二矩式方程的形式，即

$$\begin{cases} \sum M_A = 0 \\ \sum M_B = 0 \end{cases} \tag{3-12}$$

其中，A、B 两点的连线不得与各力平行。

在得到 F_{Ay}、F_B 的解答后，用不独立方程进行校核，以保证计算的正确性。

例 3-7 求图 3-14 所示外伸梁的支座反力。

解：在求支座反力时，可将分布荷载 q 以集中力 $6q$ 作用在 q 荷载图的形心点 C 处（图 3-14 中虚线所示）。画 A、B 的支座反力作用线，并假设方向向上。

$$\sum M_B = 0, -F_A \times 4.5\mathrm{m} + F_2 \times 1.5\mathrm{m} + F_1 \times 3\mathrm{m} + 6q \times 3\mathrm{m} = 0$$

得

$$F_A = \frac{40 \times 1.5 + 20 \times 3 + 6 \times 10 \times 3}{4.5}\mathrm{kN} = 66.7\mathrm{kN}$$

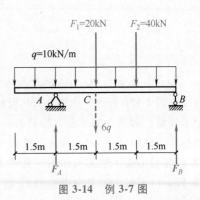

图 3-14 例 3-7 图

$$\sum M_A = 0, \quad F_B \times 4.5\text{m} - F_1 \times 1.5\text{m} - F_2 \times 3\text{m} - 6q \times 1.5\text{m} = 0$$

得

$$F_B = 53.3\text{kN}$$

用 $\sum F_y = 0$ 进行校核，即

$$F_A + F_B - F_1 - F_2 - 6q = 66.7\text{kN} + 53.3\text{kN} - 20\text{kN} - 40\text{kN} - 6 \times 10\text{kN} = 0$$

可见计算正确。

3.4 物体系统的平衡问题

当物体系统（物系）平衡时，组成物系的每个物体都处于平衡状态。因此，对于每个物体，如果是受平面一般力系作用，则可列出 3 个独立的平衡方程。

如果物系由 n 个物体所组成，则它就共有 $3n$ 个独立的平衡方程，从而可以求解 $3n$ 个未知量。

如果物系中的某些物体受平面汇交力系或平面平行力系或平面力偶系作用，则物系的平衡方程的个数将相应减少，而所能求解未知量的个数也相应减少。

求解物体系统的平衡问题，可采用以下两种方法：

1）先取整个物系为研究对象，求得某些未知量；再取物系中的某部分物体（一个物体或几个物体的组合）为研究对象，求出其他未知量。

2）先取物系中的某部分为研究对象，再取其他部分物体或整体为研究对象，逐步求得所有的未知量。

例 3-8 组合梁受荷载如图 3-15a 所示。已知 $F = 5\text{kN}$，$q = 2.5\text{kN/m}$，$M = 5\text{kN} \cdot \text{m}$，梁的自重不计，试求支座 A、B、E 的反力。

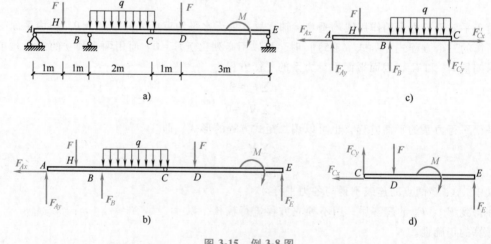

图 3-15 例 3-8 图

解：组合梁由 AC、CE 两段组成。若取整个梁为研究对象，根据各支座的约束性质，画其受力图如图 3-15b 所示。由图 3-15b 可知，它在平面任意力系作用下平衡，有 F_{Ax}、F_{Ay}、F_B 和 F_E 四个未知量，而独立的平衡方程只有 3 个，不能求解。因而需要考虑分离体的平衡，将梁从铰链 C 处拆开，分别考虑 AC 段和 CE 段的平衡，画出它们的受力图，如图 3-15c、d 所示。梁 AC 段和 CE 段各受平面一般力系作用，其中 AC 段上有 5 个未知量，CE 段上有 3 个未知量，故可先考虑 CE 段。由平衡方程求出未知力 F_E 后，由于不需要求 C 铰的约束反力，可再取整个梁为研究对象

即可求出支座 A、B 的反力。

根据以上分析，计算如下：

1）取梁的 CE 段为研究对象（图 3-15d），由

$$\sum M_C = 0, \quad F_E \times 4\text{m} - F \times 1\text{m} - M = 0$$

得

$$F_E = 2.5\text{kN}$$

2）取整个梁为研究对象（图 3-15b），由

$$\sum F_x = 0, \quad F_{Ax} = 0$$

$$\sum M_A = 0, \quad F_B \times 2\text{m} - F \times 1\text{m} - q \times 2\text{m} \times 3\text{m} - F \times 5\text{m} - M + F_E \times 8\text{m} = 0$$

得

$$F_B = 15\text{kN}$$

$$\sum F_y = 0, \quad F_{Ay} + F_B - F - q \times 2\text{m} - F + F_E = 0$$

得

$$F_{Ay} = -2.5\text{kN}$$

结果为负值，说明实际受力方向和图中假设方向相反。

例 3-9　已知 $F = qa$，求图 3-16a 所示三铰刚架 A、B 处的支座反力。

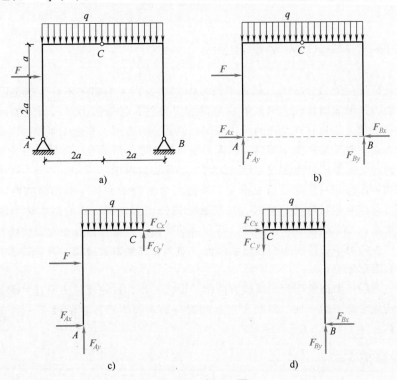

图 3-16　例 3-9 图

解：三铰刚架是由左、右两半刚架用中间铰 C 连接而成的物体系统。作用在每个半刚架上的力系都是平面任意力系，整个物体系统未知的反力有 6 个，而独立平衡方程也是 6 个，可以求解 6 个未知反力。铰 A、B 各有两个反力，故有 4 个未知数，F_{Ax}、F_{Ay}、F_{Bx}、F_{By}，它们的方向先假定如图 3-16b 所示。

先从三铰刚架整体考虑，可列出平衡方程：

$$\sum M_B = 0, \quad -F_{Ay} \times 4a - F \times 2a + q \times 4a \times 2a = 0 \tag{a}$$

得

$$F_{Ay} = \frac{1}{4a}(8qa^2 - 2qa^2) = 1.5qa$$

$$\sum M_A = 0 \quad F_{By} \times 4a - F \times 2a - q \times 4a \times 2a = 0 \tag{b}$$

得

$$F_{By} = \frac{1}{4a}(8qa^2 + 2qa^2) = 2.5qa$$

$$\sum F_x = 0 \quad F_{Ax} + F - F_{Bx} = 0 \tag{c}$$

从整体考虑只能列出 3 个独立的平衡方程，无法解 4 个未知量，所以要补充一个方程。现取 CB 部分为脱离体（图 3-16d），C 铰处有一约束反力，分解为两个未知分力 F_{Cx}、F_{Cy}（方向可先假定）。故脱离体共有 3 个未知量，但因本题意不要求解出 F_{Cx}、F_{Cy}，故可取 C 为矩心，以求得 F_{Bx} 的大小：

$$\sum M_C = 0, \quad -F_{Bx} \times 3a - q \times 2a \times a + F_{By} \times 2a = 0 \tag{d}$$

得

$$F_{Bx} = \frac{1}{3a}(F_{By} \times 2a - 2qa^2) = qa$$

以 F_{Bx} 值代入式（c），得 $F_{Ax} = F_{Bx} - F = 0$。

再取左半个刚架为研究对象（图 3-16c），列出平衡方程，可校核以上计算结果是否正确，请读者自行完成。

3.5 考虑摩擦时物体的平衡问题

前面在对物体进行受力分析时，都将摩擦力作为次要因素而略去不计。这是因为在这些问题中，两物体间的接触表面比较光滑或有良好的润滑条件，且摩擦力对所研究的问题属于次要因素，可以忽略不计，这是一种允许的简化情况。但是，一方面，完全无摩擦的表面实际上是不存在的；另一方面，对于某些实际问题，如重力坝与挡土墙的滑动稳定问题，带轮和摩擦轮的传动问题等，摩擦却是重要的甚至是决定性的因素，必须加以考虑。

按照接触物体之间相对运动的情况分类，摩擦可分为滑动摩擦与滚动摩擦两类。当两物体接触处有相对滑动或有相对滑动趋势时，在接触处的公切面内所受到的阻碍称为滑动摩擦。如活塞在汽缸中滑动，轴在滑动轴承中转动，都有滑动摩擦。当两物体有相对滚动或有相对滚动趋势时，物体间产生的对滚动的阻碍称为滚动摩擦。如车轮在地面上滚动，滚动轴承中的钢珠在轴承中滚动，都有滚动摩擦。

长期以来，人们在摩擦的理论和试验方面做了很多工作，目的就是认识有关摩擦的规律，以便设法减少或避免它有害的一面，而利用它有利的一面来为生产和生活服务。本节只讨论滑动摩擦的一些规律。

3.5.1 滑动摩擦定律

1. 静滑动摩擦定律

静滑动摩擦定律是通过试验来证实的。设将重 F_P 的物体放在水平面上，并对其施加一水平力 F_T，如图 3-17 所示。根据经验可知，当 F_T 的大小不超过某一数值时，物体虽有滑动的趋势，但仍可保持静止。这就表明水平面对物体除有法向约束反力 F_N 外，还有一摩擦力 F_f。这时的摩擦力 F_f 称为静摩擦力。由于摩擦力阻碍两物体的相对滑动，因此它的方向总是与物体相对滑动或相对滑动的趋势方向相反。静摩擦力 F_f 的大小，根据物体的平衡条件求得：$F_f = F_T$。由此可见：如 $F_T = 0$，则 $F_f = 0$，即物体没有滑动趋势时，也就没有摩擦力；而当 F_T 的值增大时，静摩擦力 F_f 的值也随着相应增大。但它与一般的约束反力不同，当 F_T 增大到一定数值时，物体将开始滑动。这说明静摩擦力的大小有一极限值。当静摩擦力达到极限值时，物体处于将滑动而未滑动的临界状态，这时的摩擦力称为最大静摩擦力，用 F_{fmax} 表示。

试验表明，最大静摩擦力的大小与接触面之间的法向约束反力 F_N 成正比，即

$$F_{fmax} = f_s F_N \qquad (3\text{-}13)$$

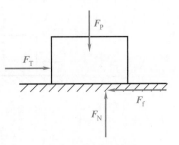

图 3-17 静滑动摩擦

这就是静滑动摩擦定律，简称静摩擦定律，也称为库仑摩擦定律。式中 f_s 是量纲为一的比例常数，称为静摩擦因数。它的大小与两接触物体的材料以及接触面状况（粗糙度、湿度、温度等）有关。各种材料在不同表面情况下的静摩擦因数是由试验测定的，这些值一般可在一些工程手册中查到。表 3-1 列举了几种材料的静摩擦因数 f_s 的大约值供参考。

表 3-1 某些材料的静摩擦因数的大约值

材料名称	金属与金属	木材与木材	土与木材	土与混凝土	砖与混凝土	岩石与混凝土
f_s 值	0.15~0.3	0.4~0.6	0.3~0.65	0.3~0.4	0.76	0.5~0.8

2. 动滑动摩擦定律

当图 3-17 中沿接触面切线方向的主动力 F_T 的大小超过最大静摩擦力 F_{fmax} 时，物块不能保持平衡，即有相对滑动。此时，物体间有相对滑动时的摩擦力称为动摩擦力。物体所受到的动摩擦力的方向与该物体相对滑动的方向相反，动摩擦力的大小与接触面之间的法向反力 F_N 成正比。如以 F_f' 代表动摩擦力的大小，则有

$$F_f' = f F_N \qquad (3\text{-}14)$$

这就是动滑动摩擦定律，简称动摩擦定律。式中，f 也是一个量纲为一的比例常数，称为动摩擦因数。动摩擦因数 f 的值将随物体接触处相对滑动的速度而变，但由于它们之间的关系复杂，通常在一定速度范围内，可不考虑这种变化，而认为只与接触面的材料和表面状况有关。动摩擦因数一般比静摩擦因数略小。这就说明，为什么维持一个物体的运动比使其由静止进入运动要容易。在工程计算中，通常近似地认为 f 与 f_s 相同。若要获得较为精确的摩擦因数的值，尚需结合实际工程问题由具体试验测定。

3.5.2 摩擦角与自锁现象

1. 摩擦角

在有摩擦时，支承面对平衡物体的约束反力包括法向反力 F_N 与静摩擦力 F_f，这两个力的合力用 F_{RA} 表示，F_{RA} 称为支承面对物体的全约束反力，它的作用线与接触面的公法线成一夹角 φ，如图 3-18a 所示。当静摩擦力 F_f 达到最大静摩擦力 F_{fmax} 时，F_{RA} 与接触面的公法线所成的夹角 φ 也达到最大值 φ_m，如图 3-18b 所示。φ_m 称为静摩擦角，简称摩擦角。显然有 $0 \leqslant \varphi \leqslant \varphi_m$。由图 3-18 可见，$F_{fmax} = F_N \tan \varphi_m$。结合式（3-13），有

$$\tan \varphi_m = f_s \qquad (3\text{-}15)$$

即摩擦角的正切值等于静摩擦因数。

2. 摩擦自锁

通过以上分析可知，全约束反力 F_{RA} 与接触面法线所成的角不会大于 φ_m，所以物体所受的主动力的合力 F_R 的作用线在摩擦角之内时，即 F_R 与接触面法线所成的角 $\theta \leqslant \varphi_m$（图 3-19a），不

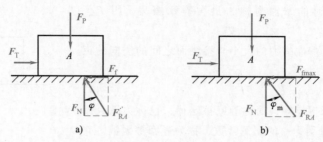

图 3-18　摩擦角

论该合力多大，总有全约束反力 F_{RA} 与它构成二力平衡，物体总能够保持静止，这种现象称为**摩擦自锁**。反之，物体受到的所有主动力的合力 F_R 的作用线在摩擦角之外，即 F_R 与接触面法线所成的角 $\theta > \varphi_m$（图 3-19b），不论该合力多小，物体一定会滑动，这样就可以避免自锁现象的发生。

如图 3-20 所示，设斜面的倾角为 α，物体与斜面之间的摩擦角为 φ_m。下面讨论斜面的自锁条件。

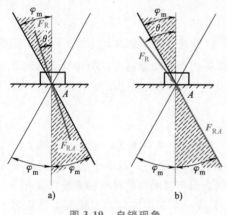

图 3-19　自锁现象

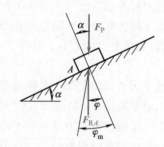

图 3-20　斜面的自锁条件

由于物体 A 仅受到铅直载重 F_P 和全约束反力 F_{RA} 作用而平衡，所以 F_{RA} 与 F_P 应等值、反向、共线，因此 F_{RA} 必沿铅直线，F_{RA} 与斜面法线间的夹角 φ 等于斜面倾角 α。而当 $\varphi \leqslant \varphi_m$ 即 $\alpha \leqslant \varphi_m$ 时，物体必定平衡不会下滑。所以斜面的自锁条件为

$$\alpha \leqslant \varphi_m \tag{3-16}$$

3.5.3　考虑摩擦时的物体平衡问题

求解考虑摩擦时的平衡问题的方法、步骤与忽略摩擦时物体的平衡问题类似。即首先取研究对象，受力分析，画研究对象的受力图，列平衡方程，然后求解，最后对结果做必要的校核和讨论。值得注意的是，在研究对象的受力图中要画出摩擦力，摩擦力的指向不能任意假定，必须画成与物体相对滑动趋势的方向相反；另外，静摩擦力的大小有个变化范围，相应地，平衡问题的解答也具有一个变化的范围。

因此，解决这类问题要分两种情况：一种是临界平衡分析，此时物体处于临界平衡状态，应令摩擦力的大小 $F_f = F_{fmax} = f_s F_N$；另一种是平衡范围分析，此时摩擦还未达到最大值，满足 $0 \leqslant F_f \leqslant F_{fmax}$ 的取值范围。

例 3-10 梯子重为 W_1，重心在中点，靠墙放置，如图 3-21a 所示，已知墙面光滑，梯子与地面间的静摩擦因数为 f_s，人重为 W_2。求：要保证人能安全爬到梯顶，角 α 的最小取值。

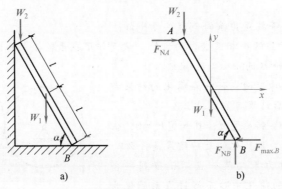

图 3-21 例 3-10 图

解：取梯子为研究对象，设其处于临界平衡状态，受力如图 3-21b 所示。列平衡方程

$$\sum F_y = 0, \quad F_{NB} - W_1 - W_2 = 0 \tag{a}$$

$$\sum M_A = 0, \quad -F_{fmax,B} \times 2l\sin\alpha - W_1 l\cos\alpha + F_{NB} \times 2l\cos\alpha = 0 \tag{b}$$

由静滑动摩擦定律，列出补充方程

$$F_{fmax,B} = f_s F_{NB} \tag{c}$$

联立式（a）、式（b）、式（c），求解得

$$\tan\alpha = \frac{W_1 + 2W_2}{2f_s(W_1 + W_2)}$$

故

$$\alpha = \arctan\left[\frac{W_1 + 2W_2}{2f_s(W_1 + W_2)}\right]$$

要保证人能安全爬到梯顶，应使 $\alpha \geq \arctan\left[\dfrac{W_1 + 2W_2}{2f_s(W_1 + W_2)}\right]$。

例 3-11 图 3-22 所示的均质物块重 $F_P = 6\text{kN}$，它与地面间的摩擦因数 $f_s = 0.4$。已知 $h = 2\text{m}$，$b = 1\text{m}$，$\alpha = 30°$。问：当 B 处的拉力 $F = 1.2\text{kN}$ 时，物块是否平衡？

解：使物块保持平衡，必须满足两个要求：一是不发生滑动，即要求静摩擦力 $F_f \leq F_{fmax} = f_s F_N$；二是不绕 A 点翻倒，这就要求法向反力 $\boldsymbol{F}_N$ 的作用线到点 A 的距离 d 必须大于零，即 $d > 0$。

取物块为研究对象，受力如图 3-22 所示，列平衡方程

$$\sum F_x = 0, \quad F\cos\alpha - F_f = 0$$

$$\sum F_y = 0, \quad F_N - F_P + F\sin\alpha = 0$$

$$\sum M_A = 0, \quad F_P \frac{b}{2} - F_N d - Fh\cos\alpha = 0$$

求解以上各方程，得

$$F_f = 1039\text{N}, \quad F_N = 5400\text{N}, \quad d = 0.171\text{m}$$

此时物块与地面间的最大摩擦力为

$$F_{fmax} = f_s F_N = 2160\text{N}$$

可见：$F_f < F_{fmax}$，物块不会滑动；$d > 0$，物块不会翻倒。因此，物块能保持平衡。

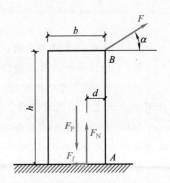

图 3-22 例 3-11 图

复习思考题

3-1 力系的主矢是否就是力系的合力？为什么？

3-2 如图3-23所示为两个相互啮合的齿轮，试问作用在齿轮A上的切向力 F_1 能否应用力的平移定理将其平移到齿轮B的中心？为什么？

3-3 某平面力系向作用面内任一点简化的结果都相同，此力系简化的最后结果可能是什么？

3-4 若平面一般力系满足 $\sum M_O = 0$ 和 $\sum F_x = 0$，但不满足 $\sum F_y = 0$，试问该力系简化的最后结果是什么？

3-5 有一平面任意力系向某一点简化得到一合力，试问能否另选适当的简化中心而使该力系简化为一力偶？为什么？

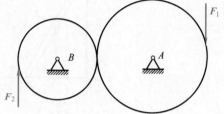

图3-23 复习思考题3-2图

3-6 平面一般力系的平衡方程有几种形式？各有哪些限制条件？

3-7 若作用于物体系统上的所有外力的主矢量和主矩都为零，试问物体系统一定平衡吗？

3-8 某物体系统由5个刚体组成，其中2个刚体受到平面汇交力系作用，其余3个受平面一般力系作用。试问该物体系统总独立平衡方程的数目是多少？

3-9 物块重W，放置在粗糙的水平面上。要使物块沿水平面向右滑动，可沿OA方向施加拉力 F_1（图3-24a），也可沿BO方向施加推力 F_2（图3-24b），试问哪种方法省力？

3-10 物块重W，放置在粗糙的水平面上。一力F作用在摩擦角之外，如图3-25所示。已知 $\theta = 25°$，摩擦角 $\varphi = 20°$，$F = W$。问物块是否滑动？为什么？

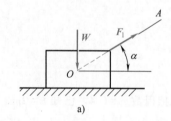 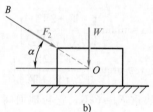 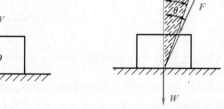

图3-24 复习思考题3-9图   图3-25 复习思考题3-10图

习　　题

3-1 应用力多边形法则，求图3-26所示汇交力系的合力，并在图上表示。

3-2 应用解析法求习题3-1图3-26中汇交力系的合力。

3-3 图3-27所示圆环受3根钢绳的拉力作用。若用1根钢绳代替原来的3根钢绳，那么，在图上画出这根钢绳的位置，并用图解法和解析法求该钢绳所受的拉力。

3-4 重力坝受力情形如图3-28所示，设 $F_{P1} = 450kN$，$F_{P2} = 200kN$，$F_1 = 300kN$，$F_2 = 70kN$。求力系的合力 F_R 的大小和方向余弦、合力与基线OA的交点到O点的距离x。

3-5 ABC起重构架如图3-29所示，在B处起重力为W，求AB、BC两杆所受力的大小，并说明是受拉力还是压力。

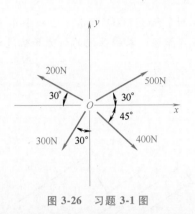

图 3-26 习题 3-1 图

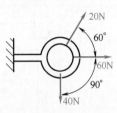

图 3-27 习题 3-3 图

3-6 如图 3-30 所示，将作用于皮带中的水平力简化为一个作用在 O 点的力及力偶。

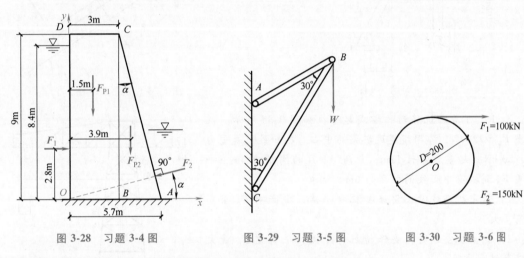

图 3-28 习题 3-4 图　　图 3-29 习题 3-5 图　　图 3-30 习题 3-6 图

3-7 求图 3-31 所示力及力偶向 A 点简化后的主矢与主矩。

3-8 由钢杆 AB 与钢绳 BC 组成的 ABC 直角构架如图 3-32 所示，A、B、C 三处均为铰接联系。已知 AB 钢杆上承重物 $W=500\text{N}$，试求 A、C 两处的约束反力。

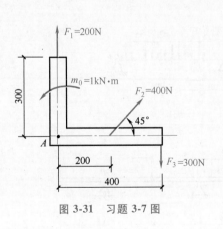

图 3-31 习题 3-7 图

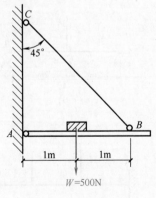

图 3-32 习题 3-8 图

3-9 如图 3-33 所示操纵杆 ABC 折杆铰支在 A 点，在 B 点与一短的直角折杆 BD 相连。若不计构件自重，求操纵杆在 A 点的支座反力（提示：可应用三力平衡汇交原理）。

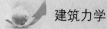
3-10 绞车通过钢丝绳牵引小车沿斜面轨道匀速上升，如图 3-34 所示。已知小车重 F_P = 10kN，绳与斜面平行，$\alpha = 30°$，$a = 0.75\text{m}$，$b = 0.3\text{m}$，不计摩擦，求钢丝绳的拉力和轨道对于车轮的约束反力。

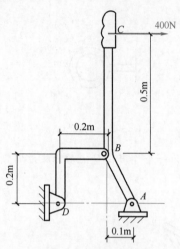

图 3-33 习题 3-9 图

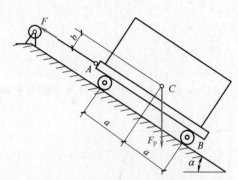

图 3-34 习题 3-10 图

3-11 可沿路轨移动的塔式起重机如图 3-35 所示。机身重 $F_W = 220\text{kN}$，作用线通过塔架的中心。已知最大起重力 $F_P = 50$ kN，起重悬臂长 12m，轨道 A、B 的间距为 4m，平衡重 F_Q 到机身中心线的距离为 6m。试求：

1）起重机满载时，要保持机身平衡，平衡重 F_Q 至少要有多大？

2）起重机空载时，要保持机身平衡，平衡重 F_Q 最大不能超过多少？

3）当 $F_Q = 30\text{kN}$，且起重机满载时，轨道 A、B 对起重机的反力是多少？

3-12 试求图 3-36 所示各梁的支座反力。

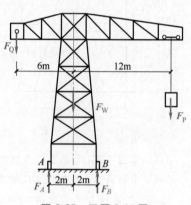

图 3-35 习题 3-11 图

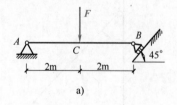

a)

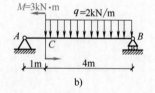

b)

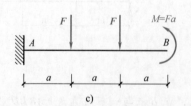

c)

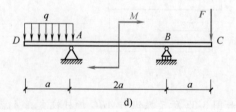

d)

图 3-36 习题 3-12 图

3-13 组合梁支承和荷载情况如图 3-37 所示。已知 $q=10\text{kN/m}$，$F=20\text{kN}$，$a=1\text{m}$，梁自重不计，试求连续梁的支座反力。

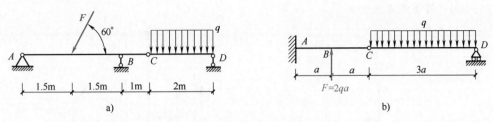

图 3-37 习题 3-13 图

3-14 求图 3-38 所示各刚架的支座反力。

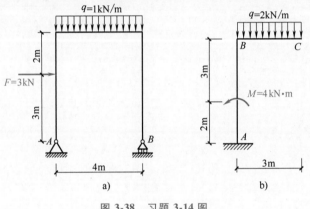

图 3-38 习题 3-14 图

3-15 三铰拱如图 3-39 所示。已知 $F=12\text{kN}$，$q=4\text{kN/m}$，$a=3\text{m}$。不计自重，求支座 A、B 的反力及铰链 C 的约束反力。

3-16 跨长为 10m 的 AB 简支梁上铺起重机轨道，起重机总重 $W=50\text{kN}$，它的起重力 $F=10\text{kN}$，如图 3-40 所示。问当其行走至 x 为多少时，两支座承重较为合理（两支座反力接近相等）？

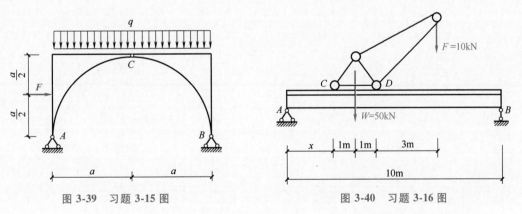

图 3-39 习题 3-15 图   图 3-40 习题 3-16 图

3-17 重力为 F_P 的物块放在斜面上（图 3-41），已知物块与斜面间的静摩擦因数为 f_s，且斜面的倾角 α 大于摩擦角 φ_m，如用一水平力 F 使物体平衡，求 F 的最大值和最小值。

3-18 混凝土坝的横断面如图 3-42 所示，坝高 50m，底宽 44m。设 1m 长的坝受到水压力 $F=$

9930kN，混凝土的重度 $\gamma = 22\mathrm{kN/m^3}$，坝与地面的静摩擦因数 $f_s = 0.6$。试问：

1）此坝是否会滑动？

2）此坝是否会绕 B 点翻倒？

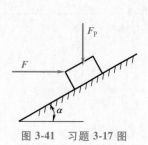

图 3-41　习题 3-17 图

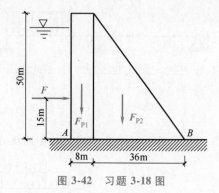

图 3-42　习题 3-18 图

第 4 章

空间力系

前面提及，一般当构件具有对称平面、荷载作用也具有对称性时，往往可将外力作为平面力系进行考虑。但在工程实际中，由于有的结构不对称、有的荷载不对称，因此只能按空间力系进行研究。如图 4-1a 所示的起重用三脚架，重物的重力 W 与三脚架每一个脚所受的力以及拉力 F 不全在同一平面内，不能再用平面力系的方法进行计算。由于三个脚所受的力与重物的重力 W 汇交于一点，故为空间汇交力系。如图 4-1b 所示的带轮传动的轴，空间分布的力既不汇交于一点，也不全部互相平行，称为空间一般力系。其他如圆屋顶、水塔支架等也只能按空间力系进行研究。空间汇交力系与空间平行力系均属于空间一般力系的特例。

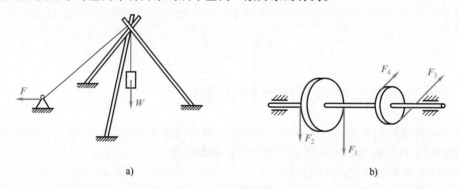

a)   b)

图 4-1　空间力系示例

第 3 章研究了平面力系的简化与平衡问题，本章研究空间力系的简化与平衡问题，并介绍重心的概念和确定重心位置的方法。

当构件受一空间力系作用时，分析解决结构每一部分或整体的受力情况，研究方法与平面力系的研究方法基本相同，只是在平面问题的基础上，将一些概念、理论加以引申和推广。首先需要画出物体的受力图。画受力图时，需要考虑每个支座处产生的所有反力，支座给构件的反力阻止构件移动，给构件的反力偶阻止构件转动。下面将介绍构件在空间力系作用下，常用的支座和它的约束反力。

1. 球铰支座

构件的球形端部装入固定的球形臼窝内而被约束（图 4-2a）。如果接触是光滑的，则支座反力通过球心，但方向不能预先确定，故可用三个相互正交的分力 F_x、F_y、F_z 表示，如图 4-2b 所示。

2. 固定支座

如图 4-3a 所示，构件端部被固定，使构件既无任何方向的移动，也不能绕任何轴转动。故支座反力可用三个正交方向的分力 F_x、F_y、F_z 与绕三个坐标轴的力偶矩 M_x、M_y、M_z 表示。

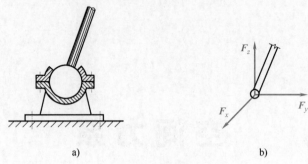

图 4-2　球铰支座

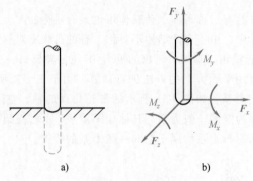

图 4-3　固定支座

4.1　力沿空间直角坐标系的分解与投影

为了讨论空间汇交力系的平衡问题，要学会力沿空间直角坐标系的分解。在空间直角坐标系中可以将一个力分解为互相垂直的三个分力。根据具体情况，可用下面两种方法进行力的分解。

如图 4-4 所示，空间一力 F 在 $Oxyz$ 直角坐标系内。以力矢 $F=\overrightarrow{OA}$ 为对角线作一个正平行六面体，则沿三个坐标轴 Ox、Oy、Oz 的矢量 $\overrightarrow{OB}$、$\overrightarrow{OC}$ 和 $\overrightarrow{OD}$ 分别为力 F 沿三个直角坐标轴方向的分力 F_x、F_y 和 F_z，这种分解称为直接分解法。还可以先将力 F 分解为沿 z 轴方向以及在 Oxy 平面内的两个分力 F_z 和 F_{xy}，再将力 F_{xy} 分解为沿 x 轴和 y 轴方向的两个分力 F_x 和 F_y。显然 F_x、F_y 和 F_z 就是力 F 沿直角坐标轴方向的三个分力，这种分解称为二次分解法。

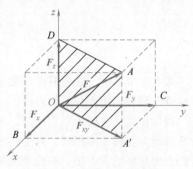

图 4-4　空间力系的分解

力 F 在空间直角坐标轴上的投影的计算，常用的方法也有两种：直接投影法和二次投影法。

如果已知力 F 与 x、y、z 三坐标轴的正向夹角分别为 α、β、γ（图 4-5a），则根据直接投影法得力 F 在三坐标轴上的投影

$$\begin{cases} F_x = F\cos\alpha \\ F_y = F\cos\beta \\ F_z = F\cos\gamma \end{cases} \tag{4-1}$$

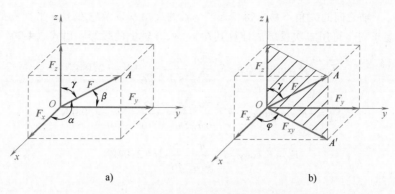

a)   b)

图 4-5　力在空间直角坐标轴上的投影

如果已知力 F 与 z 轴的夹角 γ（图 4-5b），可用二次投影法，先将力 F 分解为 Oxy 平面上的分力，即

$$F_{xy} = F\sin\gamma$$

分力 F_{xy} 与 x 轴的夹角为 φ，再将 F_{xy} 投影到 x、y 轴上。于是力 F 在 x、y、z 三个轴上的投影分别为

$$\begin{cases} F_x = F\sin\gamma\cos\varphi \\ F_y = F\sin\gamma\sin\varphi \\ F_z = F\cos\gamma \end{cases} \qquad (4\text{-}2)$$

用式（4-2）计算时，一般取力 F 与 z 轴的夹角 γ 以及 F_{xy} 与 x 轴的夹角 φ 为锐角，而三个投影 F_x、F_y 和 F_z 的正负号由直观判断，即力 F 在某轴上投影的指向与该轴的正向一致时，投影为正；反之为负。

如果已知力 F 在 x、y、z 三个直角坐标轴上的投影为 F_x、F_y 和 F_z，则该力的大小及方向余弦为

$$\begin{cases} F = \sqrt{F_x^2 + F_y^2 + F_z^2} \\ \cos\alpha = \dfrac{F_x}{F},\ \cos\beta = \dfrac{F_y}{F},\ \cos\gamma = \dfrac{F_z}{F} \end{cases} \qquad (4\text{-}3)$$

例 4-1　如图 4-6 所示，在长方体上作用有三个力 F_1、F_2、F_3，其大小分别为 $F_1 = 2\text{kN}$、$F_2 = 1\text{kN}$、$F_3 = 5\text{kN}$。试分别计算这三个力在坐标轴 x、y、z 上的投影。

解：力 F_1 沿 z 轴，故其在坐标轴 x、y、z 上的投影为

$$F_{1x} = 0,\quad F_{1y} = 0,\quad F_{1z} = 2\text{kN}$$

计算力 F_2 在 x、y、z 轴上的投影可用直接投影法，由式（4-1）可得

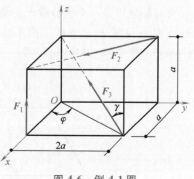

图 4-6　例 4-1 图

$$F_{2x} = F_2 \frac{a}{\sqrt{5}\,a} = 1\text{kN} \times \frac{1}{\sqrt{5}} = 0.447\text{kN}$$

$$F_{2y} = -F_2 \frac{2a}{\sqrt{5}\,a} = -1\text{kN} \times \frac{2}{\sqrt{5}} = -0.894\text{kN}$$

$$F_{2z} = 0$$

力 F_3 与 x、y 轴之间的夹角不易求得,而与 z 轴的夹角 γ 以及它在 Oxy 平面上的投影与 x 轴的夹角 φ 却容易求得,可用二次投影法计算其在 x、y、z 轴上的投影,由式(4-2)可得

$$F_{3x} = -F_3\sin\gamma\cos\varphi = -F_3\frac{\sqrt{5}a}{\sqrt{6}a}\frac{a}{\sqrt{5}a} = -\frac{5}{\sqrt{6}}\text{kN} = -2.04\text{kN}$$

$$F_{3y} = -F_3\sin\gamma\sin\varphi = -F_3\frac{\sqrt{5}a}{\sqrt{6}a}\frac{2a}{\sqrt{5}a} = \frac{2\times5}{\sqrt{6}}\text{kN} = -4.08\text{kN}$$

$$F_{3z} = F_3\cos\gamma = F_3\frac{a}{\sqrt{6}a} = \frac{5}{\sqrt{6}}\text{kN} = 2.04\text{kN}$$

4.2 空间力对坐标轴的矩

在 2.4 节中,已经介绍了平面问题中力对点之矩,在空间问题中,为了研究力对刚体的转动效应需要用到力对轴之矩。

在生活中,每天都要开门、关门,人作用在门上 A 处的力 F 使门绕着门轴 $y\text{—}y$ 转动,图 4-7a 所示力 F 垂直作用在门上,那么,门绕 $y\text{—}y$ 轴转动的效应用力矩 Fh 衡量,即力矩 Fh 使门转动。力矩 Fh 就称为力 F 对轴 $y\text{—}y$ 之矩;图 4-7b 所示力 F 作用线与 $y\text{—}y$ 垂直相交于 O 点,图 4-7c 所示力 F 作用线平行 $y\text{—}y$ 轴,这两种情况均不能使门绕着 $y\text{—}y$ 轴转动,即若力 F 作用线与 $y\text{—}y$ 轴在同一平面内时,不能使门转动。

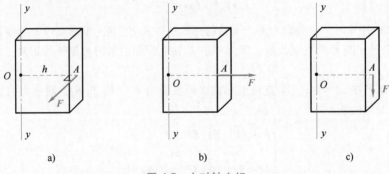

图 4-7 力对轴之矩

力对轴之矩是一个代数量,正负号确定采用右手螺旋规则,即力矩矢量方向与轴正向相同为正(图 4-8a),反之为负(图 4-8b)。力对轴之矩的单位与力对点之矩的单位相同,也是牛米(N·m)或千牛米(kN·m)等。

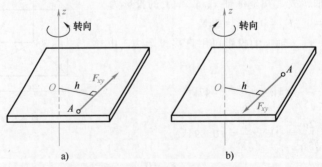

图 4-8 力对轴之矩的正负号确定

若作用于 A 处的力 F 作用线既不与 $y—y$ 轴在同一平面内，又不垂直于门，而与门的平面有一夹角（图4-9），则可在 O 处建立图示坐标系，将力 F 向三坐标轴分解得 F_x、F_y、F_z。F_x 作用线与 y 轴垂直相交，F_y 作用线与 y 轴平行，两分力均不能使门发生转动。只有分力 F_z 对 y 轴之矩使门转动。因此，力对某轴之矩，即为该力在垂直于此轴平面内的分力（如 F_z）对于此轴与该平面内的交点（如 O 点）之矩。

图4-9中力 F 作用线交于 x 轴的 A 点，现对力 F 与三坐标轴均不相交的一般情况（图4-10）进行讨论。令力 F 向三坐标轴方向分解的 F_x、F_y、F_z 均为正方向。当求力 F 对 y 轴之矩时，可过 A 点作一平面垂直于 y 轴，交 y 轴于 O' 点，O' 至该平面上两分力 F_x、F_z 的垂直距离分别为 z、x。则力 F 对 y 轴之矩为 $M_y = F_x z - F_z x$。

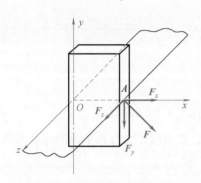

图4-9 过坐标轴的力对轴之矩

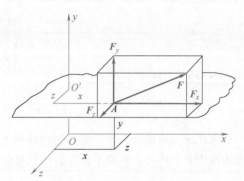

图4-10 任意力对轴之矩

同理可得力 F 对 z 轴、x 轴之矩，将三式合并写为

$$\begin{cases} M_x = F_z y - F_y z \\ M_y = F_x z - F_z x \\ M_z = F_y x - F_x y \end{cases} \quad (4\text{-}4)$$

式中，x、y、z 为 A 点的坐标，各分力对轴之矩的正负号用右手螺旋规则确定，力矩矢量方向与轴正向相同为正，反之为负。在解题时，根据具体情况而定，用合力矩定理叙述式（4-4）为力对任意坐标轴之矩，等于它的三个坐标轴方向的分力对该轴之矩的代数和。如力 F 对 y 轴之矩为

$$M_y = M_y(F_x) + M_y(F_y) + M_y(F_z)$$

由于 F_y 平行于 y 轴，故式中 $M_y(F_y)$ 项为0。

例4-2 图4-11所示手柄 A 处作用一力 $F = 0.5\text{kN}$，力 F 在与 x 轴垂直的平面内，与铅垂线夹角 $\alpha = 20°$。手柄半径 AB 平行于 z 轴，$AB = r = 200\text{mm}$，$OB = h = 300\text{mm}$。求力 F 对三坐标轴之矩。

解：力作用点 A 的三个坐标为

$$x = h = 300\text{mm}, \quad y = 0, \quad z = r = 200\text{mm}$$

力 F 在三坐标轴上的分力为

$$F_x = 0, \quad F_y = F\cos\alpha = 0.5\text{kN}\times\cos20° = 0.47\text{kN}, \quad F_z = F\sin\alpha = 0.5\text{kN}\times\sin20° = 0.17\text{kN}$$

力 F 对三坐标轴之矩为

$$M_x = F_y r = 0.47\text{kN}\times200\text{mm} = 94\text{N}\cdot\text{m}$$

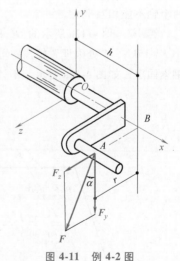

图4-11 例4-2图

建筑力学

$$M_y = -F_z h = -0.17\text{kN} \times 300\text{mm} = -51\text{N} \cdot \text{m}$$

$$M_z = -F_y h = -0.47\text{kN} \times 300\text{mm} = -141\text{N} \cdot \text{m}$$

4.3 空间力系的平衡方程

4.3.1 空间汇交力系的平衡

与平面汇交力系相类似，作用在物体上的空间汇交力系如用图解法也可得一空间的合力 $\boldsymbol{F}_R$。汇交力系各力在某坐标轴上投影的代数和与合力在该坐标轴上的投影相等，故可得

$$\begin{cases} F_{Rx} = \sum F_x \\ F_{Ry} = \sum F_y \\ F_{Rz} = \sum F_z \end{cases} \tag{4-5}$$

由式（4-3）可得合力的大小

$$F_R = \sqrt{F_{Rx}^2 + F_{Ry}^2 + F_{Rz}^2} = \sqrt{\left(\sum F_x\right)^2 + \left(\sum F_y\right)^2 + \left(\sum F_z\right)^2} \tag{4-6}$$

如果汇交力系的合力等于零，则物体处于平衡状态。故空间汇交力系平衡的充分与必要条件是力系中各力在各坐标轴上投影的代数和分别等于零。即

$$\begin{cases} \sum F_x = 0 \\ \sum F_y = 0 \\ \sum F_z = 0 \end{cases} \tag{4-7}$$

由空间汇交力系的三个彼此独立的静力平衡方程式（4-7），可求解三个未知量。顺便指出：在应用式（4-7）时，三个投影轴不一定要相互垂直，但是，这三个轴不能共面以及其中的任何两个轴不能相互平行。

例 4-3 图 4-12a 所示的 OC 杆高为 6m，在 O 处受到水平向下 20° 的拉力 F 作用，拉力的大小 F = 15kN，C 处因埋置较浅，可视为球铰支座。为保持 OC 杆的垂直平衡状态，用 OA、OB 两钢索固定，如图 4-12a 所示。不计 OC 杆自重，试求每根钢索的拉力和 OC 杆所受的压力。

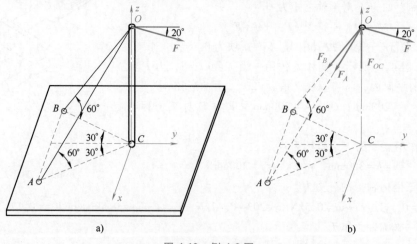

图 4-12 例 4-3 图

解：取结点 O 为研究对象，作用于 O 点的力有拉力 F、两钢索的拉力 F_A 和 F_B 以及 OC 杆的约束反力 F_{OC}。由于 OC 杆的两端可视为球铰，杆的自重不计，故为二力杆，反力 F_{OC} 必沿杆 OC 的轴线，其反作用力就是杆所受的压力。这些力构成图 4-12b 所示的空间汇交力系。列平衡方程

$$\sum F_x = 0, \quad F_A \cos 60° \sin 30° - F_B \cos 60° \sin 30° = 0$$

得

$$F_A = F_B$$

$$\sum F_y = 0, \quad F\cos 20° - F_A \cos 60° \cos 30° - F_B \cos 60° \cos 30° = 0$$

将 $F = 15\text{kN}$ 以及 $F_A = F_B$ 代入上式，得钢索 OA、OB 的拉力

$$F_A = F_B = 16.3\text{kN}$$

$$\sum F_z = 0, \quad F_{OC} - F_A \sin 60° - F_B \sin 60° - F\sin 20° = 0$$

将 $F_A = F_B = 16.3\text{kN}$ 代入上式，得 OC 杆的约束反力

$$F_{OC} = 33.7\text{kN}$$

故 OC 杆受到的压力为 33.7kN。

4.3.2　空间任意力系的平衡

空间任意力系在三坐标轴上投影的代数和为 $\sum F_x$、$\sum F_y$、$\sum F_z$，对三坐标轴力矩的代数和为 $\sum M_x$、$\sum M_y$、$\sum M_z$，它们将分别导致物体发生移动和转动。当物体在空间任意力系作用下而处于平衡状态时，必定既不发生移动也不发生转动。为此可列出空间任意力系的六个静力平衡方程为

$$\begin{cases} \sum F_x = 0 \\ \sum F_y = 0 \\ \sum F_z = 0 \\ \sum M_x = 0 \\ \sum M_y = 0 \\ \sum M_z = 0 \end{cases} \tag{4-8}$$

式（4-8）是空间任意力系平衡的必要和充分条件，即所有力在三个坐标轴上投影的代数和分别等于零，对各个坐标轴力矩的代数和也分别等于零。由以上六个彼此独立的方程，可求解六个未知量。也可用其他力矩方程代替式（4-8）中的投影方程，但需注意所列方程应该是独立方程。式（4-8）表示了物体的合力和合力矩均等于零。

必须说明，当一个力系平衡时，力系中各力在任意一轴上投影的代数和及对任意一轴的力矩的代数和都必须等于零。所以，当建立空间直角坐标系时并无特殊要求，自行建立使方程式简便的坐标系即可。例如，选坐标轴与一些未知力垂直，使这些力在坐标轴上的投影为零。选力矩轴时与一些未知力作用线平行或相交，使这些力对该轴之矩等于零。这样可达到尽量减少每个方程中未知量数目的目的。

当空间任意力系中各力相互平行时，称为空间平行力系。假设空间平行力系各力均平行 y 轴，如图 4-13 所示。因为该力系作用线均平行 y 轴、垂直 Oxz 平面（即垂直 x 轴、z 轴），故 $\sum M_y = 0$、$\sum F_x = 0$、$\sum F_z = 0$ 三个方程自动得到满足，不必列出。这样该空间平行力系的平衡方程就只有三个，即

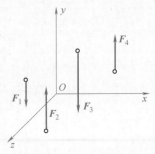

图 4-13　空间平行力系

建筑力学

$$\begin{cases} \sum F_y = 0 \\ \sum M_x = 0 \\ \sum M_z = 0 \end{cases}$$

(4-9)

例 4-4　图 4-14a 所示水平放置的直角弯折杆，在 E 处挂重物 $W=1kN$，A 处用光滑的联轴节支承，D 处为球铰，B 处用 BC 绳拉住，求 BC 绳的拉力及 A、D 处的支承反力。在 A 处的光滑联轴节仅在 x 轴和 y 轴方向有支座反力。

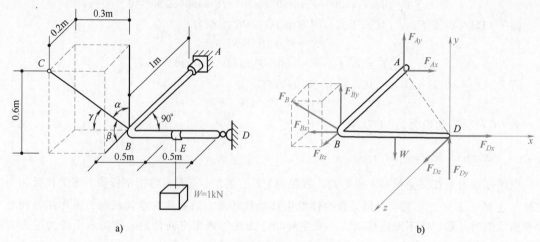

图 4-14　例 4-4 图

解：选择坐标系如图 4-14b 所示，计算时注意力矩轴的选择，尽量利用力与轴平行或相交均不产生力矩的这一特点，使方程简化。并注意建立方程的次序，力求一个方程中只有一个未知量。

画弯折杆的受力图，如图 4-14b 所示。有六个未知量：球铰的三个支座反力 F_{Dx}、F_{Dy}、F_{Dz}，光滑联轴节的两个支座反力 F_{Ax}、F_{Ay} 以及绳的拉力 F_B。

将 BC 绳拉力 F_B 向坐标轴分解为 F_{Bx}、F_{By}、F_{Bz} 三个分力。

（1）$\sum M_{AD}=0$，$F_{By}\times 1m\times\sin 45° - W\times 0.5m\times\sin 45°=0$，将 $W=1000N$ 代入，得

$$F_{By}=500N$$

又

$$F_{By}=F_B\times\frac{\sqrt{0.3^2+0.6^2}}{\sqrt{0.2^2+0.3^2+0.6^2}}\times\frac{0.6}{\sqrt{0.3^2+0.6^2}}$$

得

$$F_B=583.3N$$

同理

$$F_{Bz}=F_B\times\frac{0.2}{\sqrt{0.2^2+0.3^2+0.6^2}}=583.3N\times 0.2857=166.6N$$

$$F_{Bx}=F_B\times\frac{\sqrt{0.3^2+0.6^2}}{\sqrt{0.2^2+0.3^2+0.6^2}}\times\frac{0.3}{\sqrt{0.3^2+0.6^2}}=583.3N\times 0.4286=250N$$

（2）$\sum M_{AB}=0$，$F_{Dy}\times 1m-W\times 0.5m=0$

得

$$F_{Dy}=500N$$

（3）$\sum M_{BD}=0$，$F_{Ay}\times 1m=0$

得
$$F_{Ay} = 0$$

（4）$\sum M_y = 0$，$F_{Ax} \times 1\text{m} - F_{Bz} \times 1\text{m} = 0$

得
$$F_{Ax} = F_{Bz} = 166.6\text{N}$$

（5）$\sum F_x = 0$，$F_{Ax} + F_{Dx} - F_{Bx} = 0$，代入数据得
$$166.6\text{N} + F_{Dx} - 250.0\text{N} = 0$$

得
$$F_{Dx} = 250.0\text{N} - 166.6\text{N} = 83.4\text{N}$$

（6）$\sum F_z = 0$，$F_{Bz} + F_{Dz} = 0$

得
$$F_{Dz} = -F_{Bz} = -166.6\text{N}$$

F_{Dz} 为负值，说明实际反力的指向与原假设相反。

例 4-5 如图 4-15 所示的悬臂刚架 ABC，A 端固定在基础上，在刚架的 C 点和 D 点分别作用有水平力 F_2 和 F_1，在 BC 段作用有集度为 q 的均布荷载，已知 h、H、l，略去刚架的自重，试求约束反力。

解：选取刚架 ABC 为研究对象，其上作用的主动力是空间力系，因而 A 处为空间固定端约束，它阻碍被约束的物体在空间的移动和转动。阻碍物体沿空间任何方向移动的约束反力可用相互垂直的三个分力 F_{Ax}、F_{Ay}、F_{Az} 表示；阻碍物体绕任何空间轴转动的约束反力偶可用作用面相互垂直的三个分力偶 M_{Ax}、M_{Ay}、M_{Az} 表示，刚架受力如图 4-15 所示，是一个空间一般力系。

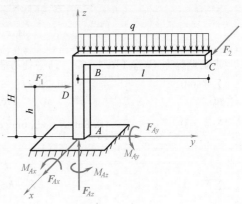

图 4-15 例 4-5 图

建立图 4-15 所示坐标系，列平衡方程并求解

$\sum F_x = 0$,
$$F_{Ax} + F_2 = 0$$
$$F_{Ax} = -F_2$$

$\sum F_y = 0$,
$$F_{Ay} + F_1 = 0$$
$$F_{Ay} = -F_1$$

$\sum F_z = 0$,
$$F_{Az} - ql = 0$$
$$F_{Az} = ql$$

$\sum M_x = 0$,
$$M_{Ax} - F_1 h - ql \times \frac{l}{2} = 0$$

$$M_{Ax} = F_1 h + \frac{1}{2}ql^2$$

$\sum M_y = 0$,
$$M_{Ay} + F_2 H = 0$$
$$M_{Ay} = -F_2 H$$

$\sum M_z = 0$,
$$M_{Az} - F_2 l = 0$$
$$M_{Az} = F_2 l$$

解出的负值表示该约束反力或约束反力偶的实际方向与受力图中假设的方向相反。

例 4-6 如图 4-16 所示的小车，自重 $F_P = 8\text{kN}$，作用于 E 点；荷载 $F_{P1} = 10\text{kN}$，作用于 C 点。求小车静止时地面对车轮的反力。

解：以小车为研究对象，受力如图 4-16 所示。其中 F_P 和 F_{P1} 是主动力，F_A、F_B 和 F_D 为地面的约束反力，此五个力组成空间平行力系。

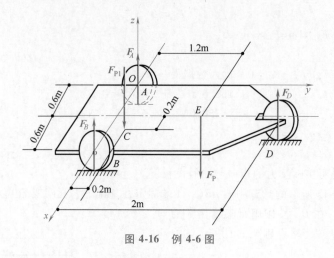

图 4-16   例 4-6 图

建立坐标系 $Oxyz$（图 4-16），列平衡方程：

$\sum M_x = 0$,　　　　　$-0.2m \times F_{P1} - 1.2m \times F_P + 2m \times F_D = 0$

得　　　　　　　　　　　$F_D = 5.8kN$

$\sum M_y = 0$,　　　$0.8m \times F_{P1} + 0.6m \times F_P - 0.6m \times F_D - 1.2m \times F_B = 0$

得

$$F_B = 7.8kN$$

$\sum F_z = 0$,　　　　　$-F_P - F_{P1} + F_A + F_B + F_D = 0$

得

$$F_A = 4.4kN$$

4.4   物体的重心

4.4.1   概述

物体的重力是地球对物体的吸引力。物体可看作由各微小的体积所组成，从工程应用角度出发，物体内各微小体积的重力可视为互相平行且垂直于地面的空间平行力系。该力系的合力作用点就是物体的重心位置。

了解重心、确定重心的位置在工程实际中具有重要意义。比如，用轮船运输货物时，总是将重的物体放在下面，以降低整个轮船的重心位置，使轮船在海洋的风浪中不致倾覆；我国古代的宝塔及近代的高层建筑，越往下面积越大，以增加建筑的稳定性与合理性；起重用塔式起重机的重心位置若超出某一范围，就会发生倾倒事故。所以，确定重心的位置十分重要。

4.4.2   物体的重心位置

将物体看作由微体积 ΔV_1、ΔV_2、$\cdots$、ΔV_n 所组成，物体的总体积 $V = \sum_{i=1}^{n} \Delta V_i = \sum V_i$。每一微体积在图 4-17 所示空间坐标系 Oxy 平面内的微面积为 ΔA_i，z 方向的厚度为 h_i、单位体积的质量（密度）为 ρ_i。则 ΔV_i 的重力 $\Delta W_i = \rho_i g h_i \Delta A_i$，其作用点 C_i 的坐标为 x_i、y_i、z_i。各微小部分的重力之和就是整个物体的重力，其大小 $W = \sum \Delta W_i = \sum \rho_i g h_i \Delta A_i$，称为物体的总重力。物体重心 C

的坐标记为 x_c、y_c、z_c。应用合力矩定理，物体的重力 W 对 x 轴的力矩等于各微小部分的重力对 x 轴的力矩的代数和，即可得到合力作用点（即重心）的位置。即对 x 轴取矩

$$Wz_c = \sum z_i \Delta W_i$$

得

$$z_c = \frac{\sum z_i \Delta W_i}{W}$$

对 z 轴取矩，可得

$$x_c = \frac{\sum x_i \Delta W_i}{W}$$

当视物体为刚体时，不论物体放置在空间的什么位置，不论物体如何放置，其重心在物体内的位置是确定的。因此将空间坐标绕 z 轴逆时针转动 90°（图 4-18）时，可得重心在 y 轴方向的位置

$$y_c = \frac{\sum y_i \Delta W_i}{W}$$

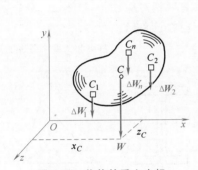

图 4-17 物体的重心坐标

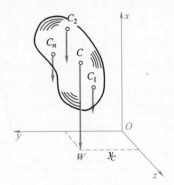

图 4-18 物体重心坐标的轮换

从而得到物体重心坐标的基本公式

$$\begin{cases} x_c = \dfrac{\sum x_i \Delta W_i}{W} \\[2mm] y_c = \dfrac{\sum y_i \Delta W_i}{W} \\[2mm] z_c = \dfrac{\sum z_i \Delta W_i}{W} \end{cases} \tag{4-10}$$

如果物体是匀质体，即组成物体各部分微体积的密度 ρ_i 是常量。那么可消去 $\rho_i g$，则

$$\begin{cases} x_c = \dfrac{\sum x_i \Delta V_i}{V} \\[2mm] y_c = \dfrac{\sum y_i \Delta V_i}{V} \\[2mm] z_c = \dfrac{\sum z_i \Delta V_i}{V} \end{cases} \tag{4-11}$$

重心位置只与物体的体积及其坐标位置有关，称为体积重心。式（4-10）、式（4-11）中的微体积不一定分割得很小，以尽量将物体体积分割为已知重心位置的简单几何体为好，如球的重心是球心；长方体重心的位置与三个对称平面的三个交线的交点重合（图 4-19）。

若物体是匀质、厚度相等的薄板，重心位于薄板厚度中间平面内，如果将图4-17所示的Oxy坐标建立在厚度中间平面内，则该薄板重心的位置为

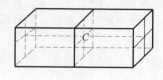

$$\begin{cases} x_C = \dfrac{\sum x_i \Delta A_i}{A} \\[3mm] y_C = \dfrac{\sum y_i \Delta A_i}{A} \\[3mm] z_C = 0 \end{cases} \qquad (4\text{-}12)$$

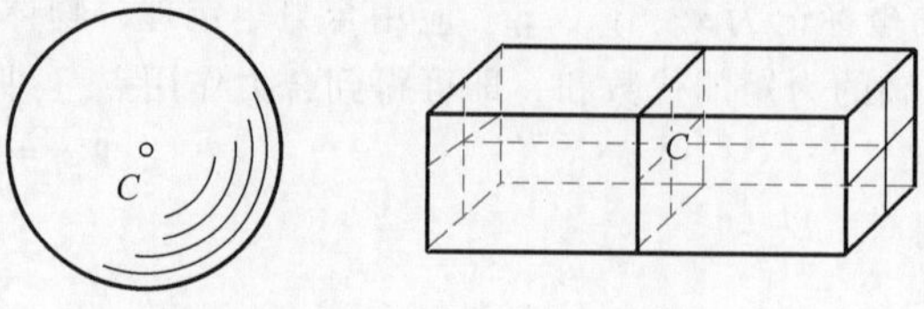

图 4-19　球的重心和长方体的重心

4.4.3　平面图形的形心

当不考虑物体的密度和厚度时，则物体的重心为平面图形的形心。可在图 4-20 所示 Oxy 平面直角坐标系内表示。

形心的位置只与平面图形的几何形状、尺寸有关。图 4-21 所示图形具有一根对称轴，则形心定在此对称轴上；图形具有两根对称轴，则形心即为对称轴的交点；三角形平面图形，其形心在三角形的三根中线的交点上，即距各边相应高度的 1/3 处。

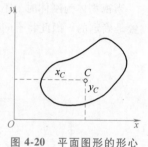

图 4-20　平面图形的形心

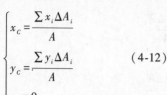

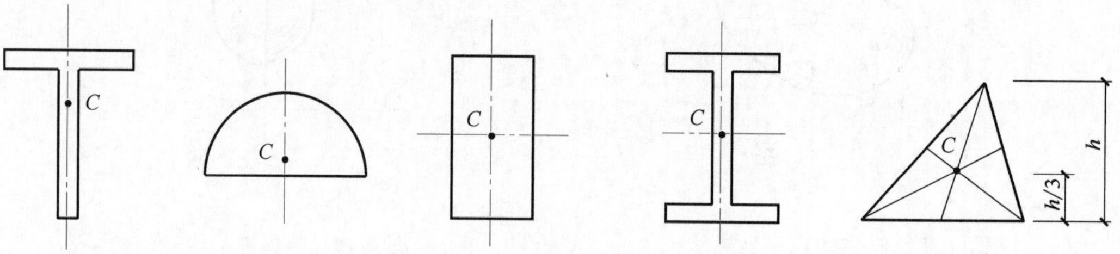

图 4-21　常见规则图形的形心

平面图形的形心坐标为

$$\begin{cases} x_C = \dfrac{\sum x_i \Delta A_i}{A} \\[3mm] y_C = \dfrac{\sum y_i \Delta A_i}{A} \end{cases} \qquad (4\text{-}13)$$

当微面积 $\Delta A_i \to 0$ 时，则用积分法求形心坐标

$$\begin{cases} x_C = \dfrac{\displaystyle\int_A x\,\mathrm{d}A}{A} \\[5mm] y_C = \dfrac{\displaystyle\int_A y\,\mathrm{d}A}{A} \end{cases} \qquad (4\text{-}14)$$

例 4-7　求图 4-22 所示均质等厚度 L 形薄板的重心位置。

解：将坐标系 Oxy 平面建立在该薄板厚度中间平面内。将板按图 4-22a 中虚线分为两个矩形。

Ⅰ 矩形：面积 $A_1 = 80\text{mm} \times 10\text{mm} = 800\text{mm}^2$

形心坐标 $x_{C1} = 5\text{mm}$，$y_{C1} = 50\text{mm}$

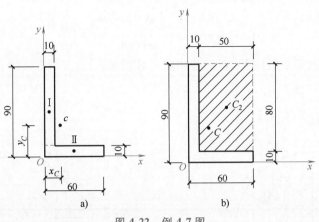

图 4-22　例 4-7 图

Ⅱ矩形：面积 $A_2 = 60\text{mm} \times 10\text{mm} = 600\text{mm}^2$

形心坐标 $x_{c2} = 30\text{mm}$，$y_{c2} = 5\text{mm}$

用式（4-13），得

$$x_c = \frac{\sum x_i \Delta A_i}{A} = \frac{x_{c1}A_1 + x_{c2}A_2}{A_1 + A_2}$$

$$= \frac{5 \times 800 + 30 \times 600}{800 + 600}\text{mm} = 15.7\text{mm}$$

$$y_c = \frac{\sum y_i \Delta A_i}{A} = \frac{y_{c1}A_1 + y_{c2}A_2}{A_1 + A_2}$$

$$= \frac{50 \times 800 + 5 \times 600}{800 + 600}\text{mm} = 30.7\text{mm}$$

$$z_c = 0$$

也可以用负面积法求解重心 x_c、y_c 坐标。将原来的 L 形面积看作由矩形 $A_1 = 90\text{mm} \times 60\text{mm}$ 挖去矩形 $A_2 = 50\text{mm} \times 80\text{mm}$ 而成。A_2 是图 4-22b 中的阴影部分，因为这部分面积是挖去的，所以在计算面积 A_2 时应取负值，故

$$A_1 = 90\text{mm} \times 60\text{mm} = 5400\text{mm}^2，\quad x_{c1} = 30\text{mm}，\quad y_{c1} = 45\text{mm}$$

$$A_2 = -(50\text{mm} \times 80\text{mm}) = -4000\text{mm}^2，\quad x_{c2} = 35\text{mm}，\quad y_{c2} = 50\text{mm}$$

得

$$x_c = \frac{\sum x_i \Delta A_i}{A} = \frac{30 \times 5400 + 35 \times (-4000)}{5400 + (-4000)}\text{mm} = 15.7\text{mm}$$

$$y_c = \frac{\sum y_i \Delta A_i}{A} = \frac{45 \times 5400 + 50 \times (-4000)}{5400 + (-4000)}\text{mm} = 30.7\text{mm}$$

结果与前面相同。

例 4-8　试求直径为 D 的半圆形图形的形心位置（图 4-23）。

解：取坐标系如图 4-23 所示。半圆形的形心在 y 轴上，即 $x_c = 0$。根据圆弧的特点，现取图中阴影部分为微面积 $\mathrm{d}A$，则

$$\mathrm{d}A = \rho \mathrm{d}\varphi \mathrm{d}\rho$$

该微面积至 x 轴的距离 $y = \rho \sin \varphi$。半圆面积 $A = \pi D^2 / 8$。由式（4-14）得形心坐标

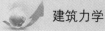
$$y_C = \frac{\int_A y\,\mathrm{d}A}{A} = \frac{\int_0^{D/2}\int_0^{\pi}\rho^2\sin\varphi\,\mathrm{d}\rho\,\mathrm{d}\varphi}{\pi D^2/8} = \frac{2D}{3\pi}$$

例 4-9 求匀质块重心的位置，其尺寸如图 4-24 所示。

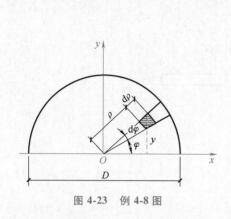

图 4-23 例 4-8 图

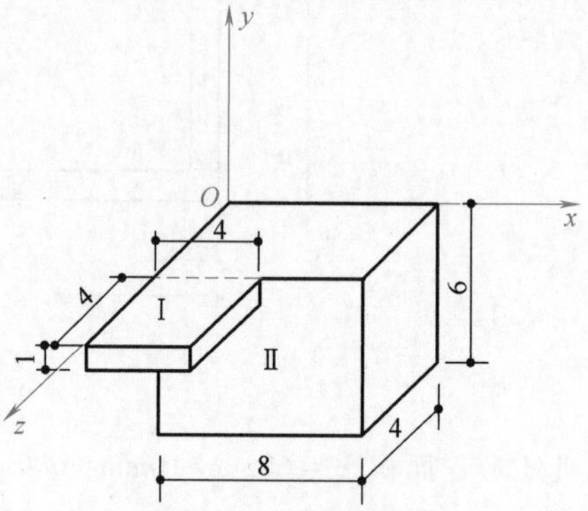

图 4-24 例 4-9 图（单位：cm）

解： 取坐标系如图 4-24 所示，由重心坐标公式得

$$x_C = \frac{4\times4\times1\times2 + 8\times4\times6\times4}{4\times4\times1 + 8\times4\times6}\mathrm{cm} = \frac{800}{208}\mathrm{cm} = 3.85\mathrm{cm}$$

$$y_C = \frac{4\times4\times1\times(-0.5) + 8\times4\times6\times(-3)}{4\times4\times1 + 8\times4\times6}\mathrm{cm} = -\frac{584}{208}\mathrm{cm} = -2.81\mathrm{cm}$$

$$z_C = \frac{4\times4\times1\times6 + 8\times4\times6\times2}{4\times4\times1 + 8\times4\times6}\mathrm{cm} = \frac{480}{208}\mathrm{cm} = 2.31\mathrm{cm}$$

4.4.4 试验法

对于不规则形状的构件，其重心位置可用试验方法（如悬挂法）测定。如图 4-25a 所示，选构件上任一点 A 将构件悬挂在钢绳上，根据二力平衡条件，重心 C 必在过 A 点的垂线上。另选 B 点悬挂（图 4-25b），重心 C 也必在过 B 点的垂线上。根据需要，可经多次试验得到重心 C 的位置，各垂线的交点即为构件重心 C 的位置。

常用简单形状均质物体重心的位置见表 4-1。

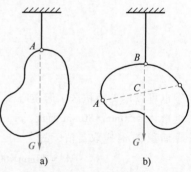

图 4-25 试验法确定重心

表 4-1 简单形状均质物体重心的位置

图　形	重心位置	图　形	重心位置
三角形 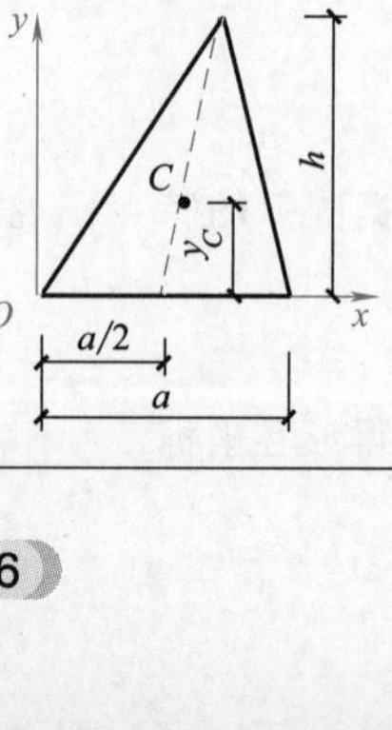	在中线的交点 $y_C = \frac{1}{3}h$	半圆形 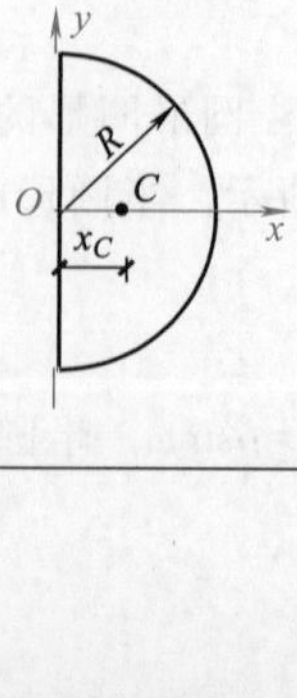	$x_C = \frac{4R}{3\pi}$ $y_C = 0$

（续）

图 形	重 心 位 置	图 形	重 心 位 置
圆弧	$x_C = \dfrac{R\sin\alpha}{\alpha}$ $y_C = 0$	梯形	$y_C = \dfrac{h(a+2b)}{3(a+b)}$
扇形	$x_C = \dfrac{2R\sin\alpha}{3\alpha}$ $y_C = 0$	抛物线面	$x_C = \dfrac{3}{8}a$ $y_C = \dfrac{3}{5}b$
部分圆环	$x_C = \dfrac{2(R^3 - r^3)\sin\alpha}{3(R^2 - r^2)\alpha}$ $y_C = 0$	正圆锥	$x_C = 0$ $y_C = 0$ $z_C = \dfrac{1}{4}h$

复习思考题

4-1　设有一力 F 和一轴 x，如果力在轴上的投影和力对轴的矩为下列情况：$F_x \neq 0$，$M_x = 0$；$F_x = 0$，$M_x \neq 0$；$F_x \neq 0$，$M_x \neq 0$；试判断每一种情况下力 F 的作用线与 x 轴的位置关系。

4-2　如图 4-26 所示的正方体，边长为 a，若连接 $A'B$，试求：

（1）力 F 对 C' 点之矩。

（2）力 F 对轴 AC' 之矩。

（3）力 F 对轴 $C'D'$ 之矩。

4-3　若某力 F 在 z 轴上的投影等于零，对 z 轴的力矩也等于零，该力的大小一定是零吗？

4-4　若某空间力系中各力的作用线都平行于一固定平面，该力系的独立平衡方程的数目还是 6 个吗？

4-5　若某空间力系中各力的作用线分别汇交于两个固定点，该力系最多有几个独立的平衡方程？

4-6　空间任意力系总可以用两个力来平衡，为什么？

4-7　某空间力系对不共线的三个点的主矩都等于零，那么此

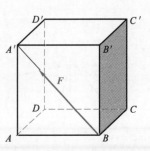

图 4-26　复习思考题 4-2 图

力系是否一定平衡？试问空间平行力系是否总能简化为一个力？

4-8　当物体的质量分布不均匀时，其重心与形心还重合吗？

4-9　某均质等截面直杆，若把它弯曲成半圆形，弯曲前后重心的位置是否不变？

4-10　计算物体的重心位置时，若选取不同的坐标系，计算出的重心的坐标是否不同？物体的重心相对于该物体的位置是否随坐标系的选择不同而不同？

习　题

4-1　如图 4-27 所示，有一柱上作用的力 $F = 100$N，力 F 与 Oyz 平面内投影的夹角 $\alpha = 45°$，该投影与 z 轴夹角 $\beta = 30°$。求力 F 在三坐标轴方向上的分力。

4-2　如图 4-28 所示，在 AB 悬臂梁自由端处作用三个力。F_1 作用线与 x 轴线重合；F_2 在 Oyz 平面内与 y 轴夹角 $\alpha = 30°$；F_3 在 Oxy 平面内与 y 轴夹角 $\beta = 60°$。已知 $F_1 = 10$kN，$F_2 = 20$kN，$F_3 = 30$kN。求力 F_1、F_2、F_3 在三坐标轴投影的代数和。

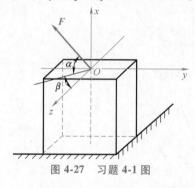

图 4-27　习题 4-1 图

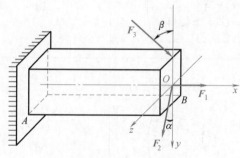

图 4-28　习题 4-2 图

4-3　如图 4-29 所示，高为 24m 的竖直杆 AB 用 4 根钢索 AC、AD、AE 及 AK 拉住，每根钢索长为 30m。如每根钢索的拉力为 1000N，试问杆中的压力为多少？$CDEK$ 是以 B 为中心的正方形。

4-4　如图 4-30 所示，由 AD、BD、CD 杆组成的三脚架和绞车 E 用来从矿井中提升重物，$W = 3$kN。绞车和三脚架的相对位置如图 4-30 所示，$\triangle ABC$ 为等边三角形，脚和绳索 DE 都和水平面成 60°。求重物被等速吊起时各脚所受的力。

4-5　由 CD、AD、BD 杆组成的钩架，在铰接点 D 悬挂重物，$W = 10$kN，如图 4-31 所示。如 A、B 和 C 三点用铰链固定，求 CD 杆、AD 杆、BD 杆的受力大小。

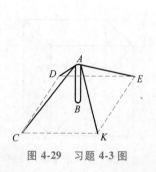

图 4-29　习题 4-3 图

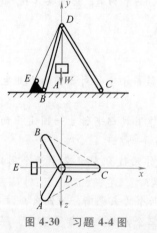

图 4-30　习题 4-4 图

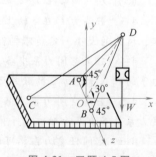

图 4-31　习题 4-5 图

4-6　在手推车平板的 K 点处放一重 $F=40\mathrm{kN}$ 的箱子，如图 4-32 所示。求三个小脚轮 A、B、C 的垂直反力（不计手推车本身自重）。

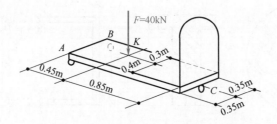

图 4-32　习题 4-6 图

4-7　一水平放置的直角悬臂折杆，在自由端 C 上作用铅垂荷载 $F=10\mathrm{kN}$，尺寸如图 4-33 所示。求固定支座 A 的约束反力。

4-8　三角圆桌的半径 $r=50\mathrm{cm}$，重 $W=600\mathrm{N}$，圆桌的三脚 A、B 和 C 形成一个等边三角形，如图 4-34 所示。若在中线 CO 上距圆心 O 为 a 的 K 点处作用竖向力 $F=1500\mathrm{N}$，求使圆桌不致翻倒的最大距离 a。

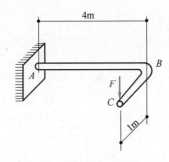

图 4-33　习题 4-7 图

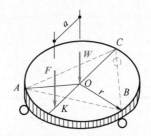

图 4-34　习题 4-8 图

4-9　如图 4-35 所示，公路信号标 S 承受 $700\mathrm{N/m^2}$ 的垂直的均匀风压，信号标自重为 $200\mathrm{N}$，重心在其中心。求固定端 A 处柱基础在 x、y、z 方向的支座反力。

4-10　扒杆如图 4-36 所示，立柱 AB 用 BG 和 BH 两根缆风绳拉住，并在 A 点用球铰约束，臂杆的 D 端悬吊的重物重力 $F_\mathrm{P}=20\mathrm{kN}$。求两缆风绳的拉力和支座的反力。

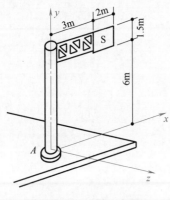

图 4-35　习题 4-9 图

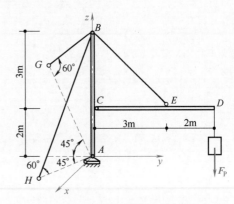

图 4-36　习题 4-10 图

4-11 试求图 4-37 所示图形的形心坐标。

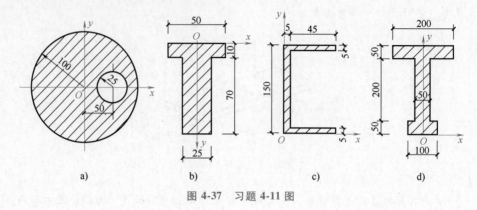

图 4-37 习题 4-11 图

第 5 章

杆件的内力计算

本章首先介绍杆件内力分析的截面法，在此基础上研究杆件在各种变形下横截面上的内力分量、计算方法和沿杆轴线的变化规律。

5.1 内力及其截面法

杆件在不同的外力作用下会发生不同的变形。要了解杆件的受力和变形，必须先研究杆件的内力。求解内力的方法通常采用**截面法**。

杆件在外力作用下处于平衡状态时，为了显示出杆件的内力，可假想用一个截面 m—m 将平衡的杆件截成左、右两个部分（图 5-1a）。任取其一（左段）为研究对象，将舍去部分（右段）对保留部分（左段）的作用力，用该截面上的内力代替（图 5-1b），它们必与保留部分的外力保持平衡。由于杆件是连续均匀的变形固体，在截面 m—m 上的内力是连续分布的，根据力系简化理论，将截面上的分布内力向其形心 C 简化得到内力主矢 F 和主矩 M（图 5-1c）。根据作用力与反作用力公理，在舍去部分（右段）的同一截面 m—m 上，必有大小相等、方向相反的反作用主矢和主矩。用截面法求内力可归纳为四个字：截、取、代、平。

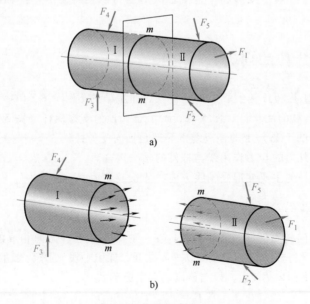

a)

b)

图 5-1 截面法求内力

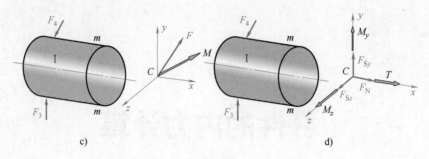

图 5-1　截面法求内力（续）

1）**截**：欲求某一截面的内力，则沿该截面将构件假想地截成两部分。

2）**取**：取其中任意部分为研究对象，而舍去另一部分。

3）**代**：用作用于截面上的内力，代替舍去部分对留下部分的作用力。

4）**平**：建立平衡方程，即可求得截面上的内力。

为了便于计算，常将主矢 F 和主矩 M 沿直角坐标轴分解。一般采用直角坐标系 $Cxyz$，取 x 轴与杆件的轴线重合，y、z 轴位于横截面的切线方向（图 5-1d），故截面 $m—m$ 上的内力向三个坐标轴投影，得到三个内力分量和三个内力偶分量。

沿横截面轴线 x 轴的法向力 F_{N}，使杆件沿轴向产生**伸长**（或缩短）变形，称为**轴力**，单位是牛顿或千牛（N 或 kN）。

沿横截面 y、z 轴的切向力 F_{Sy}、F_{Sz}，使杆件分别在 Cxy 面和 Cxz 面上产生**剪切**变形，称为**剪力**，单位与轴力相同。

绕杆件 x 轴的力偶 T，引起杆件横截面间的相对**转动**，称为**扭矩**，单位是牛米（N·m）或千牛米（kN·m）。

绕杆件 y、z 轴的力偶 M_{y} 和 M_{z}，使杆件产生**弯曲**变形，称为**弯矩**，单位与扭矩相同。

下面分别研究杆件在基本变形和组合变形时的内力以及内力沿杆件轴线的变化规律——**内力图**。

5.2　轴向受力杆件的内力

轴向受力杆件在工程和日常生活中十分常见。如屋架的 BF、CF、CG、DG 各杆（图 5-2a）、钢拉杆（图 5-2b）、气缸的活塞杆（图 5-2c、d）、千斤顶的支撑螺杆（图 5-2e、f），以及悬索桥（图 5-2g）、斜拉桥（图 5-2h）上的杆或缆索等都是轴向受力杆件。

（1）受力特点　外力的合力作用线与杆件的轴线重合。

（2）变形特点　杆的主要变形是轴线方向的伸长或缩短。

5.2.1　轴力的计算

图 5-3a 所示是轴向受力杆件的计算简图。在一对大小相等、方向相反的力 F 作用下处于平衡。为了确定内力，设将杆的任一横截面 $m—m$ 截开，保留一段（图 5-3b 的 I 段）为研究对象。由截面法可知该截面上的内力 F_{Nm}，根据该段的平衡方程式

$$\sum F_{x}=0 , \quad F_{Nm}-F=0$$

得

$$F_{Nm}=F$$

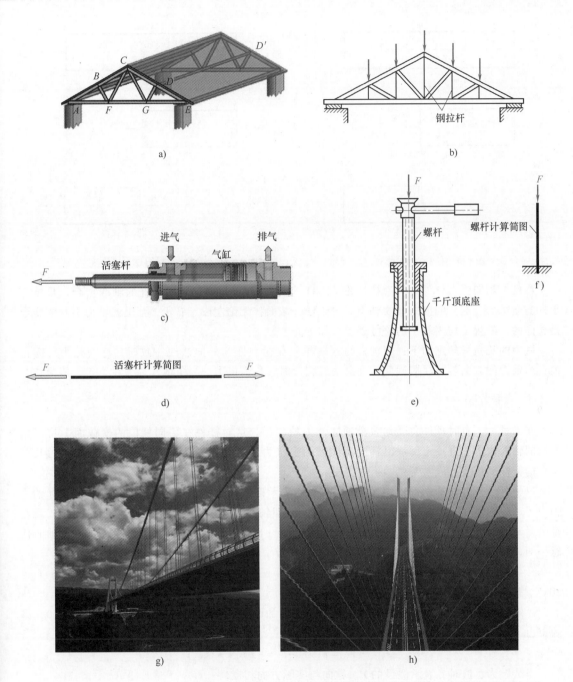

图 5-2　轴向受力杆件及其计算简图

如果截开截面 m—m 后，以图 5-3c 的 Ⅱ 段为研究对象，可得

$$F'_{Nm} = F$$

所以，F_{Nm} 与 F'_{Nm} 是同一横截面 m—m 上的内力，引起相同的变形，它们之间是作用力与反作用力的关系。

对于图 5-4 所示压杆，由截面法同样可确定任一横截面 m—m 上的内力。

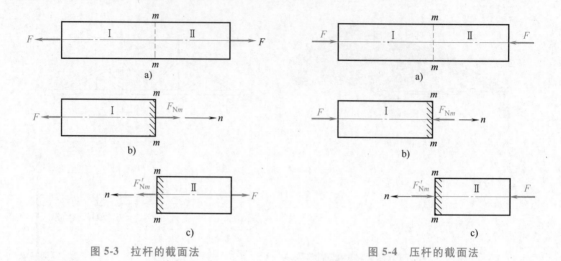

图 5-3　拉杆的截面法　　　　　图 5-4　压杆的截面法

可见，轴向受力杆件，不论拉杆还是压杆，内力（F_{Nm} 与 F'_{Nm}）均与杆的轴线重合，且垂直于杆的横截面，这样的内力即为**轴力**。对于任一截面，无论左段、右段，其上的轴力引起的变形是相同的，故规定均用统一的符号表示，如 F_{Ni}。

轴力的正负号规定如下：当轴力的方向与所在横截面的外向法线一致时，称为**拉力**，为正值；当轴力的方向与所在横截面的外向法线相反时，称为**压力**，为负值。轴力**拉为正，压为负**。

5.2.2　轴力图

在工程上，有时杆件会受到多个轴向外力的作用，这时杆件在不同杆段的横截面上将产生不同的轴力。为了直观地反映出杆的各横截面上轴力沿杆长的变化规律，并确定最大轴力及其所在的横截面位置，通常需要画出**轴力图**。

以平行于杆轴线的坐标轴为 x 轴，其上各点表示横截面的位置，以垂直于杆轴线的坐标轴为轴力 F_N，表示横截面上轴力的大小，画出的图线即轴力图。对于水平杆件，轴力为正时，画在横坐标 x 轴的上侧；轴力为负时，画在横坐标 x 轴的下方。对于垂直杆件，轴力可画在 x 轴的任意一侧，但需标明正负号。

例 5-1　如图 5-5a 所示的等直杆，在 A、B、C 三个截面分别作用集中力，$F_1 = 20kN$，$F_2 = 30kN$，$F_3 = 10kN$，试绘制杆的轴力图。

解：（1）确定约束力　假设约束力 F_{Dx} 的方向如图 5-5b 所示，由整体平衡方程 $\sum F_x = 0$，得约束力 F_{Dx}

$$F_{Dx} = F_1 - F_2 - F_3 = -20kN$$

当结果为负值时，表示假设的 F_{Dx} 方向与实际方向相反。

（2）分段求轴力　杆件在四个集中力作用下，内力的变化可分为三段，即 AB、BC、CD，如图 5-5b 所示。

用截面法沿 1—1 横截面截开，取左段为研究对象。F_{N1} 的方向采用正向假设，即假设 F_{N1} 为拉力，如图 5-5c 所示。由平衡方程 $\sum F_x = 0$，得

$$F_{N1} = F_1 = 20kN（拉力）$$

同理，用截面法分别沿 2—2、3—3 横截面截开，取左段为研究对象。F_{N2}、F_{N3} 的方向均采用正向假设，如图 5-5d、e 所示。则分别可得

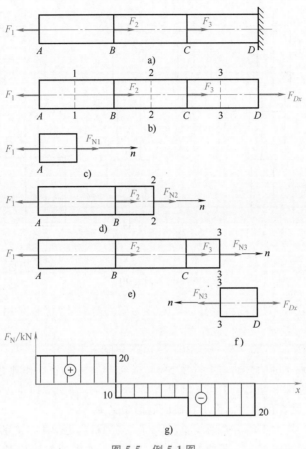

图 5-5　例 5-1 图

$$F_{N2} = F_1 - F_2 = -10 \text{kN （压力）}$$

$$F_{N3} = F_1 - F_2 - F_3 = -20 \text{kN （压力）}$$

求 F_{N3} 时也可取右段为研究对象（图 5-5f），则有

$$F_{N3} = F_{Dx} = -20 \text{kN （压力）}$$

得到的结果相同，但求解简单。

（3）画轴力图　以 x 轴代表杆轴线，将轴力的正值画在上侧，负值画在下侧，得轴力图（图 5-5g）。最大轴力为 $|F_{N\max}| = 20 \text{kN}$。

从轴力图可以看出：在没有集中力作用的杆段，轴力图为水平直线；在集中力作用的截面上，轴力图发生了突变，突变的值即集中力的数值。

例 5-2　如图 5-6a 所示的阶梯杆件，在 A、C 截面分别有集中力作用，已知 $F_1 = 10 \text{kN}$，$F_2 = 30 \text{kN}$，作杆的轴力图。

解：（1）分段求轴力　杆件虽然在 AB、BC、CD 三段上尺寸不相同，但在两个集中力 F_1、F_2 作用下，由平衡关系可知，AB 段和 BC 段的内力相同，所以杆的内力变化仅为两段，即 AC、CD，如图 5-6a 所示。

用截面法沿 1—1 横截面截开，取上段为研究对象。F_{N1} 的方向采用正向假设，即假设 F_{N1} 为拉力，如图 5-6b 所示。由平衡方程 $\sum F_x = 0$，得

$$F_{N1} = -F_1 = -10 \text{kN （压力）}$$

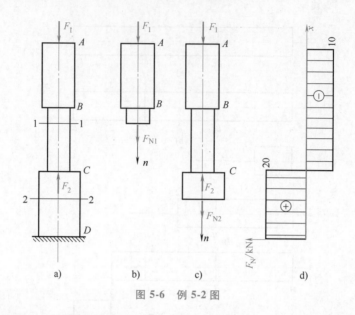

图 5-6 例 5-2 图

同理，用截面法沿 2—2 横截面截开，取上段为研究对象。F_{N2} 也采用正向假设，如图 5-6c 所示，则可得

$$F_{N2} = F_2 - F_1 = 30\text{kN} - 10\text{kN} = 20\text{kN（拉力）}$$

（2）作轴力图 取 x 轴的方向向上（图 5-6d），F_N 以向左为正，作轴力图，如图 5-6d 所示。

从作轴力图的过程可以看出：①当 x 轴垂直向上时，F_N 轴的方向可以任取，但轴力为正时须标在 F_N 轴的正向；②杆件内力的大小和截面的形状无关。

注意：求内力时，外力不能沿作用线随意移动。因为材料力学中研究的对象是变形体，不是刚体，力的可传性原理的应用是有条件的。对于变形体，外力的作用位置不同，内力的分布也不同。

5.3 受扭杆件（轴）的内力

工程构件中，尤其是各种机械的传动轴，受力后主要发生扭转变形。例如，发电机轴（图 5-7a）、汽车驾驶盘轴（图 5-7b）、螺钉旋具（图 5-7c）、直升机桨叶的传动轴（图 5-7d）和汽车的传动轴（图 5-7e）等都是受扭杆件的实例。工程上习惯将主要承受扭转变形的杆件称为**轴**。

图 5-7 受扭杆件及其计算简图

d)　　　　　　　　　　　　　　　　　　e)

图 5-7　受扭杆件及其计算简图（续）

受力特点： 在杆件两端垂直于杆轴线的平面内作用一对大小相等、方向相反的外力偶 M_e。

变形特点： 横截面绕轴线发生相对转动，出现扭转变形。

若杆件横截面上只存在扭矩 T，则这种变形形式称为纯扭转。

5.3.1　外力偶矩的计算

如图 5-8 所示的传动机构，通常外力偶矩 M_e 不是直接给出的，往往通过轴的转速 n（r/min）和传递功率 P（kW）换算得到，即

$$M_e = 9.549 \frac{P}{n} \tag{5-1}$$

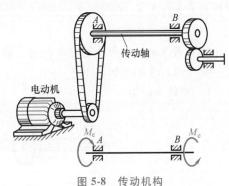

图 5-8　传动机构

5.3.2　扭矩的计算

求扭转杆件的内力扭矩，同样采用截面法。

扭矩的正负号规定： 按右手螺旋法则，T 离开截面为正，指向截面为负，即 T 与横截面外法线方向一致为正，反之为负，如图 5-9 所示。

以图 5-10a 所示的圆轴为例，假想地将圆轴沿截面 n—n 分成两部分，并取部分 I 作为研究对象（图 5-10b）。由部分 I 的平衡方程 $\sum M_x = 0$，求出该截面的扭矩为

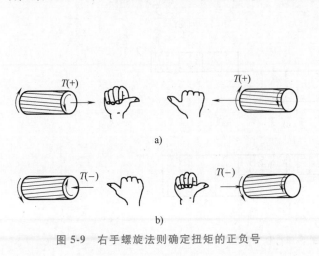

a)

b)

图 5-9　右手螺旋法则确定扭矩的正负号

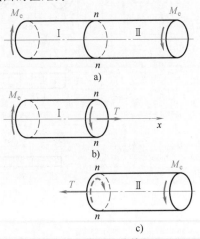

a)

b)

c)

图 5-10　截面法计算扭矩

$$T = M_e$$

扭矩 T 是 Ⅰ、Ⅱ 两部分在截面 $n—n$ 上相互作用的分布内力系的合力偶矩。如果取部分 Ⅱ 作为研究对象（图 5-10c），仍然可以求得截面 $n—n$ 上 $T = M_e$ 的结果，但扭矩 T 的方向与用部分 Ⅰ 求出的扭矩方向相反。

5.3.3 扭矩图

若轴上受多个外力偶作用时，为了表示各横截面上的扭矩沿杆长的变化规律，并求出杆内的最大扭矩及所在截面的位置，与轴向拉（压）问题中绘轴力图一样，也可用图线来表示各横截面上扭矩沿轴线变化的情况。取一基线与杆轴线平行为坐标横轴，其上各点表示横截面的位置，以垂直于杆轴线的纵坐标表示横截面上的扭矩，正值画在横坐标轴的上方，负值画在横坐标轴的下方，这样画出的图线称为**扭矩图**。

例 5-3　如图 5-11a 所示的传动轴，主动轮 A 输入功率 $P_A = 500\mathrm{kW}$，从动轮 B、C、D 输出功率分别为 $P_B = P_C = 150\mathrm{kW}$，$P_D = 200\mathrm{kW}$，轴的转速为 $n = 300\mathrm{r/min}$。试求：

（1）轴的扭矩图。

（2）若主动轮 A 与从动轮 D 位置互换，结果如何？

解：（1）作轴的扭矩图

1）求外力偶矩。

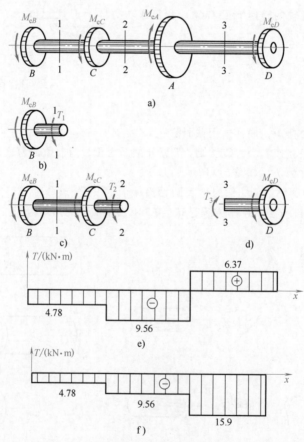

图 5-11　例 5-3 图

$$M_{eA} = 9.549 \frac{P_A}{n} = \left(9.549 \times \frac{500}{300}\right) kN \cdot m = 15.9 kN \cdot m$$

$$M_{eB} = M_{eC} = 9.549 \frac{P_B}{n} = \left(9.549 \times \frac{150}{300}\right) kN \cdot m = 4.78 kN \cdot m$$

$$M_{eD} = 9.549 \frac{P_D}{n} = \left(9.549 \times \frac{200}{300}\right) kN \cdot m = 6.37 kN \cdot m$$

2）求各段扭矩。轴 BD 在四个集中力偶作用下，内力的变化可分为三段，即 BC、CA、AD，如图 5-11a 所示。

采用截面法，并分别取图 5-11b、c、d 所示的杆段为研究对象。由平衡方程，可求得 1—1、2—2 和 3—3 截面的扭矩

$$T_1 = -M_{eB} = -4.78 kN \cdot m$$

$$T_2 = -M_{eB} - M_{eC} = -9.56 kN \cdot m$$

$$T_3 = M_{eD} = 6.37 kN \cdot m$$

3）作扭矩图。取 x 轴为横轴平行于传动轴 BD 的轴线，方向向左；扭矩 T 为纵轴，以向上为坐标正向。扭矩为正时标在 x 轴上方，扭矩为负时标在 x 轴下方，作扭矩图如图 5-11e 所示。由图可见，该杆的最大扭矩发生在 AC 段，其值为 $|T|_{max} = 9.56 kN \cdot m$。

（2）主动轮 A 与从动轮 D 互换后的扭矩图 对上述传动轴，若将主动轮 A 与从动轮 D 位置互换，则轴的扭矩图如图 5-11f 所示。这时，轴的最大扭矩 $|T|_{max} = 15.9 kN \cdot m$，发生在 DA 段，大于互换前的最大扭矩。显然这种互换从受力的角度是不合理的，使结构更加危险。

5.4 受弯杆件（梁）的内力

当作用于杆件上的外力都位于同一平面内，且力的作用方向均垂直于杆件的轴线，这样的力称为**横向力**。在工程上常用的各种受弯杆件中，绝大部分杆件的横截面都有一根对称轴，因而整个杆件就有一个由横截面对称轴和轴线构成的**纵向对称面**，如图 5-12 所示。当杆件上的所有外力都作用在纵向对称面内时，杆件弯曲变形后的轴线也将是位于这个对称面内的一条曲线，这种弯曲称为**对称弯曲**。对称弯曲时，由于梁变形后的轴线所在平面与外力所在平面重合，因此也是**平面弯曲**。

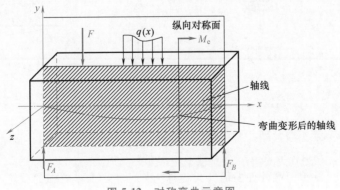

图 5-12 对称弯曲示意图

若梁不具有纵向对称面，或者梁虽然有纵向对称面，但外力并不作用在纵向对称面内，这种弯曲则统称为**非对称弯曲**。对称弯曲是弯曲问题中最基本、最常见的情况，其受力和变形特点如下：

受力特点：作用在杆件上的所有外力和约束力均在纵向对称面内，其中包括集中力、分布力、集中力偶、分布力偶等。

变形特点：杆的轴线弯成一条在纵向对称面内的平面曲线。

以弯曲为主要变形的杆件称为**梁**。它是工程中最主要的一种受弯杆件。桥梁的桥面板（图 5-13a）、门式起重机的横梁（图 5-13b）、汽车式起重机的吊臂（图 5-13c）、风力发电机的叶片（图 5-13d）和飞机的机翼（图 5-13e）等，均以弯曲变形为主，因此都可以简化为梁。

图 5-13　工程中的受弯杆件

在荷载作用下，约束力和内力都可通过静力平衡方程求解的梁，称为**静定梁**。工程中常见的静定梁的基本形式有以下三种：

（1）简支梁　一端为固定铰支座，另一端为活动铰支座的梁，称为简支梁。例如，桥式起重机的吊车梁（图 5-14）等可简化为简支梁，吊车梁的轮子与轨道的约束可视为铰支座。

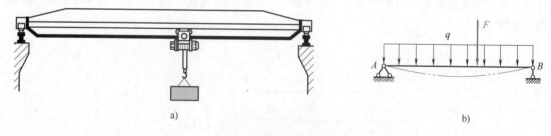

图 5-14　简支梁及计算简图

（2）悬臂梁　一端为固定端，另一端自由的梁，称为悬臂梁。例如，房屋的阳台（图 5-15）等可简化为悬臂梁，与墙体嵌固的一端可视为固定端。

（3）外伸梁　一端或两端外伸的简支梁均称为外伸梁。火车轮轴的车轮与铁轨的支承约束可视为铰支座，而轮轴外伸在车轮（约束支座）之外，所以火车轮轴可简化为两端外伸梁，如图 5-16 所示。

在实际问题中，梁的支承究竟应当简化为哪种支座，需要根据具体情况进行分析。例如，房

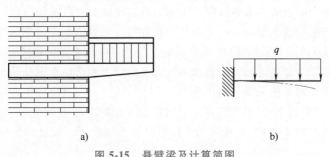

图 5-15 悬臂梁及计算简图

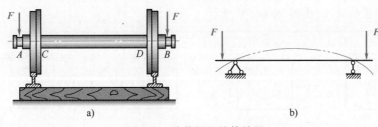

图 5-16 外伸梁及计算简图

屋屋架中的 AE 杆（图 5-2a），工程上一般简化为两端简支梁，不简化为两端固支梁，简化为两端简支梁的计算结果偏安全。

5.4.1 剪力和弯矩

下面以图 5-17a 所示的简支梁为例，说明用截面法确定梁内力的方法。

设简支梁承受集中力 F（图 5-17a），已求得约束力分别为 F_A 和 F_B。取 A 点为坐标轴 x 的原点，为了计算坐标为 x 的任一横截面 $m—m$ 上的内力，应用截面法沿横截面 $m—m$ 假想地把梁截分为两段（图 5-17b、c）。分析梁的左段（图 5-17b），因在这段梁上作用有向上的力 F_A，为满足沿 y 轴方向力的平衡条件，故在横截面 $m—m$ 上必有一作用线与 F_A 平行而指向相反的内力。设该内力为 F_S，则由平衡方程

$$\sum F_y = 0, \quad F_A - F_S = 0$$

可得

$$F_S = F_A$$

F_S 称为**剪力**。由于外力 F_A 与剪力 F_S 组成一力偶，因而，根据左段梁的平衡可知，横截面上必有与其相平衡的内力偶。设该内力偶的矩为 M，则由平衡方程

$$\sum M_C = 0, \quad M - F_A x = 0$$

可得

$$M = F_A x$$

矩心 C 为横截面 $m—m$ 的形心。内力偶矩 M 称为**弯矩**。

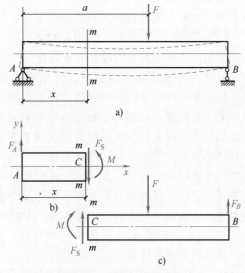

图 5-17 截面法求梁内力

左段梁横截面 m—m 上的剪力和弯矩，实际上是右段梁对左段梁的作用。根据作用与反作用原理可知，右段梁在同一横截面 m—m 上的剪力和弯矩，在数值上应该分别与左段的相等，但指向和转向相反（图 5-17c）。若对右段梁列出平衡方程，所得结果必然相同，读者可自行验证。

为使左、右两段梁上算得的同一横截面 m—m 上的剪力和弯矩在正负号上也相同，根据梁段的变形情况，**对剪力、弯矩的正负号加以规定**：

1）当横截面上的剪力 F_S 对其所作用的梁内任意一点取矩为顺时针力矩时，该剪力 F_S 为正，反之为负。可表述为"顺正逆负"，正剪力产生顺时针剪切变形，反之产生逆时针剪切变形，如图 5-18a、b 所示。

2）当横截面上的弯矩 M 使得其所作用的一段梁产生凹形变形时，该弯矩 M 为正，反之为负，简述为"凹正凸负"，如图 5-18c、d 所示。

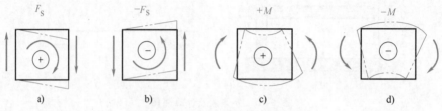

图 5-18　剪力、弯矩正负号的规定

建议：求截面的剪力 F_S 和弯矩 M 时，均按正向假设（图 5-17b），这样求出的剪力为正号即表明该截面上的剪力为正的剪力，如为负号则表明为负的剪力；求出的弯矩为正号即表明该截面上的弯矩为正弯矩，如为负号则表明为负弯矩。

5.4.2　梁的剪力方程和弯矩方程、剪力图和弯矩图

一般来说，梁的不同横截面上的剪力和弯矩是不同的。为了表明梁的各横截面上剪力和弯矩的变化规律，可将横截面的位置用 x 表示，把横截面上的剪力和弯矩写成 x 的函数，即

$$F_S = F_S(x), \quad M = M(x)$$

它们分别称为**剪力方程**和**弯矩方程**。

根据剪力方程和弯矩方程，可以画出剪力图和弯矩图，即以平行于梁轴线的坐标轴为横坐标轴，其上各点表示横截面的位置，以垂直于轴线的纵坐标表示横截面上的剪力或弯矩，画出的图线即剪力图或弯矩图。正的剪力画在横坐标轴的上方，正的弯矩画在横坐标轴的下方（即弯矩图画在梁弯曲受拉的一侧）；负值相反。由剪力图和弯矩图可以看出梁的各横截面上剪力和弯矩的变化情况，同时可找出梁的最大剪力和最大弯矩以及它们所在的截面。

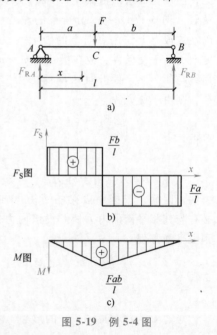

图 5-19　例 5-4 图

例 5-4　一简支梁受一集中荷载作用，如图 5-19a 所示。试列出剪力和弯矩。

解：（1）求支座反力　以梁的整体为研究对象，列平衡方程 $\sum M_A = 0$ 和 $\sum M_B = 0$，求得

$$F_{RA} = \frac{Fb}{l}, \quad F_{RB} = \frac{Fa}{l}$$

（2）求剪力和弯矩　梁受集中荷载作用后，两段的剪

力方程和弯矩方程均不同，故应分段列出。

AC 段：

$$F_S = F_{RA} = \frac{Fb}{l} \quad (0<x<a) \tag{5-2}$$

$$M = F_{RA}x = \frac{Fb}{l}x \quad (0 \leqslant x \leqslant a) \tag{5-3}$$

CB 段：

$$F_S = F_{RA} - F = \frac{Fb}{l} - F = -\frac{Fa}{l} \quad (a<x<l) \tag{5-4}$$

$$M = F_{RA}x - F(x-a) = \frac{Fa}{l}(l-x) \quad (a \leqslant x \leqslant l) \tag{5-5}$$

（3）作剪力图和弯矩图　由式（5-2）和式（5-4）画出剪力图，如图 5-19b 所示；由式（5-3）和式（5-5）画出弯矩图，如图 5-19c 所示。

由剪力图和弯矩图看出，集中力作用点 C 处，剪力图发生突变，弯矩图有尖角，$F_{SC左} = \frac{Fb}{l}$，$F_{SC右} = -\frac{Fa}{l}$，突变值为 F，等于该集中力的数值。

例 5-5　一简支梁受均布荷载作用，如图 5-20 所示。试列出剪力方程和弯矩方程，画剪力图和弯矩图。

解：（1）求支座反力　以梁的整体为研究对象，由平衡方程及对称性条件得到

$$F_{RA} = F_{RB} = \frac{ql}{2}$$

（2）列剪力方程和弯矩方程　将坐标原点取在梁的左端 A 点，距 A 点为 x 的任一横截面上的内力为

$$F_S(x) = \frac{1}{2}ql - qx \quad (0<x<l) \tag{5-6}$$

$$M(x) = \frac{1}{2}qlx - \frac{1}{2}qx^2 \quad (0 \leqslant x \leqslant l) \tag{5-7}$$

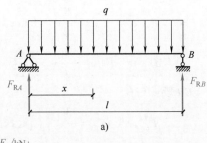

（3）画剪力图和弯矩图　由式（5-6）可见，剪力随 x 呈线性变化，即剪力图是直线，求出两个截面的剪力后，即可画出该直线。

当 $x=0$ 时，

$$F_S = \frac{1}{2}ql$$

当 $x=l$ 时，

$$F_S = -\frac{1}{2}ql$$

剪力图如图 5-20b 所示。

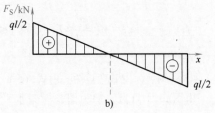

由式（5-7）可见，弯矩是 x 的二次函数，即弯矩图是二次抛物线。求出三个截面的弯矩后，即可画出弯矩图。

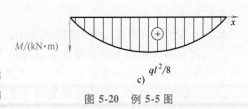

图 5-20　例 5-5 图

当 $x = 0$ 时，

$$M = 0$$

当 $x = l$ 时，

$$M = 0$$

由 $\dfrac{\mathrm{d}M(x)}{\mathrm{d}x} = 0$，可得弯矩有极值的截面位置为 $x = \dfrac{l}{2}$，该截面的弯矩为

$$M = \frac{1}{8}ql^2$$

弯矩图如图 5-20c 所示。

由剪力图和弯矩图看出，在支座 A 的右侧截面上和支座 B 的左侧截面上，剪力的绝对值最大；在梁的中央截面上，弯矩值最大，它们分别为

$$F_{\mathrm{Smax}} = \frac{ql}{2}, \quad M_{\max} = \frac{ql^2}{8}$$

画剪力图和弯矩图时，必须注明正负号及一些主要截面的剪力值和弯矩值。

例 5-6 一简支梁在 C 处受一矩为 M_e 的集中力偶作用，如图 5-21a 所示。试列出剪力方程和弯矩方程，并作剪力图和弯矩图。

解：（1）求支座反力 以梁的整体为研究对象，由平衡方程 $\sum M_A = 0$ 和 $\sum M_B = 0$，求得

$$F_{RA} = \frac{M_e}{l}, \quad F_{RB} = \frac{M_e}{l}$$

（2）列剪力方程和弯矩方程 AC 段：

$$F_S(x) = -F_{RA} = -\frac{M_e}{l} \quad (0 < x \leqslant a) \tag{5-8}$$

$$M(x) = -F_{RA}x = -\frac{M_e}{l}x \quad (0 \leqslant x < a) \tag{5-9}$$

CB 段：

$$F_S(x) = -F_{RA} = -\frac{M_e}{l} \quad (a \leqslant x < l) \tag{5-10}$$

$$M(x) = -F_{RA}x + M_e = \frac{M_e}{l}(l-x) \quad (a \leqslant x \leqslant l) \tag{5-11}$$

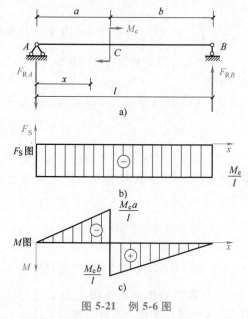

图 5-21 例 5-6 图

（3）画剪力图和弯矩图 由式（5-8）~式（5-11）可画出剪力图和弯矩图，如图 5-21b、c 所示。

由图 5-21 可见，剪力图是一条水平线，即全梁各截面上的剪力值均相等，集中力偶不影响剪力；弯矩图是两条平行的斜直线。在集中力偶作用点 C 处，弯矩发生突变，突变值等于该集中力偶的数值。

由以上各例题所求得的剪力图和弯矩图，可以归纳出如下解题步骤：

（1）**利用梁整体的平衡方程求解支座反力** 一般情况下建立弯矩方程和剪力方程时取出的梁段总是包含支座的（悬臂段除外），因此需要先求解支座反力。

（2）**分段建立剪力方程和弯矩方程** 在梁上外力不连续处，即在集中力、集中力偶作用处和分布荷载开始或结束处，应分段建立梁的弯矩方程。对于剪力方程，除去集中力偶作用处以

外，也应分段列出。

（3）**分段绘制剪力图和弯矩图** 由剪力方程和弯矩方程分段绘制内力图。在梁上集中力作用处，剪力图有突变，其左、右两侧横截面上剪力的代数差，即等于集中力值。而在弯矩图上的相应处则形成一个尖角。与此相仿，梁上受集中力偶作用处，弯矩图有突变，其左、右两侧横截面上弯矩的代数差即等于集中力偶值。但在剪力图上的相应处并无变化。

（4）**标明极值位置** 整个梁上的最大剪力和最大弯矩可能发生在全梁或各段梁的边界截面，或极值点的截面处。凡是有极值的曲线，无论是极大值还是极小值，均要确定位置和大小，并标注在相应的图上。

5.5 横向荷载集度与剪力、弯矩的关系

由第5.4节的例题可以看出，剪力图和弯矩图的变化有一定的规律性。事实上，剪力、弯矩和荷载集度之间存在一定的关系。如果能够了解并掌握这些关系，将给我们的作图带来极大的方便，甚至不用列内力方程就可以画出内力图。现在就来导出剪力、弯矩和荷载集度之间的关系，并学习利用这种关系快速画出剪力图和弯矩图。

设取梁受荷载集度为 $q(x)$ 作用的一段，从中取出任一微段 $\mathrm{d}x$ 处于平衡（图5-22），将 x 坐标与梁轴线重合，坐标原点设在 O 处，则微段 $\mathrm{d}x$ 的左、右两截面的内力分别为 $F_s(x)$、$M(x)$ 和 $F_s(x)+\mathrm{d}F_s(x)$、$M(x)+\mathrm{d}M(x)$，根据微段的平衡方程

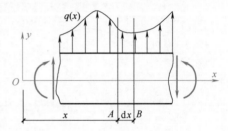
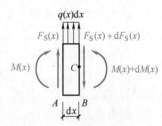

图5-22 分布力的微分关系

$$\sum F_y=0,\ F_s(x)+q(x)\mathrm{d}x-[F_s(x)+\mathrm{d}F_s(x)]=0$$

$$\sum M_c=0,\ M(x)+\mathrm{d}M(x)-q(x)\mathrm{d}x\frac{\mathrm{d}x}{2}-F_s(x)\mathrm{d}x-M(x)=0$$

略去高阶微量，可得

$$\frac{\mathrm{d}F_s(x)}{\mathrm{d}x}=q(x) \tag{5-12}$$

$$\frac{\mathrm{d}M(x)}{\mathrm{d}x}=F_s(x) \tag{5-13}$$

由式（5-12）、式（5-13）可得

$$\frac{\mathrm{d}^2M(x)}{\mathrm{d}x^2}=\frac{\mathrm{d}F_s(x)}{\mathrm{d}x}=q(x) \tag{5-14}$$

式中，剪力 F_s 和弯矩 M 的正负号按图5-18的规定，荷载集度 $q(x)$ 以向上为正。式（5-12）~式（5-14）表明了 $q(x)$、$F_s(x)$、$M(x)$ 三者之间的关系。根据导数的几何意义，上述微分关系反映了 $q(x)$ 曲线与 $F_s(x)$ 图线斜率、$F_s(x)$ 图线与 $M(x)$ 图线斜率，以及 $q(x)$ 曲线与 $M(x)$ 图线凹凸性之间的变化规律及对应关系。对应于梁的同一 x 截面，它们有：

1）该截面 x 处的 $q(x)$ 值，等于 $F_s(x)$ 图曲线在 x 处的斜率。

2）该截面 x 处的剪力 $F_s(x)$，等于 $M(x)$ 图曲线在 x 处的斜率。

3）该截面 x 处的 $M(x)$ 图曲线的二阶导数，等于在 x 处的 $q(x)$ 值。

根据以上三条规律，可以确定剪力图 $F_S(x)$ 曲线和弯矩图 $M(x)$ 曲线在各 x 截面的走向，以及 $M(x)$ 曲线的凹凸方向。由式（5-12）~式（5-14），可以得出下面一些推论：

1）梁的某段上如无分布荷载作用，即 $q(x)=0$，则在该段内，$F_S(x)=$ 常数。故剪力图为水平直线（图5-19b），弯矩图为斜直线（图5-19c）。弯矩图的倾斜方向，由剪力的正负决定。若剪力为正，则弯矩图下斜；若剪力为负，则弯矩图上斜。

2）梁的某段上如有分布荷载作用，即 $q(x)=$ 常数，则在该段内 $F_S(x)$ 为 x 的线性函数，而 $M(x)$ 为 x 的二次函数。故该段内的剪力图为斜直线，其倾斜方向由 $q(x)$ 是向上作用还是向下作用决定（图5-20b）。若 $q(x)$ 向上，则剪力图上斜；若 $q(x)$ 向下，则剪力图下斜。该段的弯矩图为二次抛物线（图5-20c）。

3）由式（5-14）可知，当分布荷载向上作用，即 $q(x)>0$ 时，弯矩图是凸曲线，如图5-23a所示；当分布荷载向下作用，即 $q(x)<0$ 时，弯矩图是凹曲线，如图5-23b所示。

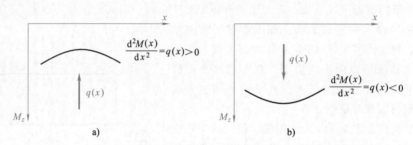

图5-23 弯矩与分布荷载的关系

4）由式（5-14）可知，在分布荷载作用的一段梁内，$F_S(x)=0$ 的截面上，弯矩 M 具有极值，见例5-5和例5-7。

5）如分布荷载集度随 x 呈线性变化，则剪力图为二次曲线，弯矩图为三次曲线。

6）集中力作用处，左右两侧截面上的剪力不相等，剪力图有突变；剪力不相等即弯矩的导数不相等，弯矩图此处为折点。

7）在集中力偶作用处，左右两侧截面上的弯矩不相等，弯矩图有突变。

由式（5-12）~式（5-14），在 AB 区间，不难得到以下的积分关系

$$F_{SB}-F_{SA}=\Delta F_{SBA}=\int_A^B q(x)\,\mathrm{d}x \tag{5-15}$$

式（5-15）表示，AB 区间剪力增量 ΔF_{SBA}，等于该区间 $q(x)$ 图与 x 轴之间所围的面积。

$$M_B-M_A=\Delta M_{BA}=\int_A^B F_S(x)\,\mathrm{d}x \tag{5-16}$$

式（5-16）表示，AB 区间的弯矩增量 ΔM_{BA}，等于该区间 $F_S(x)$ 图与 x 轴之间所围面积。

利用上述规律，可以方便地画出剪力图和弯矩图，而不需列出剪力方程和弯矩方程。具体做法如下：

1）求出支座反力（如果需要的话）。

2）求出控制截面的内力值。支座处、集中荷载作用处和分布荷载起止处两侧的横截面一般称为控制面。利用截面法或式（5-15）、式（5-16）由左至右求出支座处、集中力作用处、集中力偶作用处，以及分布荷载变化处两侧截面（控制面）的弯矩和剪力。

3）利用微分关系作内力图。在控制截面之间，利用微分关系式（5-12）~式（5-14），可以确定剪力图和弯矩图的曲线形状，最后得到剪力图和弯矩图。

4）求出内力的极值和极值位置。若梁上某段内有分布荷载作用，则弯矩可能有极值，故需

求出该段内极值（剪力 $F_S=0$）截面位置和弯矩的极值。

例 5-7　画图 5-24a 所示简支梁的剪力图和弯矩图。

解：（1）求支座反力　以梁的整体为研究对象，由平衡方程 $\sum M_A=0$ 和 $\sum M_B=0$，求得

$$F_{RA}=\frac{7}{4}qa,\ F_{RB}=\frac{5}{4}qa$$

（2）画剪力图　不需列剪力方程和弯矩方程，利用上述规律可直接画出剪力图和弯矩图。截面 A 右侧截面、截面 C 两侧截面和截面 B 左侧截面均为控制面。

在支反力 F_{RA} 的右侧截面上，剪力为 $\frac{7}{4}qa$，截面 A 到截面 C 之间的荷载为均布荷载，剪力图为斜直线，由截面法或式（5-15）得到截面 C 左侧控制面的剪力为 $\frac{7}{4}qa-qa=\frac{3}{4}qa$，于是可确定这条斜直线。

截面 C 处有一向下的集中力 $2qa$，剪力图将发生向下的突变，变化的数值等于 $2qa$。故截面 C 右侧控制面的剪力为 $\frac{3}{4}qa-2qa=-\frac{5}{4}qa$。从截面 C 到截面 B 之间梁上无荷载，剪力图为水平线。

于是整个梁的剪力图即可全部画出。根据支反力 F_{RB} 也可确定截面 B 左侧控制面上的剪力为 $-\frac{5}{4}qa$，这一般被用来作为对剪力图的校核。剪力图如图 5-24b 所示。

（3）画弯矩图　截面 A 上弯矩为零。从截面 A 到截面 C 之间梁上为均布荷载，弯矩图为抛物线。由式（5-15）求得

$$M_C=\frac{1}{2}\times\left(\frac{3}{4}qa+\frac{7}{4}qa\right)\times a=\frac{5}{4}qa^2$$

从截面 C 到截面 B 之间梁上无荷载，弯矩图为斜直线。算出截面 B 上弯矩为零，于是就决定了这条直线，也可用该段梁上剪力图的面积来决定这条斜直线。弯矩图如图 5-24c 所示。

例 5-8　画图 5-25a 所示简支梁的剪力图和弯矩图。

解：（1）求支座反力　以梁的整体为研究对象，由平衡方程 $\sum M_A=0$ 和 $\sum M_B=0$，求得

$$F_{RA}=2qa,\ F_{RB}=3qa$$

（2）画剪力图　在支反力 F_{RA} 的右侧截面上，剪力为 $2qa$，截面 A 到截面 C 之间梁上无荷载，剪力图为水平线。截面 C 处有一向下的集中力 qa，剪力图将发生向下的突变，故截面 C 右侧的剪力将变为 qa。截面 C

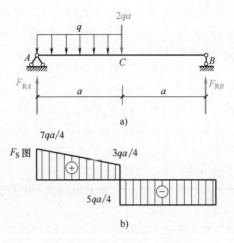

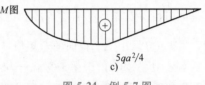

图 5-24　例 5-7 图

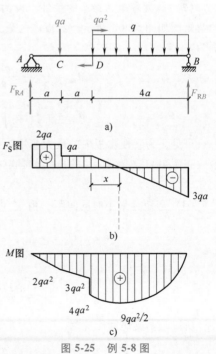

图 5-25　例 5-8 图

到截面 D 之间梁上无荷载，剪力图也为水平线。截面 D 的左侧截面和右侧截面剪力无变化，均为 qa。从截面 D 到截面 B 之间梁上的荷载为均布荷载，剪力图为斜直线，且截面 B 左侧的剪力为 $qa-q\times 4a = -3qa$，于是可确定这条斜直线，整个梁的剪力图即可全部画出。根据支反力 F_{RB} 可对该值进行校核。

（3）画弯矩图　截面 A 上弯矩为零。从截面 A 到截面 C 之间梁上无荷载，弯矩图为斜直线，算出截面 C 上的弯矩为 $2qa\times a = 2qa^2$。从截面 C 到截面 D 之间梁上也无荷载，弯矩图也是斜直线。算出截面 D 上的弯矩为 $2qa\times 2a - qa\times a = 3qa^2$。由于 AC 段和 CD 段上的剪力不相等，故这两段的弯矩图斜率也不同。截面 D 上有一顺时针方向的集中力偶 qa^2，弯矩图突然变化，且变化的数值等于 qa^2。所以在截面 D 的右侧，$M = 3qa^2 + qa^2 = 4qa^2$。从截面 D 到截面 B 梁上为均布荷载，弯矩图为抛物线。该抛物线可这样决定：首先，判断出截面 B 的弯矩为零，这样，抛物线两端的数值均已确定。其次，根据该段梁上均布荷载的方向判断出抛物线的凹凸方向为下凸。再次，在 DB 段内有一截面上的剪力 $F_s = 0$，在此截面上的弯矩有极值。可利用 DB 段内剪力图上的两个相似三角形求出该截面的位置为 $x = a$，如图 5-25b 所示。再利用截面一侧的外力计算出该截面的弯矩，也可用相应段剪力图（三角形）的面积来计算这一数值。在本例中，该值为 $M_{max} = \dfrac{9}{2}qa^2$。

最后，根据 DB 段上三个截面的弯矩值描绘出该段的弯矩图。

例 5-9　长度为 l 的书架横梁由一块对称地放置在两个支架上的木板构成，如图 5-26a 所示。设书的重力可视为均布荷载 q，为使木板内的最大弯矩为最小，试求两支架的间距 a。

解：（1）求支座反力　以梁的整体为研究对象，由结构对称性，可得

$$F_{RA} = \frac{1}{2}ql, \quad F_{RB} = \frac{1}{2}ql$$

（2）最大弯矩为最小的条件　设两支座的间距为 a，则木板的弯矩图如图 5-26b 所示。木板内的最大正弯矩和最大负弯矩分别为

$$M_{max}^+ = \frac{ql}{2}\times\frac{a}{2}-\frac{ql^2}{8} \qquad (5\text{-}17)$$

$$M_{max}^- = -\frac{q}{2}\left(\frac{l-a}{2}\right)^2 \qquad (5\text{-}18)$$

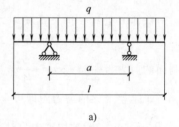

图 5-26　例 5-9 图

可见，为了使木板内的最大弯矩为最小，应有式（5-17）的最大正弯矩与式（5-18）的最大负弯矩的绝对值相等，即

$$M_{max}^+ = \left| M_{max}^- \right| \qquad (5\text{-}19)$$

（3）弯矩为最小时的间距　由式（5-19）得

$$\frac{qla}{4}-\frac{ql^2}{8} = \frac{q}{8}(l-a)^2$$

$$a^2 - 4al + 2l^2 = 0$$

$$a = \frac{4l\pm\sqrt{(4l)^2 - 4(2l^2)}}{2} = (2\pm\sqrt{2})l$$

所以，两支座间距应为

$$a = (2-\sqrt{2})l = 0.586l$$

5.6 叠加原理作弯矩图

当梁在荷载作用下为微小变形时，其跨长的改变可略去不计，因而在求梁的支反力、剪力和弯矩时，均可按其原始尺寸进行计算，而所得到的结果均与梁上荷载呈线性关系。在这种情况下，当梁上受几项荷载共同作用时，某一横截面上的弯矩就等于梁在各项荷载单独作用下同一横截面上弯矩的代数和。于是可先分别画出每一种荷载单独作用下的弯矩图，再将各个弯矩图叠加起来得到总弯矩图。

例 5-10 试用叠加法作图 5-27a 所示的简支梁在均布荷载 q 和集中力偶 M_e 作用下的弯矩图。设 $M_e = \frac{1}{6}ql^2$。

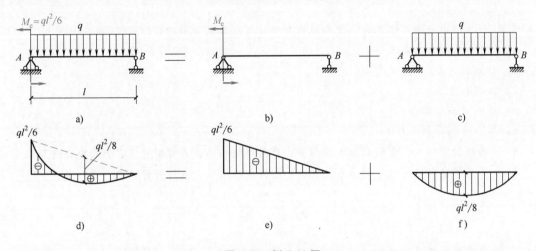

图 5-27 例 5-10 图

解：1）考虑梁上只有集中力偶 M_e 作用（图 5-27b），画出弯矩图，如图 5-27e 所示。

2）考虑梁上只有均布荷载 q 作用（图 5-27c），画出弯矩图，如图 5-27f 所示。

3）将以上两个弯矩图中相同截面上的弯矩值相加，便得到总的弯矩图，如图 5-27d 所示。

在叠加弯矩图时，也可以图 5-27e 的斜直线（即图 5-27d 中的虚线）为基线，画出均布荷载下的弯矩图。于是两图的共同部分正负抵消，剩下的即叠加后的弯矩图。

用叠加法画弯矩图，一般要求各荷载单独作用时梁的弯矩图可以比较方便地画出，且梁上所受荷载也不能太复杂。如果梁上荷载复杂，还是按荷载共同作用的情况画弯矩图比较方便。此外，在分布荷载作用的范围内，用叠加法不能直接求出最大弯矩，如果要求最大弯矩，还需用以前的方法。

复习思考题

5-1 试述内力与外力的关系以及计算内力的截面法的步骤。

5-2 轴向拉伸或压缩的受力特点和变形特点是什么？

5-3 图 5-28 所示杆件中哪些部位属于轴向拉伸和压缩？

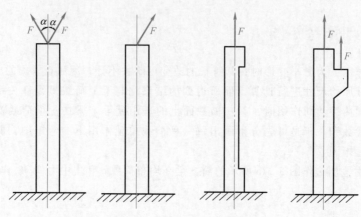

图 5-28　复习思考题 5-3 图

5-4　杆件的内力都有哪几种？这些内力有何特点？其正方向是如何规定的？

5-5　区分下列概念和术语。

1）外力和内力。

2）扭矩和弯矩。

3）集中力和分布力。

4）集中力偶和分布力偶。

5-6　两根材料不同、截面面积不同的杆，受同样的轴向拉力作用时，它们的内力是否相同？

5-7　荷载集度与内力微分的关系是什么？怎样利用这些关系作杆件的内力图？

习　题

5-1　用截面法确定图 5-29 所示各结构在截面处的内力。

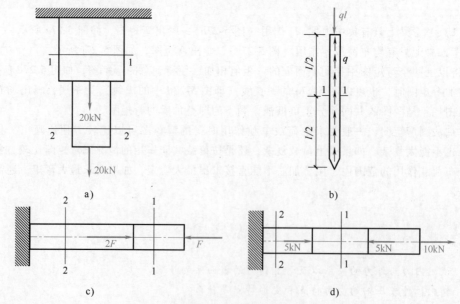

图 5-29　习题 5-1 图

5-2 作图 5-30 所示各圆轴的扭矩图。

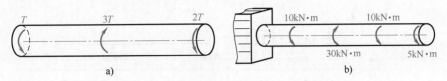

图 5-30 习题 5-2 图

5-3 试求图 5-31 中各梁指定截面上的剪力和弯矩。

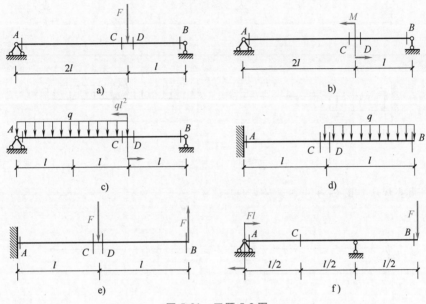

图 5-31 习题 5-3 图

5-4 试写出图 5-32 所示各梁的剪力方程和弯矩方程，并画出剪力图和弯矩图。

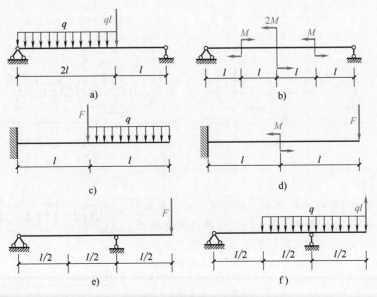

图 5-32 习题 5-4 图

5-5　利用剪力、弯矩和荷载集度的关系作图 5-33 中各图的剪力图和弯矩图。

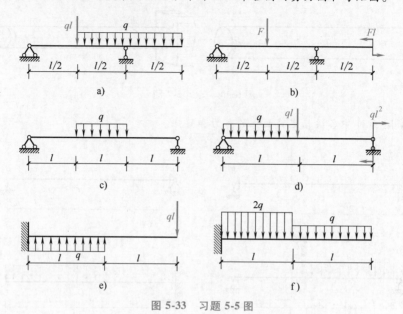

图 5-33　习题 5-5 图

5-6　利用叠加法作图 5-34 中各梁的弯矩图。

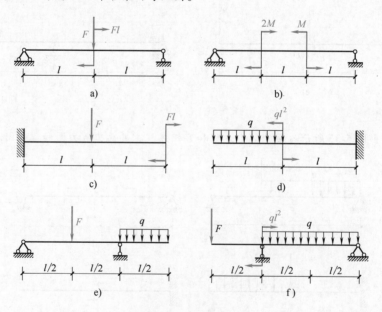

图 5-34　习题 5-6 图

5-7　长度为 $l = 2m$ 的均匀原木,要锯下一段长为 $a = 0.6m$ 的一段,如图 5-35 所示。为使锯口处两端裂开截面最小,应使锯口处的弯矩值为零。现将原木放置在两个支架上,一个在原木一端,试问另一个支架在何处时,锯口处的弯矩值为零?

5-8　简支梁受力如图 5-36 所示,欲使截面 A 弯矩等

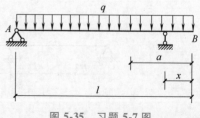

图 5-35　习题 5-7 图

于零，则施加在梁两端的弯矩应满足什么关系？

5-9 长 l 的均质梁用绳向上吊起，如图 5-37 所示。钢绳绑扎处离梁端部的距离为 x。梁内由自重引起的最大弯矩 $|M|_{max}$ 为最小时的 x 值为多少？

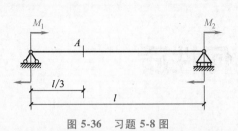

图 5-36 习题 5-8 图

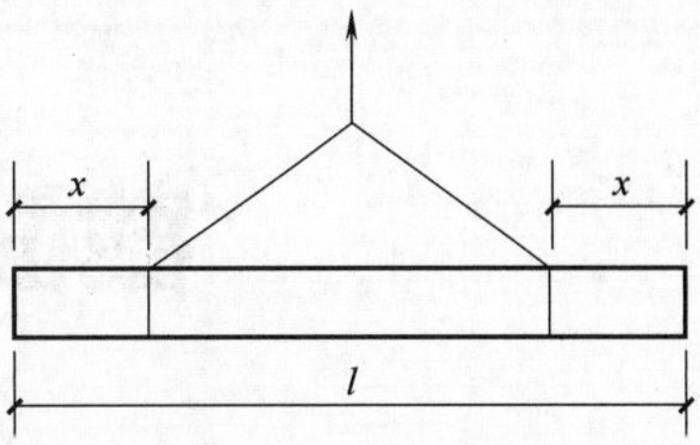

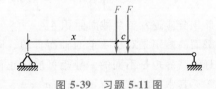

图 5-37 习题 5-9 图

5-10 如图 5-38 所示的圆轴上安装有 5 个带轮，其中轮 2 为主动轮，输入功率为 80kW；轮 1、轮 3、轮 4、轮 5 均为从动轮，它们的输出功率分别为 25kW、15kW、30kW、10kW，若圆轴设计成等截面，为使设计能更加合理，各轮的位置可以相互调整。

（1）请判断下列布置中哪一种最合理：

1）图示位置最合理。

2）轮 2 与轮 3 位置互换后最合理。

3）轮 1 与轮 3 位置互换后最合理。

4）轮 2 与轮 4 位置互换后最合理。

（2）画出带轮合理布置时轴的扭矩图。

5-11 如图 5-39 所示，吊车梁可以简化为长度为 l 的简支梁。起重机在梁上行走，前后两轮的间距为 c。若两轮与梁之间的作用力均为 F，试求起重机行至何处时，梁的弯矩最大？

图 5-38 习题 5-10 图

图 5-39 习题 5-11 图

第6章

截面的几何性质

杆件的强度、刚度和稳定性与杆件横截面的几何性质密切相关。杆件在拉伸与压缩时，强度、刚度与其横截面的面积 A 有关；杆件在扭转变形时，强度、刚度与横截面图形的极惯性矩 I_P 有关；在弯曲问题中，杆件的强度、刚度和稳定性还与杆件截面图形的静矩、惯性矩和惯性积等有关。

6.1 静矩和形心的位置

任意形状的截面如图 6-1 所示，其截面面积为 A，y 轴和 z 轴为截面所在平面内的坐标轴。在截面中坐标为 (y, z) 处取一面积元素 dA，则 ydA 和 zdA 分别称为该面积 dA 对于 z 轴和 y 轴的**静矩**，静矩也称为**面积矩**或**截面一次矩**。整个截面对 z 轴和 y 轴的静矩用下式表示

$$S_z = \int_A y dA, \ S_y = \int_A z dA \qquad (6-1)$$

此积分应遍及整个截面面积 A。

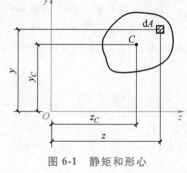

图 6-1　静矩和形心

截面的静矩是对于一定的轴而言的，同一截面对于不同的坐标轴其静矩是不同的。静矩可能为正值或负值，也可能等于零，其常用的单位为 m^3 或 mm^3。

如果图 6-1 是一厚度很小的均质薄板，则此均质薄板的重心与该薄板平面图形的形心具有相同的坐标 y_c 和 z_c，由力矩定理可知，均质等厚薄板重心的坐标 y_c 和 z_c 分别是

$$y_c = \frac{\int_A y \, dA}{A}, \ z_c = \frac{\int_A z \, dA}{A} \qquad (6-2)$$

这也是确定该薄板平面图形的形心坐标的公式。由于式（6-2）中的 $\int_A y dA$ 和 $\int_A z dA$ 就是截面的静矩，于是可将式（6-2）改写为

$$y_c = \frac{S_z}{A}, \ z_c = \frac{S_y}{A} \qquad (6-3)$$

因此，在知道截面对于 z 轴和 y 轴的静矩后，即可求得截面形心的坐标。若将式（6-3）写为

$$S_z = Ay_c, \ S_y = Az_c \qquad (6-4)$$

则在已知截面面积 A 和截面形心的坐标 y_c、z_c 时，就可求得该截面对于 z 轴和 y 轴的静矩。

由式（6-3）、式（6-4）可见，若截面对于某一轴的静矩等于零，则该轴必通过截面的形心；反之，截面对于通过其形心的轴的静矩恒等于零。

当截面由若干简单图形（如矩形、圆形或三角形等）组成时，由于简单图形的面积及其形心位置均为已知，而且，从静矩的定义可知，截面各组成部分对于某一轴的静矩的代数和，就等于该截面对于同一轴的静矩，于是，得整个截面的静矩

$$S_z = \sum_{i=1}^{n} A_i y_{Ci}, \quad S_y = \sum_{i=1}^{n} A_i z_{Ci} \tag{6-5}$$

式中，A_i 和 y_{Ci}、z_{Ci} 分别代表任一简单图形的面积及其形心的坐标；n 为组成截面的简单图形的个数。

若将按式（6-5）求得的 S_z 和 S_y 代入式（6-3），可得计算组合截面形心坐标的公式

$$y_C = \frac{\sum_{i=1}^{n} A_i y_{Ci}}{\sum_{i=1}^{n} A_i}, \quad z_C = \frac{\sum_{i=1}^{n} A_i z_{Ci}}{\sum_{i=1}^{n} A_i} \tag{6-6}$$

例 6-1 试计算图 6-2 所示的三角形截面对于与其底边重合的 z 轴的静矩。

解：取平行于 z 轴的狭长条（图 6-2）作为面积元素，因其上各点到 z 轴的距离 y 相同，故 $dA = b(y)dy$。由相似三角形关系可知，$b(y) = \dfrac{b}{h}(h-y)$，因此有 $dA = \dfrac{b}{h}(h-y)dy$。将其代入式（6-2），得

$$S_z = \int_A y dA = \int_0^h \frac{b}{h}(h-y)y dy = b\int_0^h y dy - \frac{b}{h}\int_0^h y^2 dy = \frac{bh^2}{6}$$

例 6-2 试计算图 6-3 所示的 T 形截面的形心位置。

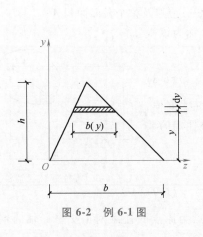

图 6-2 例 6-1 图

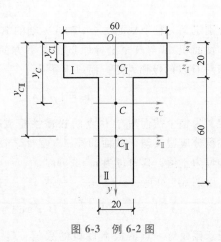

图 6-3 例 6-2 图

解：由于 T 形截面关于 y 轴对称，形心必在 y 轴上，因此 $z_C = 0$，只需计算 y_C。T 形截面可看作由矩形 I 和矩形 II 组成，C_I、C_{II} 分别为两矩形的形心。两矩形的截面面积和形心纵坐标分别为

$$A_I = A_{II} = 20\text{mm} \times 60\text{mm} = 1200\text{mm}^2$$

$$y_{C_I} = 10\text{mm}, \quad y_{C_{II}} = 50\text{mm}$$

由式（6-6）得

$$y_C = \frac{\sum A_i y_{C_i}}{\sum A_i} = \frac{A_{\text{I}} y_{C_{\text{I}}} + A_{\text{II}} y_{C_{\text{II}}}}{A_{\text{I}} + A_{\text{II}}} = \frac{1200\,\text{mm}^2 \times 10\,\text{mm} + 1200\,\text{mm}^2 \times 50\,\text{mm}}{1200\,\text{mm}^2 + 1200\,\text{mm}^2} = 30\,\text{mm}$$

例 6-3 求图 6-4 所示半径为 r 的半圆形心位置。

解：取图 6-4 所示参考坐标轴 Oyz，由于 z 轴是半圆的对称轴，形心 C 一定位于 z 轴上，因此只需确定形心的纵坐标 z_C。

取平行半圆底边（y 轴）的窄条为微面积 $\mathrm{d}A = b(z)\mathrm{d}z$。根据半圆方程 $y^2 + z^2 = r^2$ 得 $b(z) = 2y = 2\sqrt{r^2 - z^2}$，于是得微面积 $\mathrm{d}A$ 对 y 轴的静矩为 $\mathrm{d}S_y = z\mathrm{d}A = 2z\sqrt{r^2 - z^2}\,\mathrm{d}z$，而半圆面积 $A = \dfrac{\pi r^2}{2}$，由式（6-6）得

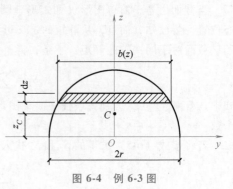

图 6-4 例 6-3 图

$$z_C = \frac{S_y}{A} = \frac{\int_0^r 2z\sqrt{r^2 - z^2}\,\mathrm{d}z}{\pi r^2 / 2} = \frac{\frac{2}{3}r^3}{\pi r^2 / 2} = \frac{4r}{3\pi}$$

6.2 惯性矩、极惯性矩、惯性积、惯性半径

设一面积为 A 的任意形状截面如图 6-5 所示。从截面中取一微面积 $\mathrm{d}A$，则 $\mathrm{d}A$ 与其至 z 轴或 y 轴距离平方的乘积 $y^2\mathrm{d}A$ 或 $z^2\mathrm{d}A$ 分别称为该面积元素对 z 轴或 y 轴的**惯性矩**或**截面二次轴矩**。而以下两个积分

$$I_z = \int_A y^2\mathrm{d}A \,, \quad I_y = \int_A z^2\mathrm{d}A \tag{6-7}$$

则分别定义为整个截面对于 z 轴或 y 轴的惯性矩。上述积分应遍及整个截面面积 A。

微面积 $\mathrm{d}A$ 与其至坐标原点距离平方的乘积 $\rho^2\mathrm{d}A$，称为该微面积对 O 点的极惯性矩。而以下积分

$$I_{\text{P}} = \int_A \rho^2\mathrm{d}A \tag{6-8}$$

则定义为整个截面对于 O 点的**极惯性矩**或**截面二次极矩**。同样，上述积分应遍及整个截面面积 A。显然，惯性矩和极惯性矩的数值均恒为正值，其单位为 m^4 或 mm^4。

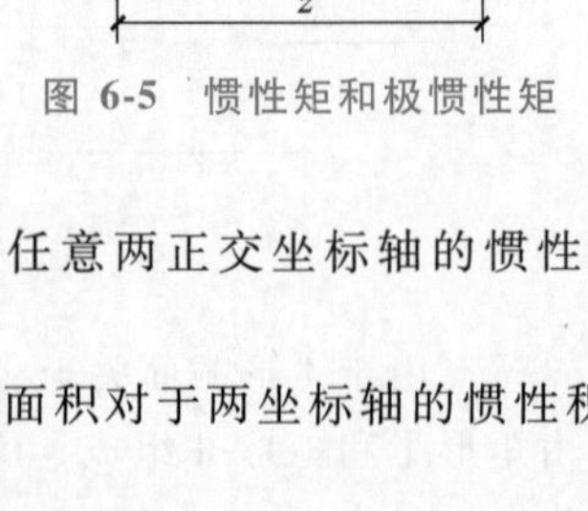

由图 6-5 可见，$\rho^2 = y^2 + z^2$，故有

图 6-5 惯性矩和极惯性矩

$$I_{\text{P}} = \int_A \rho^2\mathrm{d}A = \int_A (y^2 + z^2)\mathrm{d}A = I_z + I_y \tag{6-9}$$

即任意截面对一点的极惯性矩的数值，等于截面以该点为原点的任意两正交坐标轴的惯性矩之和。

微面积 $\mathrm{d}A$ 与其分别至 z 轴和 y 轴距离的乘积 $yz\mathrm{d}A$，称为该微面积对于两坐标轴的惯性积。而将以下积分

$$I_{yz} = \int_A yz\mathrm{d}A \tag{6-10}$$

定义为整个截面对于 z、y 两坐标轴的**惯性积**，其积分也应遍及整个截面面积。

从上述定义可见，同一截面对于不同坐标轴的惯性矩或惯性积一般是不同的。惯性矩的数

值恒为正值，而惯性积则可能为正值或负值，也可能等于零。若 z、y 两坐标轴中有一为截面的对称轴，则其惯性积 I_{yz} 恒等于零。如图 6-6 所示，图中 y 轴是对称轴，在对称轴的两侧是处于对称位置的两微面积 dA，这两个微面积对 y 轴和 z 轴的惯性积正、负号相反，而数值相等，其和为零，所以整个截面对 y 轴和 z 轴的惯性积必等于零。惯性积的单位与惯性矩的单位相同，也为 m^4 或 mm^4。

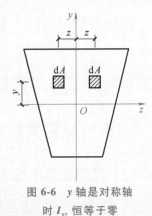

图 6-6 y 轴是对称轴时 I_{yz} 恒等于零

在某些应用中，将惯性矩除以面积 A，再开方，定义为**惯性半径**，用 i 表示，其单位为 m 或 mm。所以对 z 轴和 y 轴的惯性半径分别表示为

$$i_z = \sqrt{\frac{I_z}{A}}, \quad i_y = \sqrt{\frac{I_y}{A}} \tag{6-11}$$

例 6-4 试计算图 6-7 所示矩形截面对于其对称轴（即形心轴）z 和 y 的惯性矩 I_z 和 I_y，及其惯性积 I_{yz}。

解：取平行于 z 轴的狭长条作为面积元素 dA，则 $dA = b\,dy$，根据式（6-7）的第一式，可得

$$I_z = \int_A y^2 dA = \int_{-\frac{h}{2}}^{\frac{h}{2}} by^2 dy = \frac{bh^3}{12}$$

同理，在计算对 y 轴的惯性矩 I_y 时，取平行于 y 轴的狭长条作为面积元素 dA，则 $dA = h\,dz$，根据式（6-7）的第二式，可得

$$I_y = \int_A z^2 dA = \int_{-\frac{b}{2}}^{\frac{b}{2}} hz^2 dz = \frac{b^3 h}{12}$$

因为 z 轴（或 y 轴）为对称轴，故惯性积

$$I_{yz} = 0$$

例 6-5 试计算图 6-8 所示圆形截面对 O 点的极惯性矩 I_P 和对于其形心轴（即直径轴）的惯性矩 I_y 和 I_z。

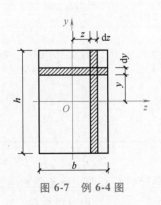

图 6-7 例 6-4 图

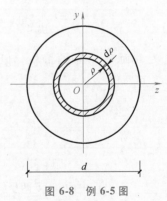

图 6-8 例 6-5 图

解：以圆心为原点，选坐标轴 z、y 如图 6-8 所示。在离圆心 O 的距离为 ρ 处，取厚度为 $d\rho$ 的圆环作为面积元素 dA，即 $dA = 2\pi\rho\,d\rho$，故

$$I_P = \int_A \rho^2 dA = \int_0^{\frac{d}{2}} \rho^2 (2\pi\rho\,d\rho) = \frac{\pi d^4}{32}$$

由于圆截面对任意方向的直径轴都是对称的，故

$$I_y = I_z$$

于是，利用公式 $I_P = I_z + I_y$，并将 $I_P = \dfrac{\pi d^4}{32}$ 代入，得

$$I_y = I_z = \frac{I_P}{2} = \frac{\pi d^4}{64}$$

对于矩形和圆形截面，由于 z、y 两轴都是截面的对称轴，故其惯性积 I_{yz} 均等于零。

6.3 惯性矩和惯性积的平行移轴公式、组合截面的惯性矩和惯性积

6.3.1 惯性矩和惯性积的平行移轴公式

设一面积为 A 的任意形状截面如图 6-9 所示。截面对任意的 z、y 两坐标轴的惯性矩和惯性积分别为 I_z、I_y 和 I_{yz}。另外，通过截面的形心 C 有分别与 z、y 两轴平行的 z_C、y_C 轴，称为形心轴。截面对于形心轴的惯性矩和惯性积分别为 I_{z_C}、I_{y_C} 和 $I_{y_C z_C}$。

由图 6-9 可见，截面上任一微面积 dA 在两坐标系内的坐标 (y, z) 和 (y_C, z_C) 之间的关系为

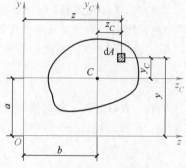

图 6-9 平行移轴公式

$$y = y_C + a, \quad z = z_C + b \qquad (6\text{-}12a)$$

式中，a、b 是截面形心在 Oyz 坐标系内的坐标值。将式（6-12）中的 y 代入式（6-7）中的第一式，经展开并逐项积分后，可得

$$I_z = \int_A y^2 dA = \int_A (y_C + a)^2 dA = \int_A y_C^2 dA + 2a \int_A y_C dA + a^2 \int_A dA \qquad (6\text{-}12b)$$

根据惯性矩和静矩的定义，式（6-12b）右端的各项积分分别为

$$\int_A y_C^2 dA = I_{z_C}, \quad \int_A y_C dA = S_{z_C}, \quad \int_A dA = A$$

其中，S_{z_C} 为截面对 z_C 轴的静矩，但由于 z_C 轴通过截面形心 C，因此 S_{z_C} 等于零。于是，式（6-12b）可写作

$$I_z = I_{z_C} + a^2 A \qquad (6\text{-}13a)$$

同理

$$I_y = I_{y_C} + b^2 A \qquad (6\text{-}13b)$$

$$I_{yz} = I_{y_C z_C} + abA \qquad (6\text{-}13c)$$

注意，式（6-13）中的 a、b 两坐标值有正负号，可由截面形心 C 所在的象限来确定。

式（6-13）称为惯性矩和惯性积的**平行移轴公式**。应用式（6-13）即可根据截面对于形心轴的惯性矩或惯性积，计算截面对于与形心轴平行的坐标轴的惯性矩或惯性积，或进行相反的运算。

6.3.2 组合截面的惯性矩和惯性积

在工程中常遇到组合截面。根据惯性矩和惯性积的定义可知，组合截面对某坐标轴的惯性矩（或惯性积）就等于其各组成部分对同一坐标轴的惯性矩（或惯性积）之和。若截面是由 n

个部分组成，则组合截面对 y、z 两轴的惯性矩和惯性积分别为

$$I_y = \sum_{i=1}^{n} I_{yi}, \quad I_z = \sum_{i=1}^{n} I_{zi}, \quad I_{yz} = \sum_{i=1}^{n} I_{yzi} \tag{6-14}$$

式中，I_{yi}、I_{zi} 和 I_{yzi} 分别为组合截面中组成部分 i 对 y、z 两轴的惯性矩和惯性积。

例 6-6 试计算例 6-2 中图 6-3 所示的截面对于其形心轴 z_C 的惯性矩 I_{z_C}。

解： 首先由例 6-2 的结果可知，截面的形心坐标 y_C 和 z_C 分别为

$$z_C = 0$$
$$y_C = 30\text{mm}$$

然后用平行移轴公式，分别求出矩形 Ⅰ 和 Ⅱ 对 z_C 轴的惯性矩 $I_{z_C}^{\text{I}}$ 和 $I_{z_C}^{\text{II}}$，最后相加，即得整个截面的惯性矩 I_{z_C}。

$$I_{z_C}^{\text{I}} = \left[\frac{1}{12} \times 60 \times 20^3 + (30-10)^2 \times 60 \times 20\right]\text{mm}^4 = 52 \times 10^4\text{mm}^4$$

$$I_{z_C}^{\text{II}} = \left[\frac{1}{12} \times 20 \times 60^3 + (50-30)^2 \times 20 \times 60\right]\text{mm}^4 = 84 \times 10^4\text{mm}^4$$

整个截面的惯性矩 I_{z_C}

$$I_{z_C} = I_{z_C}^{\text{I}} + I_{z_C}^{\text{II}} = (52+84) \times 10^4\text{mm}^4 = 136 \times 10^4\text{mm}^4$$

例 6-7 图 6-10 所示截面由一个 25c 槽钢截面和两个 90mm× 90mm×12mm 角钢截面组成。试求组合截面分别对形心轴 y 和 z 的惯性矩 I_y 和 I_z。

解：（1）型钢截面的几何性质 由附录 A 型钢表中表 A-3 查得：25c 槽钢截面

$$A = 44.917 \times 10^2\text{mm}, \quad I_{z_C} = 3690 \times 10^4\text{mm}^4, \quad I_{y_C} = 218 \times 10^4\text{mm}^4$$

90mm×90mm×12mm 角钢截面

$$A = 20.306 \times 10^2\text{mm}, \quad I_{z_C} = I_{y_C} = 149.22 \times 10^4\text{mm}^4$$

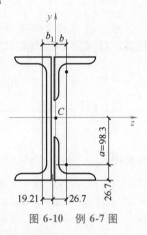

图 6-10 例 6-7 图

（2）组合截面的形心位置 如图 6-10 所示，为便于计算，以两角钢截面的形心连线作为参考轴，则组合截面形心 C 离该轴的距离 b 为

$$\bar{z} = \frac{\sum A_i \bar{z_i}}{\sum A_i} = \frac{2 \times 2030.6\text{mm}^2 \times 0 + 4491.7\text{mm}^2 \times [-(19.21\text{mm} + 26.7\text{mm})]}{2 \times 2030.6\text{mm}^2 + 4491.7\text{mm}^2} = -24.1\text{mm}$$

由此得

$$b = |\bar{z}| = 24.1\text{mm}$$

（3）组合截面的惯性矩 按平行移轴公式［见式（6-13）］，分别计算槽钢截面和角钢截面对于 y 轴和 z 轴的惯性矩：

1）槽钢截面：

$$I_{z1} = I_{z_C} + a_1^2 A = 3690 \times 10^4\text{mm}^4 + 0 = 3690 \times 10^4\text{mm}^4$$

$$\begin{aligned}I_{y1} &= I_{y_C} + b_1^2 A = 218 \times 10^4\text{mm}^4 + (19.21\text{mm} + 26.7\text{mm} - 24.1\text{mm})^2 \times 4491.7\text{mm}^2\\ &= 432 \times 10^4\text{mm}^4\end{aligned}$$

2）角钢截面：

$$I_{z2} = I_{z_C} + a^2 A = 149.22 \times 10^4\text{mm}^4 + (98.3\text{mm})^2 \times 2030.6\text{mm}^2 = 2111 \times 10^4\text{mm}^4$$

$$I_{y2} = I_{y_C} + b^2 A = 149.22 \times 10^4\text{mm}^4 + (24.1\text{mm})^2 \times 2030.6\text{mm}^2 = 267 \times 10^4\text{mm}^4$$

按式（6-14）可得组合截面的惯性矩

$$I_z = 3690 \times 10^4 mm^4 + 2 \times (2111 \times 10^4 mm^4) = 7912 \times 10^4 mm^4$$

$$I_y = 432 \times 10^4 mm^4 + 2 \times (267 \times 10^4 mm^4) = 966 \times 10^4 mm^4$$

6.4　惯性矩和惯性积的转轴公式、主惯性轴和主惯性矩

6.4.1　惯性矩和惯性积的转轴公式

设一面积为 A 的任意形状截面如图 6-11 所示。截面对于通过其上任意一点 O 的两坐标轴 z、y 的惯性矩和惯性积已知为 I_z、I_y 和 I_{yz}。若坐标轴 z、y 绕 O 点旋转 α 角（α 角以逆时针旋转为正）至 z_1、y_1 位置，则该截面对于新坐标轴 z_1、y_1 的惯性矩和惯性积分别为 I_{z_1}、I_{y_1} 和 $I_{y_1z_1}$。

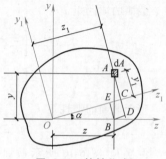

图 6-11　转轴公式

由图 6-11 可见，截面上任一微面积 dA 在新、旧两坐标系内的坐标 (y_1, z_1) 和 (y, z) 之间的关系为

$$y_1 = \overline{AC} = \overline{AD} - \overline{EB} = y\cos\alpha - z\sin\alpha$$

$$z_1 = \overline{OC} = \overline{OE} + \overline{BD} = z\cos\alpha + y\sin\alpha$$

将 y_1 代入式（6-7）中的第一式，经过展开并逐项积分后，即得该截面对于坐标轴 z_1 的惯性矩 I_{z_1}

$$I_{z_1} = \cos^2\alpha \int_A y^2 dA + \sin^2\alpha \int_A z^2 dA - 2\sin\alpha\cos\alpha \int_A yz dA \qquad (6-15)$$

根据惯性矩和静矩的定义，式（6-15）右端的各项积分分别为

$$\int_A y^2 dA = I_z, \quad \int_A z^2 dA = I_y, \quad \int_A yz dA = I_{yz}$$

将其代入式（6-15）并改用二倍角函数的关系，即得

$$I_{z_1} = \frac{I_z + I_y}{2} + \frac{I_z - I_y}{2}\cos2\alpha - I_{yz}\sin2\alpha \qquad (6-16a)$$

同理

$$I_{y_1} = \frac{I_z + I_y}{2} + \frac{I_y - I_z}{2}\cos2\alpha + I_{yz}\sin2\alpha \qquad (6-16b)$$

$$I_{y_1z_1} = \frac{I_z - I_y}{2}\sin2\alpha + I_{yz}\cos2\alpha \qquad (6-16c)$$

式（6-16）就是惯性矩和惯性积的**转轴公式**。

将式（6-16a）和（6-16b）中的 I_{z_1} 和 I_{y_1} 相加，可得

$$I_{z_1} + I_{y_1} = I_z + I_y \qquad (6-17)$$

式（6-17）表明，截面对于通过同一点的任意一对相互垂直的坐标轴的两惯性矩之和为一常数，并且等于截面对该坐标原点的极惯性矩［见式（6-9）］。

利用惯性矩和惯性积的转轴公式可以计算截面的主惯性轴和主惯性矩。

6.4.2　主惯性轴和主惯性矩

由式（6-16c）可知，当坐标轴旋转时，惯性积 $I_{y_1z_1}$ 将随着 α 角作周期性变化，并且有正有

负。因此，必有一特定角度 α_0，使截面对于新坐标轴 y_0、z_0 的惯性积等于零。若截面对某一对坐标轴的惯性积等于零，则称该对坐标轴为**主惯性轴**。截面对于主惯性轴的惯性矩，称为**主惯性矩**。通过截面形心的主惯性轴，称为**形心主惯性轴**。截面对于形心主惯性轴的惯性矩，称为**形心主惯性矩**。杆件横截面上的形心主惯性轴与杆件轴线所确定的平面，称为**形心主惯性平面**。

　　为确定主惯性轴的位置，设角 α_0 为主惯性轴与原坐标轴之间的夹角（参阅图 6-11），将角 α_0 代入惯性积的转轴公式（6-16c），并令其等于零，即

$$\frac{I_z - I_y}{2}\sin 2\alpha_0 + I_{yz}\cos 2\alpha_0 = 0$$

　　也可改写为

$$\tan 2\alpha_0 = -\frac{2I_{yz}}{I_z - I_y} \tag{6-18}$$

　　由式（6-18）可求出两个角度 α_0 和 $\alpha_0 + 90°$ 的数值，从而确定两主惯性轴 z_0 和 y_0 的位置。

　　将由式（6-18）所得的 α_0 值代入式（6-16a）和式（6-16b），可求出截面主惯性矩的数值。为计算方便，下面导出直接计算主惯性矩数值的公式。将式（6-18）变形，可得

$$\cos 2\alpha_0 = \frac{1}{\sqrt{1 + \tan^2 2\alpha_0}} = \frac{I_z - I_y}{\sqrt{(I_z - I_y)^2 + 4I_{yz}^2}} \tag{6-19a}$$

$$\sin 2\alpha_0 = \frac{\tan 2\alpha_0}{\sqrt{1 + \tan^2 2\alpha_0}} = \frac{-2I_{yz}}{\sqrt{(I_z - I_y)^2 + 4I_{yz}^2}} \tag{6-19b}$$

　　将式（6-19a）、式（6-19b）代入式（6-16a）和式（6-16b），经简化后即得**主惯性矩的计算公式**

$$\begin{cases} I_{z_0} = \dfrac{I_z + I_y}{2} + \dfrac{1}{2}\sqrt{(I_z - I_y)^2 + 4I_{yz}^2} \\[3mm] I_{y_0} = \dfrac{I_z + I_y}{2} - \dfrac{1}{2}\sqrt{(I_z - I_y)^2 + 4I_{yz}^2} \end{cases} \tag{6-20}$$

　　另外，由惯性矩的表达式也可导出上述主惯性矩的计算公式。由式（6-16a）和（6-16b）可见，惯性矩 I_{z_1} 和 I_{y_1} 都是 α 角的正弦和余弦函数，而 α 角可在 $0° \sim 360°$ 的范围内变化，故 I_{z_1} 和 I_{y_1} 必然有极值。由于截面对通过同一点的任意一对相互垂直的坐标轴的两惯性矩之和为一常数，因此，这两惯性矩中的一个将为极大值，另一个则为极小值。故将式（6-16a）和式（6-16b）对 α 求导，且使其等于零，即

$$\frac{\mathrm{d}I_{z_1}}{\mathrm{d}\alpha} = 0 \quad \text{和} \quad \frac{\mathrm{d}I_{y_1}}{\mathrm{d}\alpha} = 0$$

　　由此解得的使惯性矩取得极值的坐标轴位置的表达式与式（6-18）完全一致。从而可知，截面对于通过任一点的主惯性轴的主惯性矩之值，也就是通过该点所有轴的惯性矩中的极大值 $I_{\max}$ 和极小值 $I_{\min}$。从式（6-20）可见，I_{z_0} 就是 $I_{\max}$，而 I_{y_0} 则为 $I_{\min}$。

　　式（6-18）和式（6-20）也可用于确定形心主惯性轴的位置和用于形心主惯性矩的计算，但此时式中的 I_z、I_y 和 I_{yz} 应为截面对于通过其形心的某一对轴的惯性矩和惯性积。

　　若通过截面形心的一对坐标轴中有一个为对称轴（如 T 形、槽形截面），则该对称轴就是形心主惯性轴。对于这种具有对称轴的组合截面，包括此轴在内的一对互相垂直的形心轴就是形心主惯性轴。此时，只需利用平行移轴公式［见式（6-13）］即可求得截面的形心主惯性矩。

　　对于无对称轴的组合截面，必须首先确定其形心的位置，然后通过该形心选择一对便于计

算惯性矩和惯性积的坐标轴，算出组合截面对于这一对坐标轴的惯性矩和惯性积。将结果代入式（6-18）和式（6-20），即可确定表示形心主惯性轴位置的角度 α_0 和形心主惯性矩的数值。

例如 Z 形和 L 形截面，其形心主惯性轴的方位角 α_0 可由式（6-18）求出，其形心主惯性矩的数值可由式（6-20）求出。Z 形和 L 形截面的形心主惯性轴大致位置如图 6-12 所示。

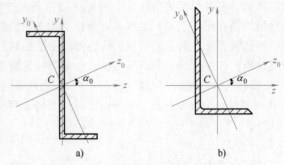

图 6-12 Z 形和 L 形截面的形心主惯性轴的大致位置

表 6-1 中为常见截面的几何性质，供读者使用时查询。

表 6-1 常见截面的几何性质

序号	截面形状	形心位置	惯性矩
1		截面中心	$I_z = \dfrac{bh^3}{12}$
2		截面中心	$I_z = \dfrac{bh^3}{12}$
3		$y_C = \dfrac{h}{3}$	$I_z = \dfrac{bh^3}{36}$
4		$y_C = \dfrac{h(2a+b)}{3(a+b)}$	$I_z = \dfrac{h^3(a^2+4ab+b^2)}{36(a+b)}$
5		圆心处	$I_z = \dfrac{\pi d^4}{64}$

（续）

序号	截面形状	形心位置	惯性矩
6		圆心处	$I_z = \dfrac{\pi(D^4-d^4)}{64} = \dfrac{\pi D^4}{64}(1-\alpha^4)$ $\alpha = d/D$
7		圆心处	$I_z = \pi R_0^3 \delta$
8		$y_C = \dfrac{4R}{3\pi}$	$I_z = \dfrac{(9\pi^2-64)R^4}{72\pi} = 0.1098 R^4$
9		$y_C = \dfrac{2R\sin\alpha}{3\alpha}$	$I_z = \dfrac{R^4}{4}\left(\alpha+\sin\alpha\cos\alpha-\dfrac{16-\sin^2\alpha}{9\alpha}\right)$
10		椭圆中心	$I_z = \dfrac{\pi ab^3}{4}$

例 6-8　试确定图 6-13 所示图形的形心主惯性轴的位置，并计算形心主惯性矩。

解：把图形看作由 I、II、III 三个矩形所组成。选取通过矩形 II 形心的水平轴及铅垂轴作为 y 轴和 z 轴。

矩形 I 的形心坐标为（-35，74.5），矩形 II 的形心坐标为（0，0），矩形 III 的形心坐标为（35，-74.5）。

故矩形 I、III 组合图形的形心与矩形 II 的形心重合在坐标原点 C。

利用平行移轴公式分别求出各矩形对 y 轴和 z 轴的惯性矩和惯性积：

矩形 I：

$$I_y^{\mathrm{I}} = I_{y_C}^{\mathrm{I}} + a_1^2 A_1 = \left(\frac{1}{12}\times0.059\times0.011^3\right)\mathrm{m}^4 + \left[0.0745^2\times0.011\times0.059\right]\mathrm{m}^4 = 3.609\times10^{-6}\,\mathrm{m}^4$$

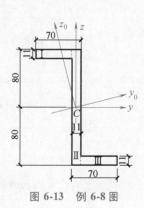

图 6-13　例 6-8 图

$$I_z^{\mathrm{I}} = I_{z_C}^{\mathrm{I}} + b_1^2 A_1 = \left(\frac{1}{12}\times 0.011\times 0.059^3\right)\mathrm{m}^4 + \left[(-0.035)^2\times 0.011\times 0.059\right]\mathrm{m}^4 = 0.983\times 10^{-6}\,\mathrm{m}^4$$

$$I_{yz}^{\mathrm{I}} = I_{y_C z_C}^{\mathrm{I}} + a_1 b_1 A_1 = \left[0+0.0745\times(-0.035)\times 0.011\times 0.059\right]\mathrm{m}^4 = -1.692\times 10^{-6}\,\mathrm{m}^4$$

矩形 Ⅱ：

$$I_y^{\mathrm{II}} = \left(\frac{1}{12}\times 0.011\times 0.16^3\right)\mathrm{m}^4 = 3.755\times 10^{-6}\,\mathrm{m}^4$$

$$I_z^{\mathrm{II}} = \left(\frac{1}{12}\times 0.16\times 0.011^3\right)\mathrm{m}^4 = 0.0177\times 10^{-6}\,\mathrm{m}^4$$

$$I_{yz}^{\mathrm{II}} = 0$$

矩形 Ⅲ：

$$I_y^{\mathrm{III}} = I_{y_C}^{\mathrm{III}} + a_3^2 A_3 = \left(\frac{1}{12}\times 0.059\times 0.011^3\right)\mathrm{m}^4 + \left[(-0.0745)^2\times 0.011\times 0.059\right]\mathrm{m}^4 = 3.609\times 10^{-6}\,\mathrm{m}^4$$

$$I_z^{\mathrm{III}} = I_{z_C}^{\mathrm{III}} + b_3^2 A_3 = \left(\frac{1}{12}\times 0.011\times 0.059^3\right)\mathrm{m}^4 + (0.035^2\times 0.011\times 0.059)\mathrm{m}^4 = 0.983\times 10^{-6}\,\mathrm{m}^4$$

$$I_{yz}^{\mathrm{III}} = I_{y_C z_C}^{\mathrm{III}} + a_3 b_3 A_3 = \left[0+(-0.0745)\times 0.035\times 0.011\times 0.059\right]\mathrm{m}^4 = -1.692\times 10^{-6}\,\mathrm{m}^4$$

整个图形对 y 轴和 z 轴的惯性矩和惯性积分别为

$$I_y = I_y^{\mathrm{I}} + I_y^{\mathrm{II}} + I_y^{\mathrm{III}} = (3.609+3.755+3.609)\times 10^{-6}\,\mathrm{m}^4 = 10.97\times 10^{-6}\,\mathrm{m}^4$$

$$I_z = I_z^{\mathrm{I}} + I_z^{\mathrm{II}} + I_z^{\mathrm{III}} = (0.983+0.0177+0.983)\times 10^{-6}\,\mathrm{m}^4 = 1.98\times 10^{-6}\,\mathrm{m}^4$$

$$I_{yz} = I_{yz}^{\mathrm{I}} + I_{yz}^{\mathrm{II}} + I_{yz}^{\mathrm{III}} = (-1.692+0-1.692)\times 10^{-6}\,\mathrm{m}^4 = -3.38\times 10^{-6}\,\mathrm{m}^4$$

把求得的 I_y、I_z、I_{yz} 代入式（6-18），得

$$\tan 2\alpha_0 = \frac{-2I_{yz}}{I_z - I_y} = \frac{-2\times(-3.38\times 10^{-6})\,\mathrm{m}^4}{1.98\times 10^{-6}\,\mathrm{m}^4 - 10.97\times 10^{-6}\,\mathrm{m}^4} = -0.752$$

$$2\alpha_0 \approx -37° \text{ 或 } 143°$$

$$\alpha_0 \approx -18°30' \text{ 或 } 71°30'$$

α_0 的两个值分别确定了形心主惯性轴 y_0 和 z_0 的位置。随后，由式（6-20）求得形心主惯性矩

$$\left.\begin{array}{r} I_{y_0} \\ I_{z_0} \end{array}\right\} = \frac{I_z + I_y}{2} \pm \frac{1}{2}\sqrt{(I_z - I_y)^2 + 4I_{yz}^2}$$

$$= \frac{(10.97+1.98)\times 10^{-6}}{2}\,\mathrm{m}^4 \pm \frac{1}{2}\times\sqrt{(1.98-10.97)^2 + 4\times(-3.38)^2}\times 10^{-6}\,\mathrm{m}^4$$

$$= \begin{cases} 12.1\times 10^{-6}\,\mathrm{m}^4 \\ 0.85\times 10^{-6}\,\mathrm{m}^4 \end{cases}$$

复习思考题

6-1　什么是截面的静矩？它和截面形心之间有何关系？

6-2　区分惯性矩、极惯性矩、惯性积、惯性半径的概念。它们之间有何关系？

6-3　简述惯性矩和惯性积的平行移轴公式和转轴公式。

6-4　截面的惯性矩和惯性积可以为负吗？惯性积呢？

6-5　截面主惯性轴在何位置？截面对主惯性轴的惯性矩有何特点？

6-6　图 6-14 中各截面图形 C 为形心。试问哪些截面图形对坐标轴的惯性积等于零？

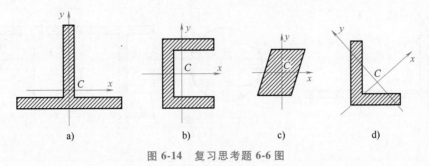

图 6-14　复习思考题 6-6 图

6-7　试问图 6-15 所示三个截面的惯性矩 I_x 是否可以按照 $I_x = \dfrac{\pi}{64}(D^4 - d^4)$ 来计算？

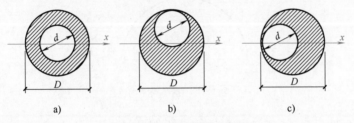

图 6-15　复习思考题 6-7 图

6-8　图 6-16 所示为一等边三角形中心挖去一半径为 r 的圆孔的截面。试证明该截面通过形心的任一轴均为形心主惯性轴。

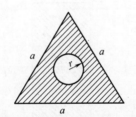

图 6-16　复习思考题 6-8 图

习　　题

6-1　求图 6-17 所示各截面阴影部分对 x 轴（过形心）的静矩。

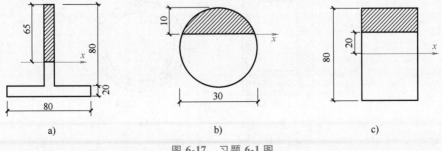

图 6-17　习题 6-1 图

6-2 确定图 6-18 所示各截面的形心位置。

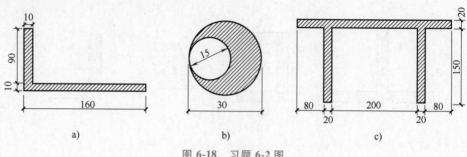

图 6-18 习题 6-2 图

6-3 试用积分法求图 6-19 所示半圆形截面对 x 轴的静矩，确定其形心坐标。

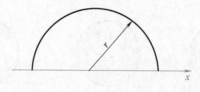

图 6-19 习题 6-3 图

6-4 计算图 6-20 所示矩形截面对其形心轴 z 的惯性矩；已知 $b = 150\text{mm}$，$h = 300\text{mm}$。如按图中虚线所示，将矩形截面的中间部分移至两边缘变成工字形，计算此工字形截面对 z 轴的惯性矩，并求出工字形截面的惯性矩较矩形截面的惯性矩增大的百分比。

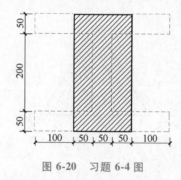

图 6-20 习题 6-4 图

6-5 试求图 6-21 所示对称结构对其对称轴的惯性矩。

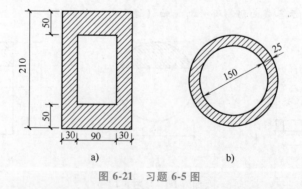

图 6-21 习题 6-5 图

6-6 试求图 6-22 所示截面对其形心轴 z_C 的惯性矩 I_{z_C}。

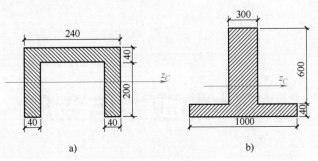

图 6-22 习题 6-6 图

6-7 某工程师从一块均质圆板上截出半个太极图形，并建立了与图形固结的坐标系 Oxy，如图 6-23 所示。他发现，该图形虽然不对称，但仍具有很漂亮的几何性质：$I_x = I_y$，并随意将其绕 O 点转动 α 角，得到新坐标系 $Ox'y'$，仍有 $I_{x'} = I_{y'}$，试证明他的结论。

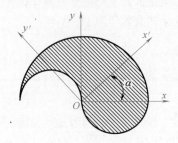

图 6-23 习题 6-7 图

第7章

杆件的应力与变形

第 5 章主要介绍了构件在荷载作用下横截面上的内力计算和内力图的绘制。内力只是杆件横截面上分布内力系的合力，确定了杆件的内力以后，还不能判断杆件的承载能力。要判断杆件是否满足强度和刚度的要求，必须知道杆件截面上应力的分布规律和杆件的变形规律。本章将讨论杆件在不同变形情况下的应力、应变以及它们的分布规律，为今后对杆件的强度设计计算，确保杆件能正常工作，满足经济和安全的要求奠定基础。

7.1 应力、应变的概念

1. 应力

一般情况下，杆件受外力作用，各截面上的内力是不相同的，即使内力相同由于截面尺寸不同，在截面内某一点处的强弱程度也不同。为此，引入某一截面上分布内力在某一点处的集度——**应力**的概念。

设在杆件的任一横截面上有内力用主矢 $\overline{F}$ 和主矩 $\overline{M}$ 表示，在该截面的 a 点处，取一微面积为 ΔA，其上作用的分布内力的合力为 ΔF 和 ΔM。n 是该面积 ΔA 的外法线。当 ΔA 无限趋近于 a 点而接近于零时，ΔM 也逐渐趋近于零，只有 ΔF 作用在 ΔA 上（图 7-1a），则 ΔF 与 ΔA 的比值为

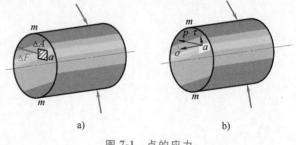

图 7-1 点的应力

$$p_m = \frac{\Delta F}{\Delta A}$$

p_m 称为微面积 ΔA 上的**平均应力**。取 $\Delta F / \Delta A$ 的极限值，得

$$p = \lim_{\Delta A \to 0} \frac{\Delta F}{\Delta A} = \frac{\mathrm{d}F}{\mathrm{d}A} \tag{7-1}$$

p 称为 a 点的**总应力**。将 p 分别向截面的法向和切向分解，可得 a 点的正应力 σ 和切应力 τ（图 7-1b）。这两个应力分量分别与材料的两大类破坏失效现象（拉断和剪切错动）相对应。

在国际单位制中，应力的量纲是 $ML^{-1}T^{-2}$，单位用帕斯卡 Pa（$1Pa = 1N/m^2$），简称帕，由于这个单位太小，常用 MPa（$1MPa = 10^6Pa$）和 GPa（$1GPa = 10^3 MPa = 10^9 Pa$）表示。

2. 变形、位移和应变

杆件是变形固体，受力后其位置发生的改变，称为**位移**；杆件的几何尺寸和形状的改变，称

为**变形**。位移是针对物体的初始位置而言的，变形是针对物体的尺寸和形状而言的。

变形固体具有均匀、连续和各向同性的特点，从杆件上任意取出一个微六面体，当微六面体的边长趋于无限小时称为**单元体**。以平面问题为例，设从杆件内部任意一点取出单元体 $abcd$，受力变形后位移到新的位置 $a'b'c'd'$（图 7-2a），它包含刚体位移和变形体位移两部分。由于支座约束，除去刚体位移（刚体移动和转动），留下图 7-2b 所示的变形体位移，它包含单元体长度的改变和相邻两边夹角的改变。

设变形前线段 ab 的长度为 Δx，变形后线段 $a'b'$ 的投影长度为 $\Delta x'$，则线段的变化量为 $\Delta u = \Delta x' - \Delta x$，$\Delta u$ 称为**线位移**。线位移的单位是 mm 或 m。比值

$$\varepsilon_{xm} = \frac{\Delta u}{\Delta x}$$

为线段 ab 上每单位长度的平均伸长或缩短量，称为**平均线应变**。为了描述 a 点处的变形程度，令 $\Delta x \to 0$，平均线应变 $\frac{\Delta u}{\Delta x}$ 的极限值为

$$\varepsilon_x = \lim_{\Delta x \to 0} \frac{\Delta u}{\Delta x} \tag{7-2}$$

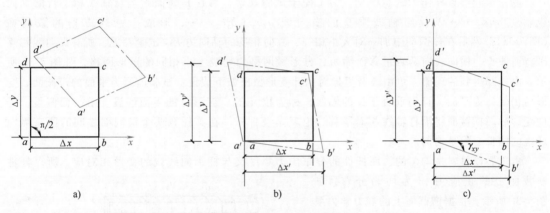

图 7-2 单元体的位移与应变

ε_x 称为 a 点在 x 方向的**线应变**。同理可得，a 点在 y 方向的线应变 ε_y 和在 z 方向的线应变 ε_z。线应变以伸长为正，也称为**拉应变**；以缩短为负，称为**压应变**。

单元体除边长改变外，相邻两边的夹角也由 $\frac{\pi}{2}$ 变为 $\frac{\pi}{2} + (\angle ba'b' + \angle da'd')$，如图 7-2b 所示。为清楚表达夹角的改变量，可将 $a'd'$ 边与 ad 边重合（图 7-2c），得单元体的角位移增量为 $\gamma_{xy} = \angle ba'b' + \angle da'd' = \angle b'ab$，它表示单元体 ab 边相对于 ad 边的夹角变化量。角位移的单位是弧度（rad），当 b 点和 d 点无限趋近于 a 点时，夹角变化的极限值

$$\gamma_{xy} = \lim_{\substack{\Delta x \to 0 \\ \Delta y \to 0}} \left(\angle dab' - \frac{\pi}{2} \right) \tag{7-3}$$

γ_{xy} 称为 a 点在 xy 平面内的**切应变**。若为空间问题，同理可得，a 点在 yz 平面和 zx 平面内的切应变 γ_{yz} 和 γ_{zx}。使单元体夹角由 $\frac{\pi}{2}$ 增大的切应变为正，反之为负。

由于应变都是变形的相对改变量，故线应变和切应变都是量纲为一的量，切应变常用弧度

表示。由于位移量一般是杆件尺寸的千分之一，甚至万分之一，故应变量是很微小的，常用 $\times 10^{-6}$ 或微应变表示。

7.2 轴向拉伸和压缩杆件的应力和变形

不同的材料由于物性不同，其力学性能及抵抗变形的能力也会有差异。杆件在不同变形情况下的应力以及它们的分布规律，需要根据几何方面、物理方面和静力学方面的关系来确定。

7.2.1 轴向拉伸和压缩杆件的应力

轴向拉压杆件横截面上的内力是轴力，轴力的方向垂直于横截面，且通过横截面的形心，因此与轴力相对应的是垂直于横截面的正应力。正应力在截面上是怎样分布的呢？应力是看不见的，但是变形是可见的，应力与变形有关。因此解决这一问题，首先通过试验观察拉压杆的变形规律，找出应变的变化规律，即确定变形的几何关系。其次由应变规律找出应力的分布规律，也就是建立应力和应变之间的物理关系。最后由静力学方法得到横截面上正应力的计算公式。

取一橡胶等直杆作为试验模型，为了便于试验观察，可在其表面画上与轴线相平行的纵向线 c_1c_2、d_1d_2 …… 以及与轴线垂直的横向线 a_1a_2、b_1b_2 ……，形成一系列方形的微网格（图 7-3a）。然后在杆两端施加一对大小相等、方向相反的轴向力 F。试验发现，所有纵向线相互平行而伸长，横向线向两侧平移而缩短，方形微网格均变成大小相同的矩形网格，如图 7-3b 所示。由外部得到的现象，可由表及里地对内部变形做出如下假设：试验前原为平面的横截面，变形后仍保持为平面，且仍垂直于杆的轴线，称为拉（压）变形时的**平面假设**。由平面假设，杆件变形后两横截面将沿杆轴线相对平移，也就是说，杆件在其任意两个横截面之间的所有纵向纤维的伸长变形是均匀的。

由于假设材料是均匀的，而杆件的分布内力集度又与杆纵向线段的变形相对应，所以杆件横截面上的正应力 σ 为均匀分布，如图 7-3c 所示。根据横截面上的静力学关系

$$F_N = \int_A \sigma \mathrm{d}A = \sigma A$$

由此可得拉伸（压缩）杆件在横截面上的正应力

$$\sigma = \frac{F_N}{A} \qquad (7\text{-}4)$$

符号规定：正应力的正负号与轴力的正负号相对应，即拉应力为正，压应力为负。由式（7-4）可见，正应力大小与横截面面积有关，与横截面的形状无关。对于横截面沿杆长连续缓慢变化的变截面杆，其横截面上的正应力也可用式（7-4）近似计算。

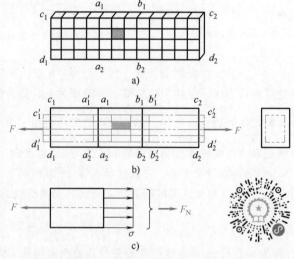

图 7-3 轴向变形杆试验模型

当等直杆受几个轴向外力作用时，由轴力图可求出其最大轴力 F_{Nmax}，代入式（7-4）即得杆件内最大正应力

$$\sigma_{max} = \frac{F_{Nmax}}{A} \qquad (7\text{-}5)$$

例 7-1　一横截面为正方形的砖柱分为上、下两段，其受力情况、各段横截面尺寸如图 7-4a 所示，已知 $F = 50\text{kN}$，试求荷载引起的最大工作应力。

解：首先作立柱的轴力图，如图 7-4b 所示。

由于砖柱为变截面杆，故须利用式（7-4）分段求出每段横截面上的正应力，再进行比较确定全柱的最大工作应力。

上段：
$$\sigma_{上} = \frac{F_{N上}}{A_{上}} = \left(\frac{-50 \times 10^3}{240 \times 240 \times 10^{-6}}\right) \text{N/m}^2$$
$$= -0.87 \times 10^6 \text{Pa} = -0.87\text{MPa（压应力）}$$

下段：
$$\sigma_{下} = \frac{F_{N下}}{A_{下}} = \left(\frac{-150 \times 10^3}{370 \times 370 \times 10^{-6}}\right) \text{N/m}^2$$
$$= -1.1 \times 10^6 \text{Pa} = -1.1\text{MPa（压应力）}$$

由上述计算结果可见，砖柱的最大工作应力在柱的下段，其值为 1.1 MPa，是压应力。

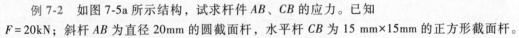

图 7-4　例 7-1 图

例 7-2　如图 7-5a 所示结构，试求杆件 AB、CB 的应力。已知 $F = 20\text{kN}$；斜杆 AB 为直径 20mm 的圆截面杆，水平杆 CB 为 15 mm×15mm 的正方形截面杆。

解：1）计算各杆件的轴力。设斜杆 AB 为 1 杆，水平杆 BC 为 2 杆，用截面法取结点 B 为研究对象（图 7-5b）。

$$\sum F_x = 0, \quad F_{N1}\cos 45° + F_{N2} = 0$$
$$\sum F_y = 0, \quad F_{N1}\sin 45° - F = 0$$
$$F_{N1} = 28.3\text{kN}, \quad F_{N2} = -20\text{kN}$$

2）计算各杆件的应力。

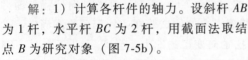
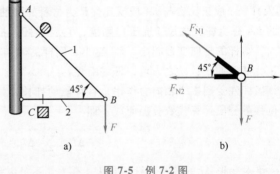

$$\sigma_1 = \frac{F_{N1}}{A_1} = \frac{28.3 \times 10^3}{\frac{\pi}{4} \times 20^2 \times 10^{-6}} \text{Pa} = 90 \times 10^6 \text{Pa} = 90\text{MPa}$$

图 7-5　例 7-2 图

$$\sigma_2 = \frac{F_{N2}}{A_2} = \frac{-20 \times 10^3}{15^2 \times 10^{-6}} \text{Pa} = -89 \times 10^6 \text{Pa} = -89\text{MPa}$$

由此可见，AB 杆承受拉应力，应采用塑性材料制成的杆，如钢杆；BC 杆承受压应力，采用脆性材料制成的杆，如木杆或铸铁杆。

7.2.2　轴向拉伸和压缩杆件的变形

杆受到轴向外力拉伸或压缩时，主要在轴线方向产生伸长或缩短，同时横向尺寸也缩小或增大，即同时发生纵向（轴向）变形和横向变形。如图 7-6 所示的矩形截面杆，长度为 l，边长为 bh。当受到轴向外力拉伸后，l 增至 l_1，b 和 h 分别缩小到 b_1 和 h_1。

杆件的轴向变形（纵向变形）为

$$\Delta l = l_1 - l$$

横向变形为

$$\Delta b = b_1 - b, \ \Delta h = h_1 - h$$

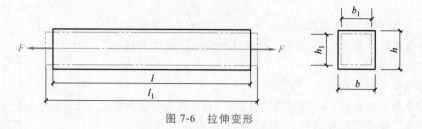

图 7-6 拉伸变形

杆件在轴向荷载作用下，轴向和横向都处于均匀变形状态，轴向应变为

$$\varepsilon = \frac{\Delta l}{l}$$

试验表明，当杆的变形为弹性变形时，杆的轴向伸长 Δl 与拉力 F、杆长 l 成正比，与杆的横截面面积 A 成反比，即

$$\Delta l \propto \frac{Fl}{A}$$

引进比例常数 E，并注意到轴力 $F_N = F$，则上式可表示为

$$\Delta l = \frac{F_N l}{EA} \tag{7-6}$$

这一关系是由胡克首先发现的，通常称为 **胡克定律**。式（7-6）表明，杆的轴向位移与轴力 F_N 及杆长 l 成正比，与 EA 成反比。E 为材料的**弹性模量**，由拉伸试验在弹性变形阶段测定。式中的 **EA** 称为杆的**抗拉（抗压）刚度**，它表示杆件抵抗轴向变形的能力。当 F_N 和 l 不变时，EA 越大，则杆的轴向变形越小；EA 越小，则杆的轴向变形越大。当轴力 F_N 为正（拉力），变形也为正，杆件伸长；反之为负，杆件缩短。

当杆件受到多个轴向力作用，且每段的杆长、弹性模量、截面尺寸都不相同时，杆件两端的总位移可分段计算代数叠加而成，即

$$\Delta l = \sum_{i=1}^{n} \Delta l_i = \sum_{i=1}^{n} \frac{F_{Ni} l_i}{E_i A_i} \tag{7-7}$$

绝对变形 Δl 的大小与杆的长度 l 有关，不足以反映杆的变形程度。为了消除杆长 l 的影响，将式（7-6）变换为

$$\frac{\Delta l}{l} = \frac{1}{E} \frac{F_N}{A}$$

式中，$\Delta l / l = \varepsilon$ 称为轴向应变。又 $F_N / A = \sigma$，故上式可写为

$$\varepsilon = \frac{\sigma}{E} \text{或} \ \sigma = E\varepsilon \tag{7-8}$$

式（7-8）表示，当变形为弹性变形时，正应力和线应变成正比，这是胡克定律的另一种形式。这一关系式非常重要，在理论分析和试验中经常用到。

而两个边长方向的横向应变分别为 $\dfrac{\Delta b}{b}$ 和 $\dfrac{\Delta h}{h}$，横向应变可表示为

$$\varepsilon' = \frac{\Delta b}{b} = \frac{\Delta h}{h}$$

显然，在拉伸时，ε 为正值，ε' 为负值；在压缩时，ε 为负值，ε' 为正值。由试验可知，当

变形为弹性变形时，横向应变和轴向应变比值的绝对值为一常数，即

$$\mu = \left| \frac{\varepsilon'}{\varepsilon} \right|, \quad 或 \quad \varepsilon' = -\mu\varepsilon \tag{7-9}$$

式中，μ 称为**泊松比**，是由法国科学家泊松首先得到的。它是一个量纲为一的量，其数值因材料而异，由试验测定。

弹性模量 E 和泊松比 μ，都是材料的弹性常数，表 7-1 给出了一些常用材料的 E、μ 值。

表 7-1　常用材料的 E、μ 值

材料	E/GPa	μ
钢	$190 \sim 220$	$0.25 \sim 0.33$
铜及其合金	$74 \sim 130$	$0.31 \sim 0.36$
铸铁	$60 \sim 165$	$0.23 \sim 0.27$
铝合金	71	$0.26 \sim 0.33$
花岗岩	48	$0.16 \sim 0.34$
石灰岩	41	$0.16 \sim 0.34$
混凝土	$14.7 \sim 35$	$0.16 \sim 0.18$
橡胶	0.0078	0.47
木材(顺纹)	$9 \sim 12$	—
木材(横纹)	0.49	—

例 7-3　一木柱受力如图 7-7a 所示，柱的横截面为边长 200mm 的正方形，材料可认为服从胡克定律，其弹性模量 $E = 10\text{GPa}$，如不计柱的自重，试求木柱顶端 A 截面的位移。

解： 作立柱的轴力图，如图 7-7b 所示。

因为木柱下端固定，故顶端 A 截面的位移 ΔA 就等于全杆的总缩短变形 Δl。由于木柱 AB 段和 BC 段的内力不同，故应利用式 (7-6) 先分别计算各段的变形，再求其代数和，求得全杆的总变形。

AB 段：

$$\Delta l_{AB} = \frac{F_{NAB} l_{AB}}{EA}$$

$$= \frac{-160 \times 10^3 \times 1.5}{10 \times 10^9 \times 200 \times 200 \times 10^{-6}}\text{m}$$

$$= -0.0006\text{m} = -0.6\text{mm}$$

BC 段：

$$\Delta l_{BC} = \frac{F_{NBC} l_{BC}}{EA}$$

$$= \frac{-260 \times 10^3 \times 1.5}{10 \times 10^9 \times 200 \times 200 \times 10^{-6}}\text{m}$$

$$= -0.000975\text{m} = -0.975\text{mm}$$

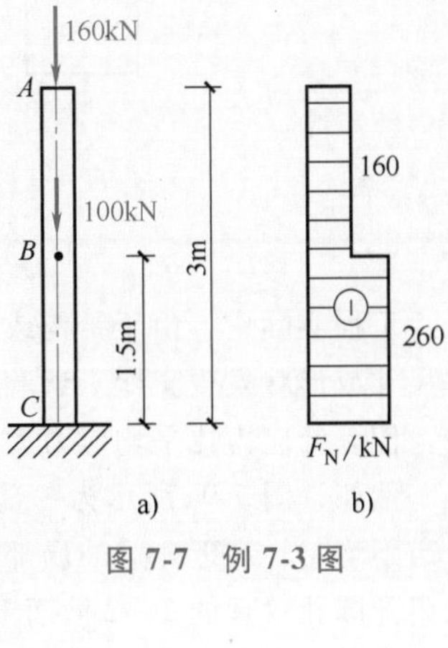

图 7-7　例 7-3 图

全杆的总变形为

$$\Delta l = \Delta l_{AB} + \Delta l_{BC} = (-0.6 - 0.975)\text{mm} = -1.575\text{mm}$$

可知，木柱顶端 A 截面的位移等于 1.575mm，方向向下。

7.2.3　应力集中、圣维南（Saint-Venant）原理

用橡胶直杆做试验，若试样两端用刚性夹板夹持，受力 F 压后，原画有一系列纵横线形成的网格，变形后形成均匀的网格（图7-8a、b）。若试样两端无夹板夹持而将力 F 直接压在试样上将出现图7-8c所示的现象，在邻近集中力 F 作用点的附近，变形严重，极不均匀，应变和应力都很大，但在离开力作用面一定范围，变形又趋于均匀，应变和应力接近均匀分布。这个试验证实了一个非常重要的原理——圣维南原理。圣维南原理指出：不同的静力等效的外力系，只影响作用区域局部的应力分布，远离作用区域其影响可以不计。例如，在离开力作用面为板宽 b 的距离处，用式（7-5）计算该处的正应力，最大误差小于 2.7%。

因此，杆端外力的作用方式不同，只对杆端附近的应力分布有影响。离杆端越近的横截面上，影响越大（图7-8d）；在离杆端距离大于横向尺寸的横截面上，应力趋于均匀分布，在这些截面上，可用式（7-5）计算正应力。一般拉压杆的横向尺寸远小于轴向尺寸，因此计算正应力时可不必考虑杆端外力作用方式的影响。

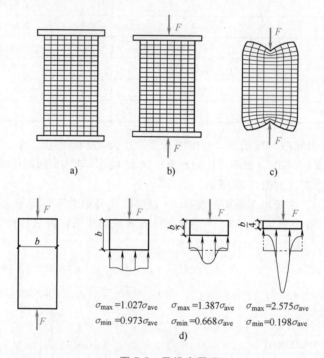

图7-8　圣维南原理

工程实际中，由于结构或功能上的需要，有些零件必须有切口、孔槽、螺纹、轴肩等，使零件尺寸或形状发生突变。试验和理论分析表明，该处的应力会急剧增大，这种现象称为应力集中，使该处应力比平均应力大2~3倍，所以一般情况应设法改善或避免。

例如，图7-9a所示为一受轴向拉伸的直杆，在轴线上开一小圆孔。在横截面1—1上，应力分布不均匀，靠近孔边的局部范围内应力很大，在离开孔边稍远处，应力明显降低（图7-9b）。在离开圆孔较远的2—2截面上，应力仍为均匀分布（图7-9c）。可见1—1截面上小圆孔附近处存在应力集中现象。

设发生在应力集中截面上的最大应力、平均应力分别为 σ_{max}、σ_0，则比值

$$\alpha = \frac{\sigma_{\max}}{\sigma_0} \tag{7-10}$$

称为应力集中系数，α 是大于 1 的数，它反映应力集中的程度。不同情况下的 α 值一般可在设计手册中查到。

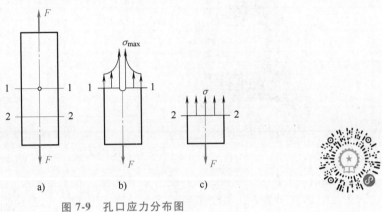

图 7-9　孔口应力分布图

7.3　材料在拉伸与压缩时的力学性能

7.3.1　材料拉伸的力学性能

1. 低碳钢的拉伸试验

（1）拉伸曲线与应力-应变曲线　为了使测试的力学性能在国际国内都能通用（即能互相对照和引用），国标《金属材料　拉伸试验　第 1 部分：室温试验方法》（GB/T 228.1—2021）对影响力学性能测试的因素均做了统一规定。材料应加工成标准拉伸试样，由工作部分、过渡部分和夹持部分组成（图 7-10）。拉伸试样分为比例试样和非比例试样。比例试样的原始标距 L_0 与横截面原始面积 A_0 应满足

$$L_0 = k\sqrt{A_0} \tag{7-11}$$

当 k 取值 5.65 时称为短试样，当 k 取值 11.3 时称为长试样。国际上一般使用的比例系数 k 的值为 5.65，且原始标距 L_0 应不小于 15mm。

对于圆形横截面试样：$L_0 = 5d_0$（短试样）和 $L_0 = 10d_0$（长试样）。

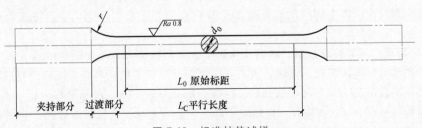

图 7-10　标准拉伸试样

将试样装夹在试验机的夹头上进行常温静态力拉伸试验（图 7-11a），通过传感器可把试样所受的拉力 F 和试样伸长量 Δl 实时地绘出一条 $F\text{-}\Delta l$ 曲线，称为**拉伸曲线**（图 7-11b）。该曲线可分为四个阶段：

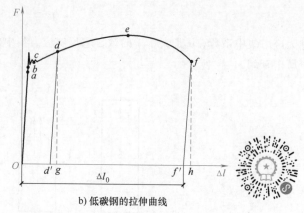

| a) 电子万能试验机 | b) 低碳钢的拉伸曲线 |

图 7-11　拉伸试验

1）弹性阶段：在这个阶段，试样受力 F 作用后，在规定的标距 L_0 上产生伸长变形 Δl，但当力卸去后变形全部消失，曲线回到 O 点。这种当作用力除去后能全消失的变形，称为**弹性变形**。

在 Oa 段，F 与 Δl 成比例关系，Oa 为直线，此时弹性变形与作用力之间服从线性规律，这称为**线弹性变形**；此阶段为**线弹性变形阶段**，这时，材料是线弹性的。

在 ab 段，F 与 Δl 不再成比例关系，ab 为一小段曲线，但变形仍是弹性变形，仍为弹性变形阶段。

由于 a、b 两点非常接近，一般工程上并不严格区分。

当拉力 F 超过 b 点后卸载，试样的一部分变形随之消失，这是弹性变形；还有一部分变形不能消失而残留在试样上，故称为**塑性变形**或**残余变形**。所以，过了弹性阶段，试样的变形包含弹性变形和塑性变形两部分。

2）屈服阶段：过了弹性阶段，随着力的增大，材料似乎突然暂时失去了抵抗变形的能力，力先是突然下降，然后在小范围内上下波动，而试样的伸长变形却显著增加，这一现象称为**屈服**。在屈服阶段，由于排除初始瞬时效应后的最低点 c 较为稳定，该点称为**下屈服点**。若试样表面经过抛光，会发现此时试样表面有与轴线大致成 45° 夹角的条纹（图 7-12），这是由于其内部晶格沿最大切应力面发生相对滑移而形成的，这些条纹称为**滑移线**。

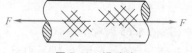

图 7-12　滑移线

由于在屈服阶段会产生明显的塑性变形，影响构件的正常工作，工程上将这个现象称为屈服失效。

3）强化阶段：屈服阶段以后，材料又恢复抵抗变形的能力，要使试样继续变形必须增加荷载，这种现象称为材料的**强化**。此时，力与变形之间已不成正比，具有非线性的变形特征。

若在强化阶段的某一 d 点将荷载卸掉，曲线会沿着与原弹性阶段相平行的斜直线 dd' 回到 d' 点，说明弹性变形部分 $d'g$ 被恢复，而留有一部分塑性变形 Od'。若重新加载，曲线仍会沿着卸载线上升，与开始卸力点 d 汇合，然后继续上升直至荷载最大的 e 点。这说明，材料经卸载再加载后，弹性变形阶段升高了，塑性变形的范围缩小了，由 Of 降低至 $d'f'$，这一现象称为材料的**冷作硬化**。

工程上利用这一特点进行冷加工，可提高产品在弹性变形范围所受的力，但降低了抵抗塑性变形的能力。例如，冷轧钢板或冷拔钢丝都能提高弹性变形范围，改善其强度，但由于降低了塑性，故易发生脆性断裂。如欲恢复其原有性能，可进行退火处理。

4）局部变形阶段：过了最高点 e 之后，会发现试样某处横向尺寸急剧缩小，该处表面温度升高，形成**颈缩现象**。颈缩时，变形主要集中在该处附近形成局部变形（图 7-13）。由于受力面积迅速减少，虽然外力随之降低，但该截面上的应力迅速增大，最后在颈缩处被拉断。低碳钢试样的断口呈杯状，四周一圈为与轴线成 45°倾角的斜截面（图 7-14），该截面上切应力最大，表明周边是剪切破坏。中心部分呈粗糙平面，这是因为颈缩变形使得中心部分为三向拉伸状态，这个区域是拉伸断裂。一般来说，断口中心的粗糙平面越小，材料的塑性越好。

图 7-13　颈缩现象

图 7-14　低碳钢拉伸破坏的断口

拉伸曲线与试样的几何尺寸有关，为了消除试样几何尺寸的影响，将拉力 F 除以横截面的原始面积 A_0，为应力 $\sigma = \dfrac{F}{A_0}$；将伸长量 Δl 除以试样的原始标距 L_0，为应变 $\varepsilon = \dfrac{\Delta l}{L_0}$；得出**应力-应变曲线或 σ-ε 曲线**（图 7-15）。应力-应变曲线是确定材料力学性能的主要依据。

由于纵坐标 σ 与试样横截面的原始面积有关，而试样在超过屈服阶段以后，横截面面积显著缩小，所以 σ 不能表示横截面上的真实应力，是名义应力；横坐标 ε 与试样的原始标距有关，在超过屈服阶段以后，试样的标距长度显著增加，ε 也不能表示试样的真实应变，为名义应变；因此，实际上 σ-ε 曲线不是材料真实的应力-应变曲线，是名义应力-应变曲线。

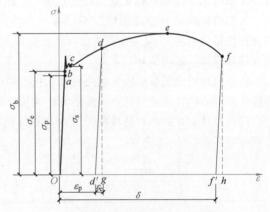

图 7-15　低碳钢的应力-应变曲线

（2）材料的力学性能

1）强度指标。根据 σ-ε 曲线（图 7-15），可以得到材料的一系列力学性能。a 点是线弹性阶段的最高点，a 点的应力 σ_p，称为**比例极限**。b 点是弹性阶段的最高点，b 点的应力 σ_e，称为**弹性极限**。c 点是下屈服点，数值稳定，c 点的应力 σ_s，称为**屈服极限**。e 点是荷载最大点，e 点的应力 σ_b，称为**强度极限**或**抗拉强度**。

2）弹性模量。在线弹性阶段曲线呈斜直线，应力 σ 和应变 ε 成正比，即

$$\sigma = E\varepsilon \tag{7-12}$$

这就是单向受力时的**胡克定律**，比例常数 E 与材料有关，称为材料的**弹性模量**。E 的量纲与 σ 的量纲相同，常用的单位是 GPa。

3）断后伸长率与断面收缩率。试样拉断后，测出试样的标距长度 L_0'，显然它只代表试样的

塑性伸长，试样的原始标距长为 L_0，则材料拉断后的伸长量为

$$\Delta l = L_0' - L_0$$

它与原始标距 L_0 之比，称为材料的**断后伸长率**，即

$$\delta = \frac{\Delta l}{L_0} \times 100\% = \frac{L_0' - L_0}{L_0} \times 100\% \tag{7-13}$$

断后伸长率是衡量材料塑性的指标，其数值越大，塑性性能越好。

工程上通常按断后伸长率的大小把材料分成两大类：$\delta > 5\%$ 的材料称为塑性材料，如碳钢、黄铜、铝合金等；$\delta < 5\%$ 的材料称为脆性材料，如铸铁、陶瓷、玻璃、石料等。

在试样拉断时，其颈缩处的横截面面积也由原来的 A_0 缩减为 A_0'，两者之差与原面积 A_0 的相对比值为

$$\psi = \frac{\Delta A}{A_0} \times 100\% = \frac{A_0 - A_0'}{A_0} \times 100\% \tag{7-14}$$

称为材料的**断面收缩率**，也是材料的塑性指标。

断后伸长率和断面收缩率表示材料抵抗塑性变形的能力，都是量纲为一的量。

4）弹性应变与塑性应变。 弹性变形产生的应变为 ε_e，称为**弹性应变**；塑性变形或残余变形产生的应变为 ε_p，称为**塑性应变**；一点处（如图 7-15 所示的 d 点处）的总应变为

$$\varepsilon = \varepsilon_e + \varepsilon_p \tag{7-15}$$

2. 铸铁拉伸时的力学性能

灰铸铁拉伸时的应力-应变是一段曲线，如图 7-16a 所示，没有明显的直线段，也没有屈服平台和颈缩现象，拉断前的变形（应变）很小，断后的伸长率也很小，是典型的脆性材料。

虽然铸铁的应力-应变曲线没有明显的直线段，仍可近似认为，在低应力段服从胡克定律。其弹性模量常用应力-应变曲线初始弹性范围内的弦线斜率或切线斜率来表示，分别称为**弦线模量**或**切线模量**，如图 7-16a 所示。

铸铁拉伸时无屈服阶段和颈缩现象，抗拉强度 σ_b 是衡量其强度的唯一强度指标。由于铸铁等脆性材料的抗拉强度较低，一般不宜作为抗拉构件。

铸铁拉伸破坏的断口沿横截面方向与试样的轴线垂直，断面平齐（图 7-16b），是典型的脆性拉伸破坏。

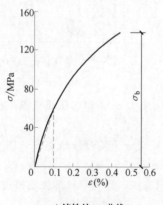

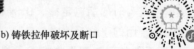

a) 铸铁的 σ-ε 曲线　　　　　　　　b) 铸铁拉伸破坏及断口

图 7-16　铸铁拉伸试验

7.3.2 材料压缩的力学性能

材料的压缩试验同样要按照有关国家标准试验方法进行。为了防止受压失稳，金属材料的压缩试样一般制成短而粗的圆柱体，长压缩试样的高度 h 和直径 d 之比为 2.3~3.5，短压缩试样的高度为直径的 1~2 倍。混凝土、石料等材料的压缩试样，一般制成立方体。

图 7-17a 表示低碳钢压缩时的 σ-ε 曲线。可以看出，在弹性阶段和屈服阶段，拉、压时的曲线重合。所以，拉、压时的比例极限、屈服极限和弹性模量基本相同。过了屈服阶段，试样越压越扁变成鼓形（图 7-17b），受压面积增大、抗压能力增强，因而不发生断裂，这是塑性好的材料压缩时的特点，其抗压强度一般测不出来。由于低碳钢压缩时的主要性能与拉伸时相似，所以一般可不进行压缩试验。

图 7-18a 所示为铸铁压缩时的 σ-ε 曲线，虚线是拉伸时的 σ-ε 曲线，也无严格的直线段。压缩时的破坏是由于相对错动而造成的，破坏面的法线与轴线的倾角为 45°~55°，如图 7-18b 所示。破坏的原因一般认为是切应力引起的，而由于材料的内摩擦使得最大切应力面偏离了 45° 方向，所以试样沿 45°~55° 方向开裂。铸铁抗压强度极限 σ_{bc} 远大于抗拉强度极限 σ_b，两者之比为 3~4。因此，常利用铸铁这一受力特点制造承压构件。

综上所述得到结论：

1）铸铁抗压不抗拉，低碳钢抗拉能力和抗压能力相近。

2）铸铁压缩时切应力引起破坏失效，低碳钢拉伸时切应力引起屈服失效。

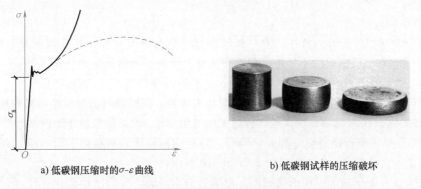

a) 低碳钢压缩时的 σ-ε 曲线   b) 低碳钢试样的压缩破坏

图 7-17 低碳钢压缩试验

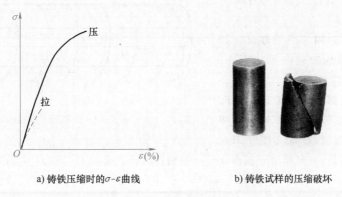

a) 铸铁压缩时的 σ-ε 曲线   b) 铸铁试样的压缩破坏

图 7-18 铸铁压缩试验

7.4 受扭杆件的应力和变形

工程中受扭的杆件有两类：一类是圆截面杆件，常称为轴，如各种机械中常见的传动轴；另一类是非圆截面杆件，如在建筑、造船和航空结构中，常用的工字钢、槽钢等各种薄壁型材，以及曲柄连杆机中的矩形截面曲柄等。

圆截面和非圆截面的扭转变形有很大区别（图 7-19a、b），下面只研究圆轴的扭转问题。

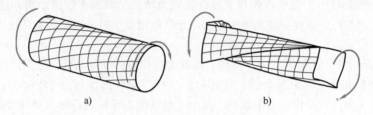

图 7-19　扭转模型试验

为了研究圆轴扭转时的应力和应变，仍需要采用与讨论杆件轴向拉压的相同方法，从几何、物理和静力学三个方面进行分析。

7.4.1　圆轴扭转的应力

1. 几何方面

为了便于观察扭转变形的特征，取一橡胶圆直杆作为研究对象，在其表面画上圆周线和轴向（纵向）线，它们所围成的小方格，可看作从轴上所取单元体的表面（图 7-20）。当杆两端作用大小相等、方向相反的一对外力偶矩 M_e 后，在小变形条件下，可以观察到：

1）变形后所有圆周线的大小、形状和间距均未改变，只是绕杆的轴线做相对的转动。

2）所有的纵向线均仍为直线，且都转过了同一角度 γ，因而所有的矩形网格（如 $abcd$）都变成了平行四边形（如 $a'b'c'd'$）。对应的圆周线在横截面平面内绕轴线 x 旋转了一个角度 φ，称为扭转角，如图 7-20 所示。

因此可假设：变形前为平面的横截面，变形后仍为平面，如同刚性圆片一样绕杆轴旋转，横截面上任一直径始终保持为直线，且尺寸不变。这一假设称为平面假设。

由于圆轴扭转时相邻两横截面间的距离不变，所以圆轴的轴向尺寸不变，故沿轴线方向无线应变。

鉴于上述，根据平面假设，用截面法以相邻为 dx 的两横截面 m—m 和 n—n，从轴中取出微段 dx（图 7-21a、

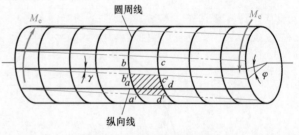

图 7-20　圆轴扭转模型试验

b），扭转变形后截面 n—n 相对于截面 m—m 做刚性转动，半径 O_2C 和 O_2D 都同向转动同一角度 $d\varphi$ 到达新位置 O_2C' 和 O_2D'，外表面纵向线 BC 和 AD 的倾斜角为 γ_R，而内层距轴心 O_1O_2 的半径 ρ 处的轴向线 FG 和 EH 的倾斜角为 γ_ρ，这就是切应变。由图 7-21b 可见，γ_ρ 和 γ_R 与扭转角 $d\varphi$ 的几何关系可写成

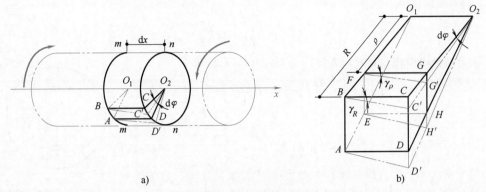

图 7-21　圆轴扭转微段变形

$$\gamma_\rho \approx \tan\gamma_\rho = \frac{GG'}{FG} = \frac{\rho d\varphi}{dx} \tag{7-16a}$$

$$\gamma_R \approx \tan\gamma_R = \frac{CC'}{BC} = \frac{Rd\varphi}{dx} \tag{7-16b}$$

式（7-16）说明了圆轴扭转变形时切应变沿半径方向的变化规律。式中的 $\frac{d\varphi}{dx}$ 表示相对扭转角 φ 沿杆长的变化率，对于给定的横截面，它是个常量。切应变 γ_ρ 与该处到圆心的距离 ρ 成正比，距圆心等距离的圆周线上所有各点的切应变都相等，圆心处的切应变必为零，在圆轴横截面周边上各点的切应变为最大，切应变所在的平面与圆轴半径相垂直。

2. 物理方面

切应变是由于矩形的两侧相对错动而引起的，发生在垂直于半径的平面内，所以与它对应的切应力的方向也垂直于半径。由剪切胡克定律，在弹性范围内，垂直圆轴半径上的切应力与该点的切应变成正比，即

$$\tau = G\gamma \tag{7-17}$$

由式（7-16a）和式（7-17）可得横截面上任一点处的切应力

$$\tau_\rho = G\gamma_\rho = G\rho \frac{d\varphi}{dx} \tag{7-18}$$

由此可知，横截面上各点处的切应力与 ρ 成正比，沿半径 ρ 呈线性分布，半径相同的圆周上各点处的切应力相同，切应力的方向垂直于半径。如图 7-22 所示，实心圆杆横截面上的切应力分布规律，在圆杆周边上各点处的切应力具有相同的最大值，在圆心处切应力为零。

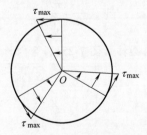

图 7-22　扭转圆杆横截面切应力分布图

3. 静力学方面

如图 7-23 所示横截面上的扭矩 T，由无数个微面积 dA 上的微内力 $\tau_\rho dA$ 对圆心 O 点的力矩合

成得到，即

$$T = \int_A \rho \tau_\rho \mathrm{d}A \tag{7-19}$$

式中，A 为横截面面积。将式（7-18）代入式（7-19），得

$$T = \int_A \rho \tau_\rho \mathrm{d}A = G \frac{\mathrm{d}\varphi}{\mathrm{d}x} \int_A \rho^2 \mathrm{d}A = G \frac{\mathrm{d}\varphi}{\mathrm{d}x} I_P \tag{7-20}$$

其中

$$I_P = \int_A \rho^2 \mathrm{d}A \tag{7-21}$$

由第 6 章可知：I_P 为横截面面积对形心 O 的极惯性矩，它是横截面的形状与尺寸的几何量，量纲是长度的四次方，单位为 m^4 或 mm^4，故式（7-21）可写为

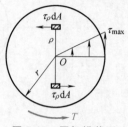

图 7-23　圆杆横截面应力的合成

$$\frac{\mathrm{d}\varphi}{\mathrm{d}x} = \frac{T}{GI_P} \tag{7-22}$$

将式（7-22）代入式（7-18），得到等直圆杆截面上任一点处的切应力公式

$$\tau_\rho = \frac{T\rho}{I_P} \tag{7-23}$$

横截面上最大的切应力发生在 $\rho = R$ 处，其值为

$$\tau_{\max} = \frac{TR}{I_P} \tag{7-24}$$

令

$$W_t = \frac{I_P}{\rho_{\max}} = \frac{I_P}{R} = \frac{I_P}{D/2} \tag{7-25}$$

则

$$\tau_{\max} = \frac{T}{W_t} \tag{7-26}$$

式中，W_t 定义为圆轴的抗扭截面系数，它与圆轴截面的几何尺寸有关，也是一个几何量，量纲是长度的三次方，单位是 m^3 或 mm^3。

对于直径为 D 的实心圆轴（图 7-24），横截面对形心极惯性矩

$$I_P = \int_A \rho^2 \mathrm{d}A = \frac{\pi D^4}{32} \tag{7-27}$$

再由式（7-25），求出抗扭截面系数

$$W_t = \frac{I_P}{R} = \frac{\pi D^3}{16} \tag{7-28}$$

对于外径为 D、内径为 d 的空心圆轴（图 7-25），令内、外径比为 $\alpha = \dfrac{d}{D}$，则极惯性矩

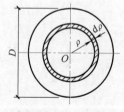

图 7-24　实心圆轴

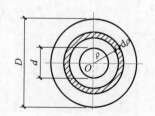

图 7-25　空心圆轴

$$I_{\mathrm{P}} = \int_A \rho^2 \mathrm{d}A = \frac{\pi D^4}{32}(1 - \alpha^4) \tag{7-29}$$

由式（7-25）可得抗扭截面系数

$$W_{\mathrm{t}} = \frac{I_{\mathrm{P}}}{D/2} = \frac{\pi D^3}{16}(1 - \alpha^4) \tag{7-30}$$

注意： 对于空心圆截面 $I_{\mathrm{P}} = \frac{\pi}{32}(D^4 - d^4)$，而 $W_{\mathrm{t}} \neq \frac{\pi}{16}(D^3 - d^3)$。

利用式（7-23）和式（7-26）可以计算圆轴扭转横截面上任一点的切应力和最大切应力。应该指出，上述公式只适用于应力和应变满足胡克定律的等直圆轴或圆轴横截面沿轴线有缓慢改变的小锥度圆锥轴。

4. 圆轴扭转的切应力分布

实心圆轴扭转时，切应力在横截面上的分布如图 7-26a 所示。对于空心圆轴，切应力分布如图 7-26b 所示，其内外径边缘的切应力分别为

$$\tau_{\min} = \frac{T\rho_{\min}}{I_{\mathrm{P}}} = \frac{Td/2}{\dfrac{\pi D^4}{32}(1 - \alpha^4)} = \frac{16Td}{\pi D^4(1 - \alpha^4)} \tag{7-31}$$

$$\tau_{\max} = \frac{T}{W_{\mathrm{t}}} = \frac{16T}{\pi D^3(1 - \alpha^4)} \tag{7-32}$$

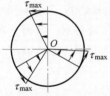 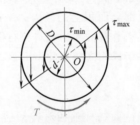 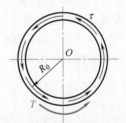

a) 实心圆的切应力分布　　　b) 空心圆的切应力分布　　　c) 薄壁圆管的切应力分布

图 7-26　圆轴扭转的切应力分布

如果空心圆轴的内外径尺寸相差很小，$d \approx D$，或 $\alpha = \dfrac{d}{D} \geqslant \dfrac{9}{10}$，称这样的空心圆轴为薄壁圆管。受扭后 $\tau_{\min} \approx \tau_{\max}$，或取内外径边缘切应力的平均值 τ_{m} 计算薄壁圆管受扭时的切应力，误差约为 4.7%。由于壁厚 t 很小，可认为扭转切应力在管壁上是均匀分布的。若取 R_0 代表薄壁圆管的平均半径，t 为壁厚，则

$$\int_A R_0 \tau \mathrm{d}A = \int_0^{2\pi R_0} R_0 \tau t \mathrm{d}s = 2\pi R_0^2 t\tau = T$$

故得薄壁圆管扭转时的切应力计算公式

$$\tau = \frac{T}{2\pi R_0^2 t} \tag{7-33}$$

切应力分布如图 7-26c 所示。

例 7-4　直径 $d = 100$mm 的实心圆轴，两端受力偶矩 $M_{\mathrm{e}} = 10$kN·m 作用而扭转，求横截面上的最大切应力。若改用内外直径比值为 0.5 的空心圆轴，且横截面面积和实心圆轴横截面面积相等，问最大切应力是多少？

解：圆轴各横截面上的扭矩均为 $T = 10\text{kN} \cdot \text{m}$。

（1）实心圆轴

$$W_t = \frac{\pi d^3}{16} = \frac{3.14 \times 100^3 \times 10^{-9}}{16} \text{m}^3 = 1.96 \times 10^{-4} \text{m}^3$$

$$\tau_{max} = \frac{M_e}{W_t} = \frac{10 \times 10^3}{1.96 \times 10^{-4}} \text{N/m}^2 = 51 \times 10^6 \text{Pa} = 51.0 \text{MPa}$$

（2）空心圆轴　令空心圆截面的内外直径分别为 d_1、D。由面积相等及内外径比值 $\alpha = \dfrac{d_1}{D} = 0.5$，可求得空心圆截面的内外直径，即

$$\frac{1}{4}\pi d^2 = \frac{1}{4}\pi(D^2 - d_1^2) = \frac{1}{4}\pi D^2(1 - \alpha^2)$$

根据上式可求得

$$d_1 = 57.5\text{mm},\ D = 115\text{mm}$$

$$W_t = \frac{\pi D^3}{16}(1 - \alpha^4) = \frac{3.14 \times 115^3 \times 10^{-9}}{16} \times (1 - 0.5^4)\ \text{m}^3 = 2.8 \times 10^{-4} \text{m}^3$$

$$\tau_{max} = \frac{M_e}{W_t} = \frac{10 \times 10^3}{2.8 \times 10^{-4}} \text{N/m}^2 = 35.7 \times 10^6 \text{Pa} = 35.7 \text{MPa}$$

计算结果表明，空心圆截面上的最大切应力比实心圆截面上的小。这是因为在面积相同的条件下，空心圆截面的 W_t 比实心圆截面的大。此外，扭转切应力在截面上的分布规律表明，实心圆截面中心部分的切应力很小，这部分面积上的微内力 $\tau_\rho dA$ 离圆心近，力臂小，所以组成的扭矩也小，材料没有被充分利用。而空心圆截面的材料分布得离圆心较远，截面上各点的应力也较均匀，微内力对圆心的力臂大，在组成相同扭矩的情况下，最大切应力必然减小。

7.4.2　圆轴扭转的变形

等直圆轴的扭转变形，是用两横截面绕杆轴相对转动的相对扭转角 φ 度量的。在研究圆轴扭转应力时，得到相距 dx 的两横截面间的相对扭转角

$$d\varphi = \frac{Tdx}{GI_P} \qquad (7\text{-}34)$$

因此，长为 l 的一段圆轴两端面间的相对扭转角 φ 为

$$\varphi = \int_l d\varphi = \int_0^l \frac{Tdx}{GI_P} \qquad (7\text{-}35)$$

当等直圆杆仅在两端受一对外力偶作用时，所有横截面上的扭矩 T 均相同，且等于杆端的外力偶矩 M_e。此外，当 G 和 I_P 为常数时，则

$$\varphi = \frac{Tl}{GI_P} \text{或 } \varphi = \frac{M_e l}{GI_P} \qquad (7\text{-}36)$$

当圆轴沿轴长受到多个外力偶矩作用时，与轴向拉压变形相似，也可由叠加的方法得到两端的相对扭转角，即

$$\varphi = \sum_{i=1}^n \varphi_i = \sum_{i=1}^n \frac{T_i l_i}{G_i I_{Pi}} \qquad (7\text{-}37)$$

式中，GI_P 称为圆杆的**抗扭刚度**，它表示圆轴抵抗扭转变形的能力。GI_P 越大，则扭转角越小；GI_P 越小，则扭转角越大。扭转角的单位为弧度（rad）。

单位长度的扭转角用 φ' 表示，即

$$\varphi' = \frac{T}{GI_P} \tag{7-38}$$

式中，φ' 单位为 rad/m。工程中 φ' 的单位常为 °/m。若把式（7-38）中的弧度换算成度，则式（7-38）可表示为

$$\varphi' = \frac{T}{GI_P} \times \frac{180}{\pi} \tag{7-39}$$

例 7-5 一圆轴 AC 受力如图 7-27 所示。AB 段为实心，直径为 50mm；BC 段为空心，外径为 50mm，内径为 35mm。试求 C 截面的扭转角（设 $G = 80\text{GPa}$）。

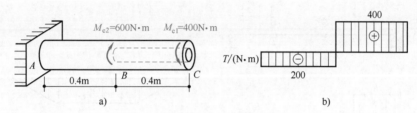

图 7-27 例 7-5 图

解：由截面法可求得 AB、BC 段扭矩分别为 $T_1 = -200\text{N} \cdot \text{m}$、$T_2 = 400\text{N} \cdot \text{m}$，作圆杆的扭矩图，如图 7-27b 所示。

AB、BC 段扭矩及极惯性矩不同，求 C 截面的扭转角，应分段考虑。

$$\varphi_{AB} = \frac{T_1 l_1}{GI_{P1}} = \frac{-200 \times 400 \times 10^{-3}}{80 \times 10^9 \times \frac{\pi}{32} \times 50^4 \times 10^{-12}} \text{rad} = -0.00163\text{rad}$$

$$\varphi_{BC} = \frac{T_2 l_2}{GI_{P2}} = \frac{400 \times 400 \times 10^{-3}}{80 \times 10^9 \times \frac{\pi}{32} \times (50^4 - 35^4) \times 10^{-12}} \text{rad} = 0.00429\text{rad}$$

$$\varphi_{AC} = \varphi_{AB} + \varphi_{BC} = (-0.00163 + 0.00429)\text{rad} = 0.00266\text{rad}$$

由于 A 端固定，因此 C 截面的扭转角即为 C 端相对于 A 端的扭转角。

7.5 平面弯曲梁的应力和变形

在第 5 章中已经讨论了梁在外力作用下引起的内力——剪力和弯矩，以及这些内力沿梁轴线的变化规律——内力图。在一般情况下，剪力和弯矩分别作用在梁横截面的切向平面（Oyz）和梁的纵向平面（Oxy）。由截面上分布内力系的合成关系可知，横截面上与正应力有关的法向内力元素 $\mathrm{d}F_N = \sigma \mathrm{d}A$ 能合成弯矩；而与切应力有关的切向内力元素 $\mathrm{d}F_S = \tau \mathrm{d}A$ 能合成剪力。所以在梁的横截面上一般既有正应力，又有切应力（图 7-28）。首先研究梁在对称弯曲时横截面上的正应力。

以房屋建筑中常见的梁为例（图 7-29a），其计算简图、剪力图、弯矩图如图 7-29b、c、d 所示。由图可见，梁在 CD 段之间剪力为零，弯矩为常量，则该段梁的弯曲称为纯弯曲；在 AC 和 DB 段，既有剪力，又有弯矩，则

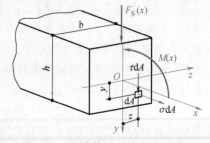

图 7-28 梁横截面上的内力和应力

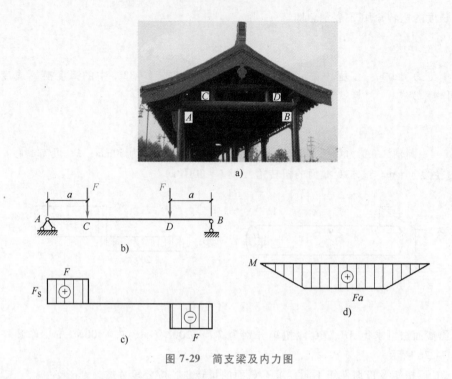

图 7-29　简支梁及内力图

该段梁的弯曲称为**横力弯曲**（或称为**剪切弯曲**）。

7.5.1　纯弯曲梁的正应力

为简单起见，先研究只有弯曲正应力的纯弯曲梁段。

分析梁纯弯曲时的**正应力**，仍需综合分析几何、物理、静力学三个方面。

1. 几何方面

采用容易变形的材料，如橡胶、海绵等制成梁的模型，在其侧表面上画纵向线和横向线（图 7-30a）。取微段 dx，有纵向线 a—a、b—b 和横向线 m—m、n—n（图 7-30b）。梁受纯弯曲变形后，可观察到以下变形现象（图 7-30c）：

1）横向线 $m'm'$ 和 $n'n'$ 仍保持直线，但相对转动一个角度。

2）纵向线 $a'a'$ 和 $b'b'$ 变为弧线，仍与变形后的横向线相垂直。变形后凸边纤维 $a'a'$ 长度增加，而凹边纤维 $b'b'$ 长度减小。

3）在纵向线伸长区，梁的横截面宽度变小；缩短区的横截面宽度增大。与杆件拉伸（或压缩）时的横向变形相似。

通过试验观察，由表及里做如下假设：

1）**平面假设**。梁的横截面在变形前后仍保持为平面，并仍与梁弯曲后的轴线垂直，只是绕横截面内的某一轴线转动一个角度。

2）**单向受力假设**。设想梁的材料由无数个纵向纤维组成，纤维之间无挤压，弯曲变形时，仅沿纤维长度方向有拉伸或压缩变形，处于单向拉伸（压缩）受力变形状态。

根据以上假设，纯弯曲变形过程中梁的纵向纤维之间无相对错动，始终与横截面垂直，所以横截面上各点都无切应变。纤维在弯成凹边一侧为压缩变形，在凸边一侧为伸长变形。考虑变形的连续性和平面假设的存在，由压缩区向伸长区过渡时，中间必有一层纤维既不伸长，也不缩短，但由直线变为曲线，这一纤维层称为**中性层**；中性层与横截面的交线，称为**中性轴**（图 7-30d）。

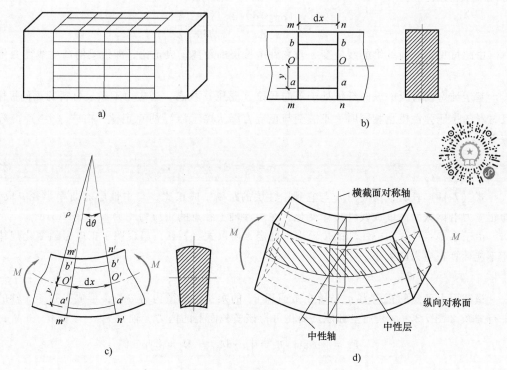

图 7-30 纯弯曲变形

当作用在梁上的荷载都在其纵向对称面内时，梁的轴线在该平面内弯成一条平面曲线，这就是**平面弯曲**。梁的整体变形对称于纵向对称面，中性轴必然垂直于截面的对称轴，所以，横截面都绕中性轴转动一个 $d\theta$ 角度。

用相距为 dx 的 $m—m$ 和 $n—n$ 两横截面从梁中截取一微段，并取坐标系如图 7-31a 所示，其中 y 轴即截面的对称轴，z 轴为中性轴，但其位置尚待确定。弯曲变形后（图 7-31b），中性层的曲率半径设为 ρ，距中性层为 y 处的纵向纤维由 $\overline{aa}=\overline{OO}=dx$ 弯成 $\overparen{a'a'}=(\rho+y)d\theta$，$d\theta$ 是相邻两截面 $m—m$ 和 $n—n$ 的相对转角。所以，$\overline{aa}$ 的伸长位移为

$$\overparen{a'a'}-\overline{aa}=(\rho+y)d\theta-dx=(\rho+y)d\theta-\rho d\theta=yd\theta$$

变形前后中性层内的纤维 $\overline{OO}$ 的长度不变：

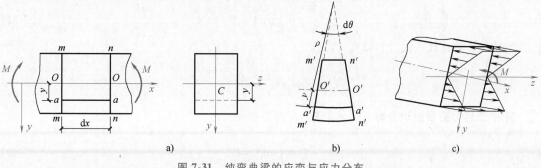

图 7-31 纯弯曲梁的应变与应力分布

$$\overline{OO} = \mathrm{d}x = \widehat{O'O'} = \rho\mathrm{d}\theta$$

得纤维 aa 的线应变

$$\varepsilon = \frac{(\rho+y)\mathrm{d}\theta - \mathrm{d}x}{\mathrm{d}x} = \frac{y\mathrm{d}\theta}{\rho\mathrm{d}\theta} = \frac{y}{\rho} \tag{7-40}$$

由此可见，纵向纤维的线应变 ε 与它到中性层的距离 y 成正比，即沿梁的高度线性变化。

2. 物理方面

基于纯弯曲时梁的纵向纤维处于单向受拉（受压）状态，当应力不超过材料的比例极限 σ_p，且材料的拉压弹性模量相同时，正应变与正应力服从拉（压）胡克定律，由式（7-8）得弯曲正应力

$$\sigma = E\varepsilon = E\frac{y}{\rho} \tag{7-41}$$

式（7-41）表明，正应力 σ 与它到中性层的距离 y 成正比，与中性层的曲率半径 ρ 成反比，即正应力沿梁截面高度成线性规律变化，在中性轴上各点的正应力均为零（图7-31c）。

由于曲率半径 ρ 和中性轴的位置尚未确定，所以式（7-41）虽说明了正应力的变化规律，但还不能计算正应力的大小。

3. 静力学方面

横截面上各点的正应力 σ 与所在微面积 $\mathrm{d}A$ 的乘积组成微内力 $\sigma\mathrm{d}A$，形成平行于 x 轴的空间平行力系（图7-32），其向坐标原点简化可得该横截面上的内力，轴力 F_N、弯矩 M_y 和 M_z：

$$F_\mathrm{N} = \int_A \sigma\mathrm{d}A \qquad M_y = \int_A z\sigma\mathrm{d}A \qquad M_z = \int_A y\sigma\mathrm{d}A$$

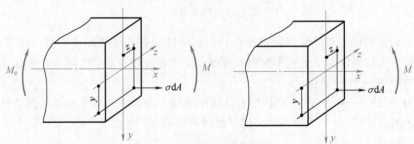

图 7-32　纯弯曲梁段

由于纯弯曲梁的任一横截面上仅有绕 z 轴的弯矩 M，由截面法可知，横截面上的轴力 F_N 和弯矩 M_y 均为零，只有 M_z 不为零，即横截面上的弯矩 M。

（1）F_N 为零

$$F_\mathrm{N} = \int_A \sigma\mathrm{d}A = 0 \tag{7-42}$$

将式（7-41）代入式（7-42），得到

$$\int_A \frac{E}{\rho}y\mathrm{d}A = 0$$

并注意到对横截面积分时，$\frac{E}{\rho} = $ 常量，从而有静矩

$$S_z = \int_A y\mathrm{d}A = 0 \tag{7-43}$$

式（7-43）表示横截面对中性轴（即 z 轴）的静矩等于零。因此，中性轴必定通过横截面的形心，这就确定了中性轴的位置。中性轴通过截面形心又包含在中性层内，所以梁的轴线在中性层内，其长度不变。

（2）M_y 为零

$$M_y = \int_A z\sigma \mathrm{d}A = 0 \tag{7-44}$$

将式（7-41）代入式（7-44），得

$$\frac{E}{\rho} \int_A yz\mathrm{d}A = 0 \tag{7-45}$$

式（7-45）中的积分即横截面对 y、z 轴的惯性积 I_{yz}。因为 $\dfrac{E}{\rho}$ = 常量，故式（7-45）表明，满足式（7-44）的条件是 $I_{yz} = 0$，即 yz 平面为主惯性平面。因为 y 轴为对称轴，故这一条件自然满足。

（3）M_z 不为零

$$M_z = \int_A y\sigma \mathrm{d}A = M \tag{7-46}$$

将式（7-41）代入式（7-45），得

$$\frac{E}{\rho} \int_A y^2 \mathrm{d}A = M$$

定义

$$I_z = \int_A y^2 \mathrm{d}A \tag{7-47}$$

为横截面对中性轴 z 的惯性矩 I_z，故式（7-47）可写为

$$\frac{1}{\rho} = \frac{M}{EI_z} \tag{7-48}$$

式（7-48）反映了梁弯曲变形后的曲率半径 ρ 与弯矩 M 和 EI_z 的关系，是分析弯曲变形问题的一个重要公式。其中 EI_z 称为梁的**弯曲刚度**。

将式（7-48）代入式（7-41），即得等直梁纯弯曲时横截面上任一点处正应力的计算公式

$$\sigma = \frac{My}{I_z} \tag{7-49}$$

式中，M 为横截面上的弯矩；I_z 为截面对中性轴 z 的惯性矩；y 为所求点到中性轴 z 的距离。

符号规定：弯曲正应力的正负号可直接根据梁弯曲时的凹凸情况来判定。以中性轴为界，梁凸出的一侧是拉应力；凹入的一侧为压应力。

由式（7-49）可知，梁横截面上离中性轴越远处，其弯曲正应力越大；当 $y = y_{\max}$，即横截面离中性轴最远的边缘上各点处，弯曲正应力达最大值。当中性轴为横截面的对称轴时，最大拉应力和最大压应力的数值相等，横截面上的最大弯曲正应力为

$$\sigma_{\max} = \frac{My_{\max}}{I_z} \tag{7-50}$$

引用记号

$$W_z = \frac{I_z}{y_{\max}} \tag{7-51}$$

W_z 称为**抗弯截面系数**，是与梁横截面的形状和尺寸相关的几何量，量纲是长度的三次方，

单位是 m³ 或 mm³。则弯曲正应力的最大值也可表达为

$$\sigma_{\max} = \frac{M}{W_z} \tag{7-52}$$

由于 y、z 轴都过截面形心，且惯性积 $I_{yz}=0$，所以这一对轴为**形心主惯性轴**，由此求得的 I_z 为**形心主惯性矩**。

常见截面的形心主惯性矩 I_z 和抗弯截面系数 W_z 如下：

（1）矩形截面　设矩形截面的高为 h，宽为 b（图 7-33a），z 轴通过截面形心 C 并与截面宽度平行。

$$I_z = \int_A y^2 \mathrm{d}A = \frac{bh^3}{12} \tag{7-53}$$

抗弯截面系数为

$$W_z = \frac{I_{z_C}}{y_{\max}} = \frac{bh^3/12}{h/2} = \frac{bh^2}{6} \tag{7-54}$$

类似可求得

$$I_y = \frac{hb^3}{12} \tag{7-55}$$

$$W_y = \frac{hb^2}{6} \tag{7-56}$$

（2）圆截面　设圆截面直径为 D（图 7-33b），z 轴过截面形心 C，主形心惯性矩为

$$I_z = \int_A y^2 \mathrm{d}A = \frac{\pi D^4}{64} \tag{7-57}$$

圆截面的抗弯截面系数为

$$W_z = \frac{I_z}{y_{\max}} = \frac{\pi D^4/64}{D/2} = \frac{\pi D^3}{32} \tag{7-58}$$

（3）空心圆截面　设空心圆截面的内直径与外直径分别为 d 与 D（图 7-33c），内外径比为 $\alpha = \dfrac{d}{D}$，z 轴过截面形心 C，则主形心惯性矩和抗弯截面系数分别为

$$I_z = \frac{\pi D^4}{64} - \frac{\pi d^4}{64} = \frac{\pi D^4}{64}(1-\alpha^4) \tag{7-59}$$

$$W_z = \frac{I_z}{D/2} = \frac{\pi D^3}{32}(1-\alpha^4) \tag{7-60}$$

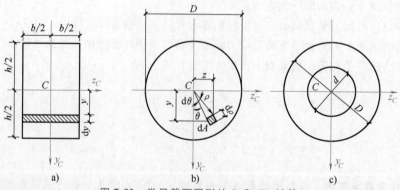

图 7-33　常见截面图形的 I_z 和 W_z 计算

7.5.2 横力弯曲梁的应力

纯弯曲条件下建立的弯曲正应力公式是在平面假设与单向受力假设的基础上得到的。在横力弯曲时，截面上既有弯矩又有剪力，因此梁的横截面上不仅有正应力，也有切应力。由于切应力的存在，横截面会发生翘曲。此外，在与中性层平行的纵截面上，还有由横向力引起的挤压应力。因此，梁在纯弯曲时所做的平面假设和各纵向纤维间互不挤压的假设都不成立。但分析结果表明，对于跨长与横截面高度之比 $l/h>5$ 的梁，横截面上的最大正应力按纯弯曲时的公式计算，其误差不超过 1%。而工程上常用的梁，其跨高比远大于 5。因此，用纯弯曲正应力公式式（7-48）计算，可满足工程上的精度要求。

1. 横力弯曲梁的正应力

横力弯曲时，弯矩随截面位置的不同而变化，所以弯矩是 x 的函数，即 $M=M(x)$。对于等截面梁，危险截面一般都位于弯矩绝对值最大的地方，$M(x)=|M|_{max}$，代入式（7-50）或式（7-52），得

$$\sigma_{max}=\frac{|M|_{max}y_{max}}{I_z} \tag{7-61}$$

或

$$\sigma_{max}=\frac{|M|_{max}}{W_z} \tag{7-62}$$

例 7-6　一简支梁及其所受荷载如图 7-34a 所示。若分别采用截面面积相同的矩形截面、圆形截面和工字形截面，试求以上三种截面梁的最大拉应力。设矩形截面高为 140mm，宽为 100mm，面积为 $14\times10^3 mm^2$。

解：作梁的弯矩图，如图 7-34b 所示，该梁 C 截面的弯矩最大，$M_{max}=30kN\cdot m$，故全梁的最大拉应力发生在该截面的最下边缘处，现计算最大拉应力的数值。

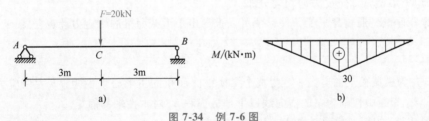

图 7-34　例 7-6 图

（1）矩形截面

$$W_{z1}=\frac{1}{6}bh^2=\frac{1}{6}\times100\times140^2 mm^3=3.27\times10^5 mm^3$$

$$\sigma_{max1}=\frac{M_{max}}{W_{z1}}=\frac{30\times10^3}{3.27\times10^5\times10^{-9}}Pa=91.7\times10^6 Pa=91.7MPa$$

（2）圆形截面　当圆形截面的面积和矩形截面的面积相同时，圆形截面的直径为

$$d=\sqrt{\frac{4\times14\times10^3}{\pi}}mm=133.5mm$$

$$W_{z2}=\frac{1}{32}\pi d^3=\frac{\pi}{32}\times133.5^3 mm^3=2.34\times10^5 mm^3$$

$$\sigma_{max2}=\frac{M_{max}}{W_{z2}}=\frac{30\times10^3}{2.34\times10^5\times10^{-9}}Pa=128.2\times10^6 Pa=128.2MPa$$

（3）工字形截面 由附录 A 型钢表中表 A-4，选用 50c 工字钢，其截面面积为 139.304cm²，与矩形面积近似相等。其抗弯截面系数

$$W_{z3} = 2080\text{cm}^3$$

$$\sigma_{\max3} = \frac{M_{\max}}{W_{z3}} = \frac{30 \times 10^3}{2080 \times 10^{-6}}\text{Pa} = 14.4 \times 10^6\text{Pa} = 14.4\text{MPa}$$

以上计算结果表明，在承受相同荷载、截面面积相同（即用料相同）的条件下，工字形截面梁所产生的最大拉应力最小，矩形次之，圆形最大。反过来说，使三种截面的梁所产生的最大拉应力相同时，工字梁所能承受的荷载最大。这是因为在面积相同的条件下，工字形截面的 W_z 最大。此外，弯曲正应力在截面上的分布规律表明，靠近中性轴部分的正应力很小，这部分面积上的微内力 $\sigma \mathrm{d}A$ 离中性轴近，力臂小，所以组成的力矩也小，材料没有被充分利用。工字形截面的材料分布离中性轴较远，在组成相同弯矩的情况下，最大正应力必然减小。因此，工字形截面最为经济合理，矩形截面次之，圆形截面最差。但必须指出这仅是从用料这个角度来说的，实际工程中具体采用何种截面考虑的因素很多，如施工工艺、美观等。

2. 横力弯曲梁的切应力

梁弯曲变形时，一般以正应力作为强度计算的主要依据。但对于跨度较小的短梁（跨高比 $l/h = 2 \sim 5$ 的简支梁）、腹板较薄的型材梁或横力作用在支座附近的梁，剪力的影响不可忽视，切应力可能达到很大的值，甚至不比弯曲正应力逊色，因此必须计算剪力 F_S 引起的切应力。

由于梁的切应力与截面形状有关，故需要就不同的截面形状分别进行研究。

（1）矩形截面梁 下面先以矩形截面梁为研究对象，说明分析弯曲切应力的基本方法，然后推广应用到其他截面形式。为了简化分析，对于矩形截面梁的切应力，可做出以下两个假设：

1）横截面上各点处的切应力平行于侧边。因为根据切应力互等定理，横截面两侧边上的切应力必平行于侧边。

2）切应力沿横截面宽度方向均匀分布。

根据这些假设，通过静平衡条件，便可以推导出矩形截面梁的切应力计算公式

$$\tau = \frac{F_S(x) S_z^*}{I_z b} \tag{7-63}$$

式中，$F_S(x)$ 为横截面上的剪力；I_z 为整个梁横截面面积的主形心惯性矩；b 为切应力 τ 处横截面的宽度；S_z^* 为距中性轴为 y 的横向线以下部分面积 A_1 对中性轴的静矩。

对于图 7-35a 的矩形截面，取 $\mathrm{d}A = b\mathrm{d}y$，其静矩为

$$S_z^* = \int_{A_1} y_1 \mathrm{d}A = \int_y^{h/2} b y_1 \mathrm{d}y = \frac{b}{2}\left(\frac{h^2}{4} - y^2\right)$$

所以，式（7-63）可写成

$$\tau = \frac{F_S(x)}{2I_z}\left(\frac{h^2}{4} - y^2\right) \tag{7-64}$$

式（7-64）说明，弯曲切应力沿截面宽度均匀分布，而沿截面高度呈抛物线分布。

$|y|_{\max} = \pm\dfrac{h}{2}$ 处，弯曲切应力为 0，即

$$\tau = 0$$

$y = 0$ 的中性轴处，弯曲切应力最大，即

$$\tau_{\max} = \tau_0 = \frac{F_S(x) h^2}{8I_z} \tag{7-65}$$

由于 $I_z = \dfrac{bh^3}{12}$，代入式（7-65）得

$$\tau_{\max} = \frac{3}{2}\frac{F_s(x)}{bh} = 1.5\frac{F_s(x)}{A} = 1.5\tau_m \tag{7-66}$$

可见矩形截面梁的最大切应力为该截面上平均切应力的 1.5 倍。矩形截面的切应力是按抛物线变化的（图 7-35b）。截面不再保持平面，发生翘曲（图 7-35c）。

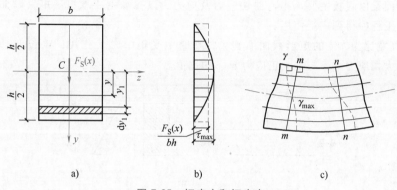

a)   b)   c)

图 7-35 切应力和切应变

（2）工字形截面梁的切应力 工字形截面由上、下翼缘及腹板构成（图 7-36），翼缘和腹板均是狭长矩形，故关于矩形截面梁切应力分布的两个假设完全适用。因此导出相同的切应力计算公式

$$\tau = \frac{F_s S_z^*}{I_z t} \tag{7-67}$$

式中，t 为狭长矩形的宽度；I_z 为横截面对中性轴的惯性矩；S_z^* 为切应力 τ 处以外部分的面积 A^* 对中性轴的静矩。

由式（7-67）可得腹板上的切应力

$$\tau = \frac{F_s}{I_z t}\left[\frac{b}{2}\left(\frac{h^2}{4} - \frac{h_0^2}{4}\right) + \frac{t}{2}\left(\frac{h_0^2}{4} - y^2\right)\right] \tag{7-68}$$

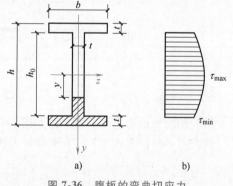

a)   b)

图 7-36 腹板的弯曲切应力

由式（7-68）可见，工字形截面梁腹板部分的切应力 τ 沿腹板高度按二次抛物线规律变化，其最大切应力发生在中性轴上，即 $y = 0$ 处。腹板上的最小切应力在与翼缘交界处，即 $y = \pm\dfrac{h_0}{2}$ 处。由式（7-67）有

当 $y = 0$ 时

$$\tau_{\max} = \frac{F_s}{I_z t}\left[\frac{b}{2}\left(\frac{h^2}{4} - \frac{h_0^2}{4}\right) + \frac{th_0^2}{8}\right] \tag{7-69a}$$

当 $y = \pm\dfrac{h}{2}$ 时

$$\tau_{\min} = \frac{F_s}{I_z t}\left(\frac{bh^2}{8} - \frac{bh_0^2}{8}\right) \tag{7-69b}$$

从式（7-69）可以看出，翼缘宽度 b 远远大于腹板宽度 t，因而 $\tau_{\max}$ 和 $\tau_{\min}$ 相差不大，工程上常忽略其差异，认为腹板的切应力大致是均匀分布的。根据计算，腹板上切应力所组成的剪力

F'_s 约占横截面上总剪力 F_s 的95%，即腹板承担了绝大部分的剪力。所以通常近似认为腹板上的剪力 $F'_s \approx F_s$，而腹板的切应力又可认为均匀分布，因此近似可得腹板的切应力

$$\tau = \frac{F_s}{h_1 d} \tag{7-70}$$

翼缘上的竖直切应力分布复杂，其值很小，无工程意义，可不必计算。对工字形截面梁横截面上的切应力的分析和计算，同样适用于T形、槽形和箱形等截面梁。

工字形截面梁以腹板主要承担弯曲切应力及剪力、以翼缘主要承担弯矩（弯曲正应力）的合理设计，在工程中得到广泛使用。

例 7-7 高宽比为 h/b 的矩形截面简支梁，在跨中受集中力 F 作用，梁长 l，如图 7-37a 所示。试求梁最大切应力 τ_{max} 与最大正应力 σ_{max} 的比值。

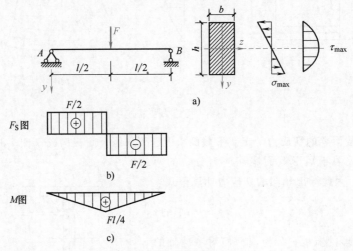

图 7-37 例 7-7 图

解：简支梁的剪力图和弯矩图如图 7-37b、c 所示。

按式（7-66）和式（7-62）求得最大切应力和最大正应力

$$\tau_{max} = \frac{3}{2}\frac{F_{Smax}}{A} = \frac{3}{2}\frac{F/2}{bh} = \frac{3}{4}\frac{F}{bh}$$

$$\sigma_{max} = \frac{M_{max}}{W_z} = \frac{Fl/4}{bh^2/6} = \frac{3}{2}\frac{Fl}{bh^2}$$

两个应力的比值为

$$\frac{\tau_{max}}{\sigma_{max}} = \frac{\dfrac{3}{4}\dfrac{F}{bh}}{\dfrac{3}{2}\dfrac{Fl}{bh^2}} = \frac{h}{2l}$$

由于多数梁为细长梁，$l \gg h$，所以切应力远远小于正应力。对于一般细长的非薄壁梁，弯曲正应力往往是影响弯曲强度的主要因素。

7.5.3 梁的挠度和转角

梁在外力作用下将产生弯曲变形。梁的轴线由直线变为曲线，此曲线称为梁的**挠曲线**，一般是一条光滑连续或分段光滑连续的曲线。在平面弯曲情况下，梁的轴线在形心主惯性平面内弯

成一条平面曲线，如图 7-38 所示（图中 xAy 平面为形心主惯性平面）。当材料在弹性范围时，挠曲线也称为弹性曲线。

对于细长梁（跨高比较大的梁），一般可忽略剪力对其变形的影响，在弯曲过程中各横截面始终保持平面，且与梁的轴线正交。梁变形后的弯曲程度可用曲率度量；产生的位移可用挠度和转角度量。

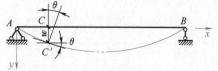

图 7-38 梁的挠度和转角

挠度：梁轴线上任一点 C 在垂直于 x 轴方向的位移 CC'，称为该点的挠度，用 w 表示（图 7-38）。实际上，梁轴线弯曲成曲线后，在 x 轴方向也将发生位移。但在小变形情况下，后者是二阶微量，可略去不计。

转角：梁变形后，其任一横截面将相对于原始位置绕中性轴转过一个角度，这个角度称为该截面的转角，用 θ 表示（图 7-38）。此角度等于挠曲线上该点的切线与 x 轴的夹角。

在图 7-38 所示的坐标系中，挠曲线可用下式表示

$$w = w(x)$$

该式称为挠曲线方程或挠度方程。式中，x 为梁变形前轴线上任一点的横坐标，w 为该点的挠度。挠曲线上任一点的斜率为 $w' = \tan\theta$，在小变形情况下，$\tan\theta \approx \theta$，所以

$$\theta = w' = w'(x)$$

即挠曲线上任一点的斜率 w' 等于该处横截面的转角。该式称为**转角方程**。

由此可见，只要确定了挠曲线方程，梁上任一点的挠度和任一横截面的转角均可确定。

注意：挠度和转角的正负号与所取坐标系有关。在图 7-38 所示的坐标系中，正值的挠度向下，负值的挠度向上；正值的转角为顺时针转向，负值的转角为逆时针转向。

1. 挠曲线近似微分方程

梁的变形程度与梁变形后的曲率有关。在横力弯曲的情况下，曲率既和梁的刚度相关，又和梁的剪力与弯矩有关。对于细长梁，剪力对梁变形的影响很小，可以忽略，因此可以只考虑弯矩对梁变形的作用。利用式（7-48）有

$$\frac{1}{\rho(x)} = \frac{M(x)}{EI_z} \tag{7-71}$$

式（7-71）表明，梁弯曲变形后的曲率 $\dfrac{1}{\rho}$ 与弯矩 M 成正比，与 EI_z 成反比。EI_z 称为梁的**抗弯刚度**，它表示梁抵抗弯曲变形的能力。如梁的弯曲刚度越大，则其曲率越小，即梁的弯曲程度越小；反之，梁的弯曲刚度越小，则其曲率越大，即梁的弯曲程度越大。

在数学中，平面曲线的曲率与曲线方程导数间的关系有

$$\frac{1}{\rho(x)} = \pm \frac{w''}{(1 + w'^2)^{3/2}} \tag{7-72}$$

由式（7-71）和式（7-72）得

$$\frac{M(x)}{EI_z} = \pm \frac{w''}{(1 + w'^2)^{3/2}} \tag{7-73}$$

式中，右边的正负号取决于坐标系的选择和弯矩的正负号规定。取图 7-39 所示的坐标系，则曲线凸向上时为正值，曲线凸向下时为负值。而按弯矩的正负号的规定，负弯矩对应正的，正弯矩对应负的，分别如图 7-39a、b 所示，故式（7-73）右边应取负号，即

$$\frac{M(x)}{EI_z} = -\frac{w''}{(1 + w'^2)^{3/2}} \tag{7-74}$$

由于梁的挠曲线是一条平坦的曲线，因此 $w' = \mathrm{d}w/\mathrm{d}x$ 是一个很小的量，w'^2 远远小于 1，可略去不计，故式 (7-74) 简化为

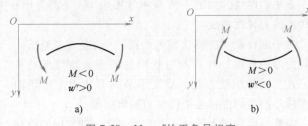

图 7-39　M、w'' 的正负号规定

$$w'' = -\frac{M(x)}{EI_z} \qquad (7\text{-}75)$$

式 (7-75) 中由于略去了剪力 F_s 的影响，并在 $(1+w'^2)^{3/2}$ 中略去了 w'^2 项，故称为梁的**挠曲线的近似微分方程**。

2. 积分法求弯曲变形

对于等截面梁，抗弯刚度 EI_z 为常量，式 (7-75) 写为

$$EI_z w'' = -M(x) \qquad (7\text{-}76)$$

将梁的弯矩方程 $M(x)$ 代入式 (7-76)，积分一次得转角方程

$$EI_z w' = EI_z \theta(x) = -\int M(x)\mathrm{d}x + C \qquad (7\text{-}77)$$

再积分一次得挠度方程

$$EI_z w(x) = -\int \left[\int M(x)\mathrm{d}x\right]\mathrm{d}x + Cx + D \qquad (7\text{-}78)$$

式中，C 和 D 为积分常数。求解梁弯曲变形时，根据约束点处已知的挠度或转角来确定 C、D 的值。

图 7-40a 所示的简支梁，边界条件是左、右两支座处的挠度 w_A 和 w_B 均应为零。

图 7-40b 所示的悬臂梁，边界条件是固定端处的挠度 w_A 和转角 θ_A 均应为零。

此外，如果挠曲线为对称曲线，则在挠曲线的对称点处的转角也为零。这些条件统称为梁的**边界条件（约束条件）**。

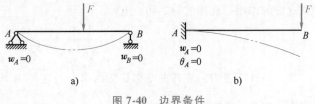

图 7-40　边界条件

若由于梁上荷载不连续等原因使得梁的弯矩方程需分段写出时，各段梁的挠曲线近似微分方程也就不同。而对各段梁的挠曲线近似微分方程积分后，各段挠曲线方程中都将出现两个积分常数。要确定这些积分常数，除利用支座处的约束条件外，还需利用相邻两段梁在交界处的**连续条件**。

例 7-8　一简支梁受均布荷载 q 作用，如图 7-41 所示，试求梁的转角方程和挠度方程，并求最大的挠度和 A、B 截面的转角。已知梁的抗弯刚度为 EI。

解：(1) 建立如图 7-41 所示的坐标系　列出弯矩方程为

$$M(x) = \frac{qlx}{2} - \frac{qx^2}{2}$$

(2) 求转角及挠度方程　梁的挠度曲线近似微分方程为

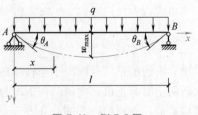

图 7-41　例 7-8 图

$$EIw'' = -M(x) = -\frac{qlx}{2} + \frac{qx^2}{2}$$

积分两次得到

$$EIw' = EI\theta = -\frac{ql}{2}\frac{x^2}{2} + \frac{qx^3}{2 \times 3} + C \tag{7-79a}$$

$$EIw = -\frac{ql}{2}\frac{x^3}{2 \times 3} + \frac{qx^4}{2 \times 3 \times 4} + Cx + D \tag{7-79b}$$

将简支梁的边界条件 $w|_{x=0} = 0$，$w|_{x=l} = 0$ 代入式（7-79b），先得到积分常数 $C = \frac{ql^3}{24}$ 和 $D = 0$，再回代入式（7-79a）得到该梁的转角方程和挠度方程

$$w' = \theta = -\frac{qlx^2}{4EI} + \frac{qx^3}{6EI} + \frac{ql^3}{24EI} \tag{7-79c}$$

$$w = -\frac{qlx^3}{12EI} + \frac{qx^4}{24EI} + \frac{ql^3x}{24EI} \tag{7-79d}$$

梁的挠曲线形状如图 7-41 所示。

（3）求最大的挠度和 A、B 截面的转角　由对称性可知，跨中挠度最大。以 $x = \frac{l}{2}$ 代入式（7-79d）得到

$$w_{max} = w|_{x=\frac{l}{2}} = \frac{5ql^4}{384EI}$$

以 $x = 0$ 和 $x = l$ 代入式（7-79c）得到 A、B 截面的转角

$$\theta_A = \theta|_{x=0} = \frac{ql^3}{24EI}$$

$$\theta_B = \theta|_{x=l} = -\frac{ql^3}{24EI}$$

3. 叠加法求挠度和转角

当梁的变形微小，且梁的材料在线弹性范围内工作时，梁的挠度和转角均与梁上的荷载呈线性关系。在此情况下，当梁上有若干个荷载作用时，梁的某个截面处的弯矩 M 等于每个荷载单独作用下该截面的弯矩 M_i 的代数和；梁的某个截面处的挠度或转角等于每个荷载单独作用下该截面的挠度或转角的代数和，这就是计算梁位移时的**叠加法**。工程中常用叠加法求梁的位移，表 7-2 中列出了几种类型的梁在简单荷载作用下的转角和挠度。

叠加法求梁位移的公式为

$$\theta(x) = \sum_{i=1}^{n} \theta_i(x) \tag{7-80}$$

$$w(x) = \sum_{i=1}^{n} w_i(x) \tag{7-81}$$

式中，$\theta_i(x)$ 和 $w_i(x)$ 分别代表同一个梁在同一位置 x 处的由荷载 i 引起的转角和挠度。

例 7-9　一简支梁及其所受荷载如图 7-42a 所示。试用叠加法求梁中点的挠度 w_C 和梁左端截面的转角 θ_A。已知梁的抗弯刚度为 EI。

解：首先分别求出集中荷载和均布荷载作用所引起的变形（图 7-42b、c），然后叠加，即得两种荷载共同作用下所引起的变形。由表 7-2 查得简支梁在 q 和 F 分别作用下的变形，叠加后得到

$$w_C = w_{Cq} + w_{CF} = \frac{5ql^4}{384EI} + \frac{Fl^3}{48EI} = \frac{5ql^4 + 8Fl^3}{384EI}$$

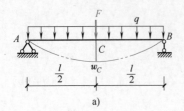
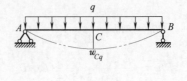
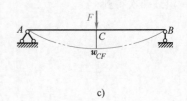

a)　　　　　　　　　b)　　　　　　　　　c)

图 7-42　例 7-9 图

$$\theta_A = \theta_{Aq} + \theta_{AF} = \frac{ql^3}{24EI} + \frac{Fl^2}{16EI} = \frac{2ql^3 + 3Fl^2}{48EI}$$

例 7-10　一悬臂梁及其所受荷载如图 7-43 所示。试用叠加法求梁自由端的挠度 w_c 和转角 θ_c。已知梁的抗弯刚度为 EI。

解： 悬臂梁 BC 段不受荷载作用，它仅随 AB 段的变形做刚性转动，只产生刚体位移。自由端 C 点的变形根据 B 点的变形得到。由表 7-2 查得悬臂梁在 q 作用下 B 点的变形：

$$\theta_B = \frac{q\left(\dfrac{l}{2}\right)^3}{6EI} = \frac{ql^3}{48EI}$$

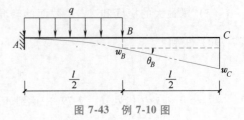

$$w_B = \frac{q\left(\dfrac{l}{2}\right)^4}{8EI} = \frac{ql^4}{128EI}$$

图 7-43　例 7-10 图

BC 段没有发生变形，故自由端 C 截面的转角与 B 截面的转角相等，即

$$\theta_C = \theta_B = \frac{q\left(\dfrac{l}{2}\right)^3}{6EI} = \frac{ql^3}{48EI}$$

C 截面的挠度 w_C 包含两部分，分别由 w_B 和 θ_B 引起，即

$$w_C = w_B + \theta_B \cdot \frac{l}{2} = \frac{ql^4}{128EI} + \frac{ql^3}{48EI} \cdot \frac{l}{2} = \frac{7ql^4}{384EI}$$

表 7-2　简单荷载作用下梁的挠度和转角

序号	梁上荷载及弯矩图	挠曲线方程	转角和挠度
1		$w = \dfrac{mx^2}{2EI}$	$\theta_B = +\dfrac{ml}{EI}$ $w_B = +\dfrac{ml^2}{2EI}$
2		$w = \dfrac{Fx^2}{6EI}(3l-x)$	$\theta_B = +\dfrac{Fl^2}{2EI}$ $w_B = +\dfrac{Fl^3}{3EI}$

（续）

序号	梁上荷载及弯矩图	挠曲线方程式	转角和挠度
3		$w = +\dfrac{Fx^2}{6EI}(3a-x)\,,\,0 \leqslant x \leqslant a$ $w = +\dfrac{Fa^2}{6EI}(3x-a)\,,\,a \leqslant x \leqslant l$	$\theta_B = +\dfrac{Fa^2}{2EI}$ $w_B = +\dfrac{Fa^2}{6EI}(3l-a)$
4		$w = \dfrac{qx^2}{24EI}(6l^2-4lx+x^2)$	$\theta_B = +\dfrac{ql^3}{6EI}$ $w_B = +\dfrac{ql^4}{8EI}$
5		$w = \dfrac{q_0 l^4}{120EI}\left(-\dfrac{x^5}{l^5}+5\dfrac{x^4}{l^4}-10\dfrac{x^3}{l^3}+10\dfrac{x^2}{l^2}\right)$	$\theta_B = +\dfrac{q_0 l^3}{24EI}$ $w_B = +\dfrac{q_0 l^4}{30EI}$
6		$w = \dfrac{m_A l^2}{6EI}\left(1-\dfrac{x}{l}\right)\left(2\dfrac{x}{l}-\dfrac{x^2}{l^2}\right)$	$\theta_A = +\dfrac{m_A l}{3EI}\quad \theta_B = -\dfrac{m_A l}{6EI}$ $w_C = +\dfrac{m_A l^2}{16EI}$ C 点为 AB 跨的中点,下同
7		$w = -\dfrac{mx}{6EIl}(l^2-x^2-3b^2)\,,$ $0 \leqslant x \leqslant a$ $w = \dfrac{m(l-x)}{6EIl}(-x^2+2lx-3a^2)\,,$ $a \leqslant x \leqslant l$	$\theta_A = -\dfrac{m}{6EIl}(l^2-3b^2)$ $\theta_B = -\dfrac{m}{6EIl}(l^2-3a^2)$ $\theta_C = +\dfrac{m}{6EIl}(3a^2+3b^2-l^2)$
8		$w = \dfrac{qx}{24EI}(l^3-2lx+x^3)$	$\theta_A = +\dfrac{ql^3}{24EI}\quad \theta_B = -\dfrac{ql^3}{24EI}$ $w_C = +\dfrac{5ql^4}{384EI}$

（续）

序号	梁上荷载及弯矩图	挠曲线方程式	转角和挠度
9	$M_D=\dfrac{qab^2}{2l}$	$w=\dfrac{qb^2x}{24EIl}(2l^2-b^2-2x^2)$，$0\le x\le a$ $w=\dfrac{qb^2}{24EIl}\left[(2l^2-b^2-2x^2)x+\dfrac{l}{b^2}(x-a)^4\right]$，$a\le x\le l$	$\theta_A=\dfrac{qb^2}{24EIl}(2l^2-b^2)$ $\theta_B=-\dfrac{qb^2}{24EIl}(2l-b)^2$ $w_D=\dfrac{qb^2a}{24EIl}(2l^2-b^2-2a^2)$
10	$\dfrac{Fl}{4}$	$w=\dfrac{Fx}{48EI}(3l^2-4x^2)$，$0\le x\le\dfrac{l}{2}$	$\theta_A=+\dfrac{Fl^2}{16EI}$ $\theta_B=-\dfrac{Fl^2}{16EI}$ $w_C=+\dfrac{Fl^3}{48EI}$
11	$\dfrac{F}{l}ab$	$w=+\dfrac{Fbx}{6EIl}(l^2-x^2-b^2)$，$0\le x\le a$ $w=+\dfrac{Fb}{6EIl}\left[\dfrac{1}{b}(x-a)^3+(l^2-b^2)x-x^3\right]$，$a\le x\le l$	$\theta_A=+\dfrac{Fab(l+b)}{6EIl}$ $\theta_B=-\dfrac{Fab(l+a)}{6EIl}$ 当 $a>b$ 时，$w_C=+\dfrac{Fb(3l^2-4b^2)}{48EI}$

7.6 组合变形构件的应力分析

工程实际中，杆件在外力作用下，有时会同时产生几种基本变形，它可能由一个外力引起，也可能由几个外力引起。图 7-44a 所示的托架结构中的 AB 梁，它受到竖向力 F 和 CD 杆的力的作用，将产生轴向变形和弯曲变形；图 7-44b 所示的烟囱，在自重和水平风力作用下，将产生压缩和弯曲；图 7-44c 所示的厂房立柱，在偏心外力作用下，将产生压缩和弯曲；图 7-44d 所示的传动轴，在皮带拉力作用下，将产生弯曲和扭转。这种同时发生两种或两种以上的基本变形，且不

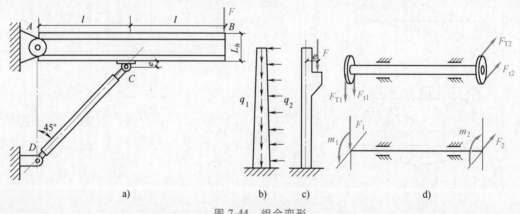

图 7-44 组合变形

能略去其中任何一种变形，称为**组合变形**。

对于组合变形下的构件，在线弹性、小变形条件下，可按照构件的原始形状和尺寸进行计算。因而，可先将荷载简化为符合基本变形外力作用条件的外力系，再分别计算构件在每一种基本变形下的内力。这节只讨论两个相互垂直平面弯曲的组合变形和拉伸（压缩）与弯曲的组合变形。

7.6.1　斜弯曲

对于外力的作用线通过截面形心，但不在形心主惯性平面内的弯曲问题，在前面章节中得到的有关弯曲应力和弯曲变形的公式均不适用，因为其仅适用于外力的作用线通过形心主惯性平面的情况。为此，可将外力向两个相互垂直的形心主惯性轴分解，使问题转化为在两个相互垂直的形心主惯性平面内平面弯曲的叠加。

1. 正应力分析

设力 F 作用在梁自由端截面的形心，并与竖向形心主惯性轴夹角 φ（图 7-45）。将力 F 沿两形心主惯性轴分解，得

$$F_y = F\cos\varphi,\quad F_z = F\sin\varphi$$

杆在 F_y 和 F_z 单独作用下，将分别在 xy 平面和 xz 平面内产生平面弯曲。

在距固定端为 x 的横截面上，由 F_y 和 F_z 引起的弯矩为

$$M_z = F_y(l-x) = F(l-x)\cos\varphi = M\cos\varphi$$

$$M_y = F_z(l-x) = F(l-x)\sin\varphi = M\sin\varphi$$

式中，$M = F(l-x)$，表示力 F 引起的弯矩。在横截面上任一点由 M_z 和 M_y 引起的弯曲正应力分别为

$$\sigma' = -\frac{M_z y}{I_z} = -\frac{M\cos\varphi}{I_z}y$$

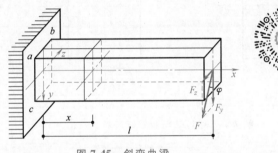

图 7-45　斜弯曲梁

$$\sigma'' = \frac{M_y z}{I_y} = \frac{M\sin\varphi}{I_y}z$$

式中，σ' 和 σ'' 的正负号，由杆的变形情况确定比较方便。在本例中，在 M_z 的作用下，y 轴正向产生压应力；在 M_y 的作用下，z 轴正向产生拉应力，如图 7-46a 所示。由叠加原理得横截面上任一点处的正应力

$$\sigma = \sigma' + \sigma'' = M\left(-\frac{\cos\varphi}{I_z}y + \frac{\sin\varphi}{I_y}z\right) \tag{7-82}$$

2. 中性轴与最大正应力

为了确定最大正应力，首先要确定中性轴的位置。设中性轴上任一点的坐标为 y_0 和 z_0。因中性轴上各点处的正应力为零，所以将 y_0 和 z_0 代入式（7-82）后，可得

$$\sigma = M\left(-\frac{\cos\varphi}{I_z}y_0 + \frac{\sin\varphi}{I_y}z_0\right) = 0$$

因 $M \neq 0$，故

$$-\frac{\cos\varphi}{I_z}y_0 + \frac{\sin\varphi}{I_y}z_0 = 0 \tag{7-83}$$

这就是中性轴的方程。它是一条通过横截面形心的直线。设中性轴与 z 轴成 α 角，则由式

（7-83）得到

$$\tan\alpha = \frac{y_0}{z_0} = \frac{I_z}{I_y}\tan\varphi \tag{7-84}$$

式中，角度 φ 也是横截面上合成弯矩 $M = \sqrt{M_y^2 + M_z^2}$ 的矢量与 z 轴间的夹角，如图 7-46a 所示。式（7-84）表明，中性轴和外力作用线在相邻的象限内，如图 7-46b 所示。

横截面上的最大正应力，发生在离中性轴最远的点，整个杆件上的最大弯曲正应力在弯矩最大的截面，即梁的固定端 $M_{max} = Fl$。对于有凸角的截面，如矩形、工字形截面等，应力分布如图 7-47 所示，角点 b 产生最大拉应力，角点 c 产生最大压应力，由式（7-82），它们分别为

$$\sigma_{bmax} = M_{max}\left(\frac{\cos\varphi}{I_z}y_{max} + \frac{\sin\varphi}{I_y}z_{max}\right) = \frac{M_{zmax}}{W_z} + \frac{M_{ymax}}{W_y}$$

$$\sigma_{cmax} = -\left(\frac{M_{zmax}}{W_z} + \frac{M_{ymax}}{W_y}\right) \tag{7-85}$$

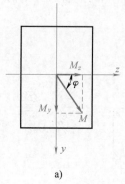
a)

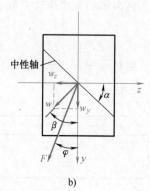
b)

图 7-46　中性轴与合成弯矩

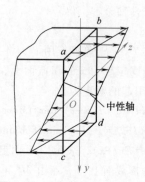

图 7-47　凸角截面的应力分布

3. 变形分析

悬臂梁自由端因 F_y 和 F_z 引起的挠度分别为

$$w_y = \frac{F_y l^3}{3EI_z} = \frac{Fl^3}{3EI_z}\cos\varphi$$

$$w_z = \frac{F_z l^3}{3EI_y} = \frac{Fl^3}{3EI_y}\sin\varphi$$

w_y 沿 y 轴的正向，w_z 沿 z 轴的负向，自由端的总挠度为

$$w = \sqrt{w_y^2 + w_z^2} = \frac{Fl^3}{3E}\sqrt{\left(\frac{\cos\varphi}{I_z}\right)^2 + \left(\frac{\sin\varphi}{I_y}\right)^2}$$

总挠度 w 与 y 轴的夹角为 β，即

$$\tan\beta = \frac{w_z}{w_y} = \frac{I_z}{I_y}\tan\varphi \tag{7-86}$$

一般情况下，$I_y \neq I_z$，即 $\beta \neq \varphi$，说明挠曲线所在平面与外力作用平面不重合，这样的弯曲称为**斜弯曲**。除此之外，斜弯曲还有以下特征：

1）由式（7-84），对于矩形、工字形等 $I_y \neq I_z$ 的截面，由于 $\alpha \neq \varphi$，因而中性轴与外力 F 作用方向不垂直，与合弯矩 M 作用方向不重合，如图 7-46 所示。

2）比较式（7-86）与式（7-84），有 $\tan\beta = \tan\alpha$，即 $\beta = \alpha$，斜弯曲的挠度与中性轴是相互垂

直的（图7-46b）。

3）对于圆形、正方形和正多边形等截面，由于任意一对形心轴都是形心主惯性轴，且截面对任一形心主惯性轴的惯性矩都相等，即 $I_y = I_z$，则 $\beta = \varphi$，即挠曲线所在平面与外力作用平面重合。这表明，对这类截面只要横向力通过截面形心，不管作用在什么方向，均为平面弯曲。正应力可用合成弯矩 M 按照弯曲正应力公式［见式（7-49）］计算。

例 7-11　如图7-48a所示的悬臂梁，采用25a工字钢。在竖直方向受均布荷载 $q = 5\text{kN/m}$ 作用，在自由端受水平集中力 $F = 2\text{kN}$ 作用。已知截面的几何性质为：$I_z = 5020\text{cm}^4$，$W_z = 402\text{cm}^3$，$I_y = 280\text{cm}^4$，$W_y = 48.3\text{cm}^3$。材料的弹性模量 $E = 2 \times 10^5 \text{MPa}$。试求：梁的最大拉应力和最大压应力。

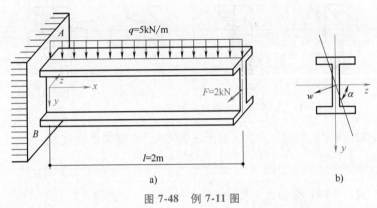

图 7-48　例 7-11 图

解：均布荷载 q 使梁在 xy 平面内弯曲，集中力 F 使梁在 xz 平面内弯曲，故为双向弯曲问题。两种荷载均使固定端截面产生最大弯矩，所以固定端截面是危险截面。由变形情况可知，在该截面上的 A 点处产生最大拉应力，B 点处产生最大压应力，且两点处应力的数值相等。由式（7-85）得

$$\sigma_A = \frac{M_y}{W_y} + \frac{M_z}{W_z} = \frac{Fl}{W_y} + \frac{\frac{1}{2}ql^2}{W_z} = \left(\frac{2 \times 10^3 \times 2}{48.3 \times 10^{-6}} + \frac{\frac{1}{2} \times 5 \times 10^3 \times 2^2}{402 \times 10^{-6}} \right) \text{N/m}^3 = 107.7\text{MPa}$$

$$\sigma_B = -\frac{M_z}{W_z} - \frac{M_y}{W_y} = -\left(\frac{Fl}{W_y} + \frac{\frac{1}{2}ql^2}{W_z} \right) = -107.7\text{MPa}$$

7.6.2　拉伸（压缩）与弯曲的组合变形

1. 横向力和轴向力共同作用

如果杆的弯曲刚度很大，所产生的弯曲变形很小，则由轴向力所引起的附加弯矩很小，可以略去不计。因此，可分别计算由轴向力引起的拉压正应力和由横向力引起的弯曲正应力，然后用叠加法即可求得两种荷载共同作用引起的正应力。现以图7-49a所示的杆，受轴向拉力及均布荷载的情况为例，说明拉伸（压缩）和弯曲组合变形下的正应力及强度计算方法。

该杆受轴向力 F 拉伸时，任一横截面上的正应力为

$$\sigma' = \frac{F_N}{A} \tag{7-87}$$

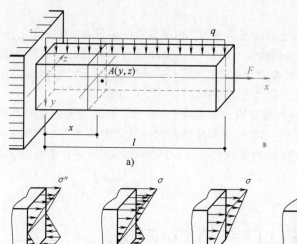

图 7-49 拉伸与弯曲组合变形杆件

杆受均布荷载作用时，距固定端为 x 的任意横截面上的弯曲正应力为

$$\sigma'' = -\frac{M(x)y}{I_z} \qquad (7\text{-}88)$$

式（7-87）、式（7-88）叠加得 x 截面上任一点 $A(y, z)$ 处的正应力

$$\sigma = \sigma' + \sigma'' = \frac{F_N}{A} \mp \frac{M(x)y}{I_z}$$

显然，固定端截面为危险截面。该横截面上正应力 σ' 和 σ'' 的分布如图 7-49b、c 所示。由应力分布图可见，该横截面的上、下边缘处各点可能是危险点。这些点处的正应力为

$$\begin{array}{c} \sigma_{\max} \\ \sigma_{\min} \end{array} = \frac{F_N}{A} \pm \frac{M_{\max}}{W_z} \qquad (7\text{-}89)$$

当 $\sigma''_{\max} > \sigma'$ 时，该横截面上的正应力分布如图 7-49d 所示，上边缘的最大拉应力数值大于下边缘的最大压应力数值。

当 $\sigma''_{\max} = \sigma'$ 时，该横截面上的正应力分布如图 7-49e 所示，下边缘各点处的正应力为零，上边缘各点处的拉应力最大。

当 $\sigma''_{\max} < \sigma'$ 时，该横截面上的正应力分布如图 7-49f 所示，上边缘各点处的拉应力最大。

在这三种情况下，横截面的中性轴分别在横截面以内、横截面边缘和横截面以外。

例 7-12 如图 7-50a 所示的托架，受荷载 $F = 45\text{kN}$ 作用。设 AC 杆为 22b 工字钢，试计算 AC 杆的最大工作应力。

解：取 AC 杆进行分析，其受力情况如图 7-50b 所示。由平衡方程求得

$$F_{Ay} = 15\text{kN}, \quad F_{By} = 60\text{kN}, \quad F_{Ax} = F_{Bx} = 104\text{kN}$$

AC 杆在轴向力 F_{Ax} 和 F_{Bx} 作用下，在 AB 段内受到拉伸；在横向力作用下，AC 杆发生弯曲。故 AB 段杆的变形是拉伸和弯曲的组合变形。AC 杆的轴力图和弯矩图如图 7-50c、d 所示。由内力图可见，B 点左侧的横截面是危险截面。该横截面的上边缘各点处的拉应力最大，是危险点。

$$\sigma_{\text{tmax}} = \frac{F_N}{A} + \frac{M_{\max}}{W_z}$$

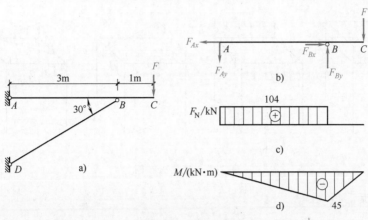

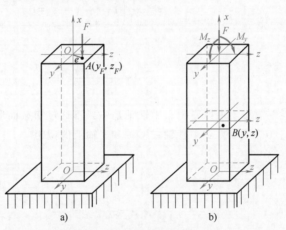

图 7-50 例 7-12 图

22b 工字钢，$W_z = 325\text{cm}^3$，$A = 46.528\text{cm}^2$，此时的最大拉应力为

$$\sigma_{tmax} = \frac{F_N}{A} + \frac{M_{max}}{W_z} = \left(\frac{104 \times 10^3}{46.528 \times 10^{-4}} + \frac{45 \times 10^3}{325 \times 10^{-6}} \right) \text{N/m}^2$$

$$= 160.8 \times 10^6 \text{N/m}^2 = 160.8\text{MPa}$$

2. 偏心压缩

（1）正应力的计算 如图 7-51a 所示的偏心压缩，内力为

$$F_N = F, \quad M_y = Fz_F, \quad M_z = Fy_F$$

现计算任意横截面上第一象限中的任意点 $B(y, z)$ 处的应力（图 7-51b）。对应于上述三个内力，B 点处的正应力分别为

图 7-51 偏心压缩组合变形杆件

$$\sigma' = -\frac{F_N}{A} = -\frac{F}{A}$$

$$\sigma'' = -\frac{M_z y}{I_z} = -\frac{Fy_F y}{I_z}$$

$$\sigma''' = -\frac{M_y z}{I_y} = -\frac{Fz_F z}{I_y}$$

在 F_N、M_y、M_z 单独作用下，横截面上应力分布分别如图 7-52a、b、c 所示。

叠加得 B 点处的总应力

$$\sigma = \sigma' + \sigma'' + \sigma'''$$

即

$$\sigma = -\left(\frac{F}{A} + \frac{Fy_F y}{I_z} + \frac{Fz_F z}{I_y} \right) \tag{7-90}$$

令

$$I_y = Ai_y^2, \quad I_z = Ai_z^2$$

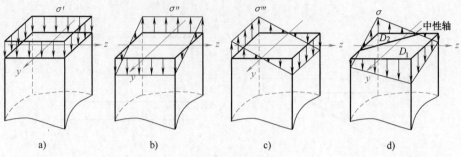

图 7-52 应力分布图

代入式（7-90）后，得

$$\sigma = -\frac{F}{A}\left(1+\frac{y_F y}{i_z^2}+\frac{z_F z}{i_y^2}\right) \tag{7-91}$$

由式（7-90）或式（7-91）式可见，横截面上的正应力为平面分布。

（2）中性轴的位置　为了确定横截面上正应力最大的点，需确定中性轴的位置。设 y_0 和 z_0 为中性轴上任意一点的坐标，将 y_0 和 z_0 代入式（7-91）后，得

$$\sigma = -\frac{F}{A}\left(1+\frac{y_F y_0}{i_z^2}+\frac{z_F z_0}{i_y^2}\right)=0$$

即

$$1+\frac{y_F y_0}{i_z^2}+\frac{z_F z_0}{i_y^2}=0 \tag{7-92}$$

这就是中性轴方程。可以看出，中性轴是一条不通过横截面形心的直线。令式（7-92）中的 z_0 和 y_0 分别等于 0，可以得到中性轴在 y 轴和 z 轴上的截距

$$\begin{cases} a_y = y_0 \big|_{z_0=0} = -\dfrac{i_z^2}{y_F} \\[3mm] a_z = z_0 \big|_{y_0=0} = -\dfrac{i_y^2}{z_F} \end{cases} \tag{7-93}$$

式中，负号表明中性轴的位置和外力作用点的位置总是分别在横截面形心的两侧。横截面上中性轴的位置如图 7-52d 所示。中性轴一边的横截面上产生拉应力，另一边产生压应力。

最大正应力发生在离中性轴最远的点处。对于有凸角的截面，最大正应力一定发生在角点处。角点 D_1 产生最大压应力，角点 D_2 产生最大拉应力，如图 7-52d 所示。实际上，对于有凸角的截面，可不必求中性轴的位置，即可根据变形情况，确定产生最大拉应力和最大压应力的角点。对于没有凸角的截面，当中性轴位置确定后，作与中性轴平行并切于截面周边的两条直线，切点 D_1 和 D_2 即产生最大压应力和最大拉应力的点，如图 7-53 所示。

例 7-13　一端固定并有切槽的杆如图 7-54a 所示。试求杆内最大正应力。

解： 由观察判断，切槽处杆的横截面是危险截面，如图 7-54b 所示。对于该截面，力 F 是偏心拉力。现将力 F 向该截面的形心 C 简化，得到截面上的轴力和弯矩

$F_N = F = 10\text{kN}$

$M_z = F\times0.05\text{m} = (10\times0.05)\text{kN}\cdot\text{m} = 0.5\text{kN}\cdot\text{m}$

$M_y = F\times0.025\text{m} = (10\times0.025)\text{kN}\cdot\text{m} = 0.25\text{kN}\cdot\text{m}$

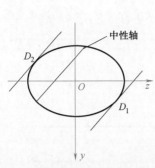

图 7-53　无凸角截面的最大正应力点的位置

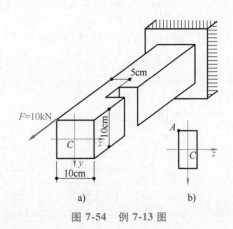

图 7-54　例 7-13 图

A 点为危险点，该点处的最大拉应力为

$$\sigma_{tmax} = \frac{F_N}{A} + \frac{M_y}{W_y} + \frac{M_z}{W_z}$$

$$= \left(\frac{10 \times 10^3}{0.1 \times 0.05} + \frac{0.25 \times 10^3}{\frac{1}{6} \times 0.1 \times 0.05^2} + \frac{0.5 \times 10^3}{\frac{1}{6} \times 0.05 \times 0.1^2} \right) Pa = 14 MPa$$

复习思考题

7-1　应力与内力有何区别？又有何联系？

7-2　应变和位移有何联系？又有何区别？

7-3　"受力杆件的某一方向上有应力必有应变，有应变必有应力"，这种说法对吗？为什么？

7-4　两根直杆，横截面面积、长度及两端所受轴向外力都相同，材料的弹性模量不同。分析它们的内力、应力是否相同。

7-5　轴向拉压杆变形的计算公式的适用条件是什么？

7-6　如图 7-55 所示，一端固定的平板条，作用均匀拉应力 σ，若在杆的表面画上斜直线 AB，试问该斜直线是否做平行位移？为什么？

7-7　低碳钢试样，拉伸至强化阶段时，在拉伸图上如何测量其弹性伸长量和塑性伸长量？当试样拉断后，又如何测量？

7-8　在低碳钢试样的拉伸图上，为什么被拉断时的应力反而比强度极限来得低？

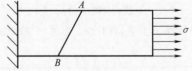

图 7-55　复习思考题 7-6 图

7-9　对于实心圆轴和空心圆轴，扭转时切应力在横截面上的分布规律分别是怎样的？

7-10　空心圆轴的外径为 D，内径为 d，则其抗扭截面系数为

$$W_t = \frac{\pi D^3}{16} - \frac{\pi d^3}{16}$$

此式是否正确？为什么？

7-11　何谓扭转角？其单位是什么？如何计算圆轴扭转时的扭转角？

7-12　何谓中性层？何谓中性轴？

7-13　平面弯曲梁横截面上的正应力和切应力是怎样分布的？

7-14 梁的挠曲线近似微分方程 $EIw'' = -M(x)$，其"近似"体现在何处？

7-15 梁的挠曲线形状与哪些因素有关？

7-16 如图 7-56a、b 所示两梁的尺寸及材料完全相同，所受外力也一样，只是支座处的几何约束条件不同。试问：

（1）两梁的弯曲变形是否相同？

（2）两梁相应横截面的位移是否相等？

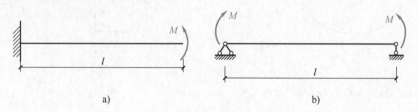

a)   b)

图 7-56　复习思考题 7-16 图

习　　题

7-1　如图 7-57 所示，等直杆的横截面面积为 200mm^2，求各横截面上的应力。

7-2　阶梯状杆 AB、BC、CD 段的横截面面积分别为 400mm^2、200mm^2、100mm^2，受轴向外力如图 7-58 所示，已知 $F = 10\text{kN}$，求横截面上最大正应力。

图 7-57　习题 7-1 图　　　　　　　　　　　图 7-58　习题 7-2 图

7-3　如图 7-59 所示的短柱，上段为钢制，截面尺寸为 $100\text{mm} \times 100\text{mm}$；下段为铝制，截面尺寸为 $200\text{mm} \times 200\text{mm}$。当柱顶受力 F 作用时，柱子总长度减少了 0.4mm，试求 F 值。已知 $E_{钢} = 200\text{GPa}$，$E_{铝} = 70\text{GPa}$。

7-4　如图 7-60 所示的结构中，ABC 可视为刚性杆，BD 杆的横截面面积 $A = 400\text{mm}^2$，材料的弹性模量 $E = 200\text{GPa}$。求 C 点的竖直位移 Δ_{Cy}。

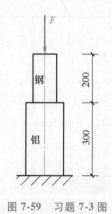

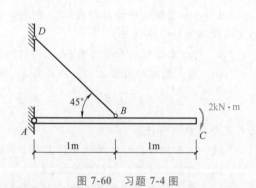

图 7-59　习题 7-3 图　　　　　　　　　　　图 7-60　习题 7-4 图

7-5 如图7-61所示的结构中，AB为水平放置的刚性杆，1、2、3杆材料相同，其弹性模量 $E = 210\text{GPa}$，已知 $l = 1\text{m}$，$A_1 = A_2 = 100\text{mm}^2$，$A_3 = 150\text{mm}^2$，$F = 20\text{kN}$。试求C点的水平位移和竖直位移。

7-6 一直径为15mm、标距为200mm的合金钢杆，在比例极限内进行拉伸试验，当轴向荷载从0缓慢地增加到58.4kN时，杆伸长了0.9mm，直径减小了0.022mm，试确定材料的弹性模量 E 和泊松比 μ。

7-7 一变截面实心圆轴，受图7-62所示的外力偶矩作用，求轴的最大切应力。

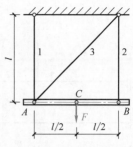

图7-61 习题7-5图

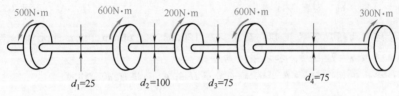

图7-62 习题7-7图

7-8 实心圆轴的直径 $D = 80\text{mm}$，外力偶矩如图7-63所示，试确定 I—I 截面上 A、B、O 三点处的切应力数值。

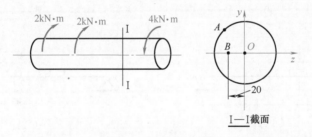

图7-63 习题7-8图

7-9 一端固定、一端自由的钢圆轴，其 $G = 80\text{GPa}$，几何尺寸及受力情况如图7-64所示，试求轴的最大切应力及圆轴两端截面的相对扭转角。

7-10 如图7-65所示空心的钢圆轴，$G = 80\text{GPa}$，内外半径之比 $\alpha = 0.6$，B、C 两截面的相对扭转角 $\varphi = 0.03°$。求内、外直径 d 与 D 的值。

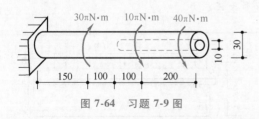

图7-64 习题7-9图

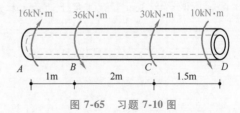

图7-65 习题7-10图

7-11 矩形截面悬臂梁受集中力和集中力偶的作用，如图7-66所示。试求固定端处1—1截面和2—2截面上 A、B、C、D 四点处的正应力。

7-12 一矩形截面梁如图7-67所示，该梁某一截面上所受的剪力 $F_s = 200\text{kN}$，试计算该截面最大的切应力及 A、B 点的切应力。若分别改用截面面积相同的圆形截面（$d = 133.5\text{mm}$）和工字形截面（50c），试求最大的切应力。

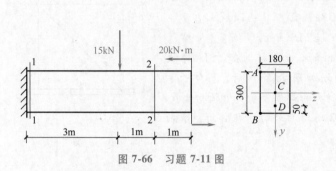

图 7-66 习题 7-11 图

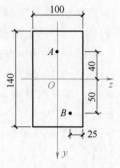

图 7-67 习题 7-12 图

7-13 处于纯弯曲情况下的矩形截面梁，高 120mm，宽 60mm，绕水平形心轴弯曲。如梁最外层纤维中的正应变 $\varepsilon = 7 \times 10^{-4}$，求该梁的曲率半径。

7-14 用积分法求图 7-68 中各梁 C 截面处的转角 θ_C 和挠度 w_C。

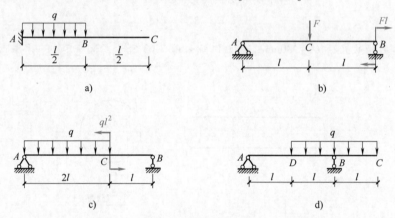

图 7-68 习题 7-14 图

7-15 一外伸梁及其所受荷载如图 7-69 所示。试用叠加法求梁外伸端 C 点的挠度 w_C 和转角 θ_C。已知 $F = ql$，梁的抗弯刚度为 EI。

7-16 如图 7-70 所示的悬臂梁，采用 25a 工字钢。在竖直方向受均布荷载 $q = 5\text{kN/m}$ 的作用，在自由端受水平集中力 $F = 2\text{kN}$ 的作用。已知截面的几何性质：$I_z = 5020\text{cm}^4$，$W_z = 402\text{cm}^3$，$I_y = 280.0\text{cm}^4$，$W_y = 48.3\text{cm}^3$。试求梁上的最大拉应力和最大压应力。

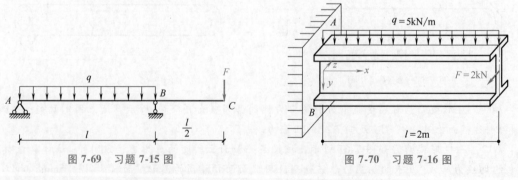

图 7-69 习题 7-15 图   图 7-70 习题 7-16 图

7-17 如图 7-71 所示的受拉杆件在中间处开一切槽，使其横截面面积减小一半。已知原截面为正方形, 边长为 $a=100\text{mm}$, 承受轴向拉力 $F=120\text{kN}$, 求 $m-m$ 截面上的最大拉应力和最大压应力。

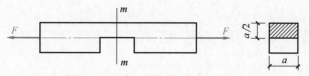

图 7-71 习题 7-17 图

7-18 如图 7-72 所示的矩形截面梁 AB, 高度 $h=100\text{mm}$, 跨度 $l=1\text{m}$。在梁纵向对称面内, 中点处承受集中力 F, 两端受一对拉力 $F_1=30\text{kN}$, $a=40\text{mm}$。若跨中横截面上的最大正应力与最小正应力之比为 5/3。试求 F 的大小。

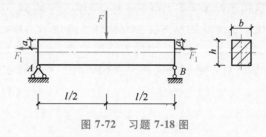

图 7-72 习题 7-18 图

7-19 如图 7-73 所示, 立柱承受轴向压力 120kN 和偏心压力 30kN, 偏心距为 200mm, 欲使立柱横截面上的最大拉应力为零, 求截面尺寸 h。

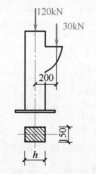

图 7-73 习题 7-19 图

第8章

杆件的强度与刚度

在前面章节中，分析讨论了在各种受力情况下杆件的内力、应力、变形和应变等问题，为实现在满足强度和刚度的要求下，设计既经济又安全的杆件提供了一些必要的理论基础和计算方法。但如何在各种受力情况下，为满足工作中的安全可靠性进行杆件的综合设计等方面的问题尚未涉及。而这些内容均是材料力学所研究的重要内容，本章将就这方面的问题进行简单的介绍。

8.1 基本概念

工程上，杆件设计的最终目的是使其具有确定的功能，以及保证其正常工作。作为机器或结构的一个部件的杆件，在工作中将发挥其应有的功能。在某些条件下，如过大的荷载或过高的温度，杆件有可能丧失其应有的正常功能，这种现象称为**失效**。在常温静载下主要是强度、刚度和稳定性的失效。

1. 强度失效

强度失效，即由于材料屈服或断裂引起的失效。主要有两种形式：

（1）屈服失效 对于塑性材料的杆件，如果工作应力达到材料的屈服极限 σ_s，屈服变形将影响杆件的正常工作，这类失效方式称为屈服失效。

（2）断裂失效 对于由脆性材料制成的零件或杆件，在工作应力达到强度极限 σ_b 时，会产生突然断裂，从而丧失承载能力，如铸铁零部件、混凝土杆件等的断裂，这类失效方式称为断裂失效。

2. 刚度失效

刚度失效，即由于杆件过量的弹性变形而引起的失效。

在荷载作用下，若杆件产生过大的弹性变形，如伸长 Δl、扭转角 φ、相对扭转角 φ'、挠度 w 和转角 θ 等，将影响机器或结构物的正常使用或工作，如车床主轴的过度变形，将降低车床的加工精度。

3. 稳定性失效

稳定性失效，即受压杆件由于平衡状态的突然转变而引起的失效，第9章中会详细介绍。

4. 许用应力和安全因数

杆件强度设计面临的主要任务是，防止在给定条件下工作的杆件发生失效。做到这一点并不总是轻而易举的，因为有关设计所必须考虑的各种因素和原始数据难以完整和精确地都了解得十分清楚。此外，工作中杆件内的应力也不允许达到足以使其破坏的应力，因为那是非常危险的，需留有一定的余量。

为此，通常采取的措施是考虑一个适当的系数，用它去除引起破坏的应力（即极限应力），得到一个比破坏应力小的应力作为设计杆件的最大工作应力，这个应力称为**许用应力**，用符号 $[\sigma]$ 表示。所考虑的适当的系数，称为**安全因数**，用符号 n 表示。它的大小与荷载的估算、材料的性质、简化计算的精度以及杆件本身工作中的重要性等很多因素有关，一般可查阅相关的设计手册和设计规范。

材料的力学性能试验表明，当脆性材料的正应力达到强度极限时，会引起断裂破坏；当塑性材料的正应力达到屈服极限时，就会引起屈服破坏。但考虑各种因素的影响，为了保证杆件能正常工作，工程实际中将许用应力作为杆件的最大工作应力，即要求杆件的实际工作应力不超过材料的许用应力。即

对于脆性材料

$$[\sigma] = \frac{\sigma_b}{n_b} \tag{8-1}$$

对于塑性材料

$$[\sigma] = \frac{\sigma_s}{n_s} \tag{8-2}$$

式中，n_b 表示失效形式为断裂时以强度极限为准的安全因数；n_s 表示失效形式为屈服时以屈服极限为准的安全因数。

强度设计和刚度设计主要包括以下几个方面：强度校核和刚度校核；截面设计；确定许用荷载。

8.2　轴向拉压杆件的强度计算

为确保轴向拉压杆件有足够的强度，要求工作应力不超过材料的许用应力，故其强度条件为

$$\sigma_{max} \leq [\sigma] \tag{8-3}$$

对于等直截面杆，拉压杆的强度条件可由式（8-3）改写为

$$\frac{F_{Nmax}}{A} \leq [\sigma] \tag{8-4}$$

式中，F_{Nmax} 为杆的最大轴力，即危险截面上的轴力。

利用式（8-4）可以进行以下三种类型的强度计算：

（1）强度校核　当杆的横截面面积 A、材料的许用应力 $[\sigma]$ 及杆所受荷载为已知时，可由式（8-4）校核杆的最大工作应力是否满足强度条件的要求。如杆的最大工作应力超过了许用应力，工程上规定，只要超过的部分在许用应力的5%以内，仍可以认为杆是安全的。

（2）截面设计　当杆所受荷载及材料的许用应力 $[\sigma]$ 为已知时，可先由式（8-4）选择杆所需的横截面面积，即

$$A \geq \frac{F_{Nmax}}{[\sigma]}$$

再根据不同的截面形状，确定截面的尺寸。

（3）确定许用荷载　当杆的横截面面积 A 及材料的许用应力 $[\sigma]$ 为已知时，可先由式（8-4）求出杆所允许产生的最大轴力为

$$F_{Nmax} \leq A[\sigma]$$

再由此可确定杆所承受的许用荷载。

例 8-1 矩形截面阶梯如图 8-1a 所示，已知荷载 $F_1 = 15\text{kN}$，$F_2 = 40\text{kN}$，杆 AB 段的横截面为尺寸为 10mm×15mm，BC 段的横截面为尺寸 15mm×20mm，材料为 Q235 钢，屈服极限 $\sigma_s = 235\text{MPa}$，安全因数 $n_s = 2.0$。试校核该阶梯杆的强度。

解：（1）作轴力图　用截面法求得各段的轴力，作轴力图，如图 8-1b 所示。

（2）强度校核　材料 Q235 钢的许用应力为

$$[\sigma] = \frac{\sigma_s}{n_s} = \frac{235\text{MPa}}{2.0} = 117.5\text{MPa}$$

由图 8-1 可以看出，轴力大的位置截面面积也大，故无法直接判断最大正应力的位置，需分段进行强度校核。

AB 段

$$\sigma_1 = \frac{F_{N1}}{A_1} = \frac{15 \times 10^3 \text{N}}{10 \times 15 \times 10^{-6} \text{m}^2} = 100 \times 10^6 \text{Pa} = 100\text{MPa} < [\sigma]$$

AB 段安全。

BC 段

$$\sigma_2 = \frac{F_{N2}}{A_2} = \frac{25 \times 10^3 \text{N}}{15 \times 20 \times 10^{-6} \text{m}^2} = 83.3 \times 10^6 \text{Pa} = 83.3\text{MPa} < [\sigma]$$

BC 段安全。

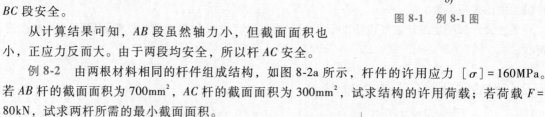

图 8-1　例 8-1 图

从计算结果可知，AB 段虽然轴力小，但截面面积也小，正应力反而大。由于两段均安全，所以杆 AC 安全。

例 8-2 由两根材料相同的杆件组成结构，如图 8-2a 所示，杆件的许用应力 $[\sigma] = 160\text{MPa}$。若 AB 杆的截面面积为 700mm^2，AC 杆的截面面积为 300mm^2，试求结构的许用荷载；若荷载 $F = 80\text{kN}$，试求两杆所需的最小截面面积。

解：（1）确定许用荷载　取结点 A，如图 8-2b 所示，列平衡方程

$$\sum F_x = 0, \quad F_{N1}\sin 30° = F_{N2}\sin 45°$$

$$\sum F_y = 0, \quad F_{N1}\cos 30° + F_{N2}\cos 45° = F$$

联立求解，得

$$F_{N1} = \frac{2F}{1+\sqrt{3}} = 0.732F \quad F_{N2} = \frac{\sqrt{2}F}{1+\sqrt{3}} = 0.518F$$

由强度条件，若 AB 杆内的正应力达到许用应力，则

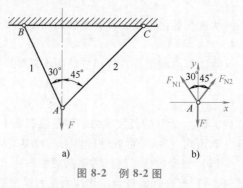

图 8-2　例 8-2 图

$$F_{N1} \leqslant A_1[\sigma] = (700 \times 10^{-6})\text{m}^2 \times (160 \times 10^6)\text{Pa} = 112 \times 10^3 \text{N} = 112\text{kN}$$

许用荷载为

$$F_1 \leqslant \frac{(1+\sqrt{3})F_{N1}}{2} = 153\text{kN}$$

若 AC 杆内的正应力达到许用应力，则

$$F_{N2} \leqslant A_2[\sigma] = (300 \times 10^{-6})\text{m}^2 \times (160 \times 10^6)\text{Pa} = 48 \times 10^3 \text{N} = 48\text{kN}$$

许用荷载为

$$F_2 \leqslant \frac{(1+\sqrt{3})F_{N2}}{\sqrt{2}} = 92.7\mathrm{kN}$$

比较 F_1 和 F_2，许用荷载取其中小者，即

$$F = \min\{F_1, F_2\} = 92.7\mathrm{kN}$$

本问题的另一种解法，平衡方程同前，由强度条件，若 AB 杆内的正应力达到许用应力，则

$$F_{N1} \leqslant A_1[\sigma] = (700 \times 10^{-6})\mathrm{m}^2 \times (160 \times 10^6)\mathrm{Pa} = 112 \times 10^3\mathrm{N} = 112\mathrm{kN}$$

若 AC 杆内的正应力达到许用应力，则

$$F_{N2} \leqslant A_2[\sigma] = (300 \times 10^{-6})\mathrm{m}^2 \times (160 \times 10^6)\mathrm{Pa} = 48 \times 10^3\mathrm{N} = 48\mathrm{kN}$$

将上述两式代入平衡方程，解得许用荷载

$$F = F_{N1}\cos30° + F_{N2}\cos45° = 131\mathrm{kN}$$

显然，与前一种方法解出的 $F = 92.7\mathrm{kN}$ 不一样，问题出在哪里？哪个对哪个错？

分析：实际上，在荷载作用下两根杆件一般不会同时达到破坏。方法 1 的计算结果表明：当 $F = 92.7\mathrm{kN}$ 时，AC 杆首先达到破坏，而此时 AB 杆仍处于安全状态，此结构不会出现两根杆件同时破坏的现象。而方法 2 的计算是依据两根杆件同时达到破坏的假设做出的，这是不存在的情况，故得到的结果是错误的。

（2）截面设计　根据平衡方程和强度条件，荷载 $F = 80\mathrm{kN}$ 时，AB 杆的最小截面面积为

$$A_1 \geqslant \frac{F_{N1}}{[\sigma]} = \frac{2 \times 80 \times 10^3\mathrm{N}}{(1+\sqrt{3}) \times 160 \times 10^6\mathrm{Pa}} = 3.66 \times 10^{-4}\mathrm{m}^2 = 366\mathrm{mm}^2$$

AC 杆的最小截面面积为

$$A_2 \geqslant \frac{F_{N2}}{[\sigma]} = \frac{\sqrt{2} \times 80 \times 10^3\mathrm{N}}{(1+\sqrt{3}) \times 160 \times 10^6\mathrm{Pa}} = 2.59 \times 10^{-4}\mathrm{m}^2 = 259\mathrm{mm}^2$$

8.3　圆轴扭转的强度和刚度计算

等直圆杆在扭转时，其强度条件是横截面上的最大工作切应力 τ_{max} 不超过材料的许用切应力 $[\tau]$。即强度条件为

$$\tau_{max} = \frac{T_{max}}{W_t} = \frac{M_{xmax}}{W_t} \leqslant [\tau] \tag{8-5}$$

式中，T_{max} 为危险截面上的扭矩。

利用式（8-5）可进行三种类型的强度计算：强度校核、截面设计及求许用荷载。

等直圆杆在扭转时，除了要满足强度条件外，有时还需满足刚度条件。如机器的传动轴，若扭转变形过大，将会使轴在某些运转（如启动或制动）情况下产生较大的振动。刚度要求通常是限制轴的最大单位长度扭转角不超过规定的数值。即

$$\varphi' = \frac{T_{max}}{GI_P} \leqslant [\varphi'] \tag{8-6}$$

式中，$[\varphi']$ 为许用的单位长度扭转角，其值可在工程设计手册中查到。例如

$$精密机器[\varphi'] = (0.15 \sim 0.3)°/\mathrm{m}$$
$$一般传动轴[\varphi'] = (0.5 \sim 2.0)°/\mathrm{m}$$
$$钻杆[\varphi'] = (2.0 \sim 4.0)°/\mathrm{m}$$

利用式（8-6）可进行三种类型的刚度计算：刚度校核、截面设计及求许用荷载。

例 8-3 一电动机的传动轴直径 $d = 40\text{mm}$，轴的传动功率 $P = 30\text{kW}$，转速 $n = 1400\text{r/min}$，轴的材料为 45 钢，其 $G = 80\text{GPa}$，$[\tau] = 40\text{MPa}$，$[\varphi'] = 2°/\text{m}$，试校核此轴的强度和刚度。

解：（1）计算外力偶矩及横截面上的扭矩

$$M_x = M_e = 9.549 \frac{P}{n} = 9.549 \times \frac{30}{1400} \text{N} \cdot \text{m} = 205\text{N} \cdot \text{m}$$

（2）计算极惯性矩及抗扭截面系数

$$I_P = \frac{\pi d^4}{32} = \frac{\pi \times 40^4}{32} \text{mm}^4 = 25.1 \times 10^{-8} \text{m}^4$$

$$W_t = \frac{\pi d^3}{16} = \frac{\pi \times 40^3}{16} \text{mm}^3 = 12.57 \times 10^{-6} \text{m}^4$$

（3）强度校核　由式（8-5）得

$$\tau_{max} = \frac{M_x}{W_t} = \frac{205}{12.57 \times 10^{-6}} \text{Pa} = 16.3\text{MPa} < [\tau] = 40\text{MPa}$$

由此可见，该轴满足强度条件。

（4）刚度校核　由式（8-6）得

$$\varphi' = \frac{M_x}{GI_P} = \frac{205}{8 \times 10^{10} \times 25.1 \times 10^{-8}} \text{rad/m}$$

$$= \left(\frac{205}{8 \times 10^{10} \times 25.1 \times 10^{-8}} \times \frac{180}{\pi} \right) °/\text{m} = 0.58°/\text{m} < [\varphi'] = 2°/\text{m}$$

由此可见，该轴满足刚度条件。

8.4　梁的强度和刚度计算

8.4.1　梁的强度计算

一般情况下，梁的弯曲强度设计主要考虑弯曲正应力。但由于梁的各横截面上常常既有弯矩又有剪力，而剪力的作用也不能忽略，这时就要既进行弯曲正应力的计算又进行弯曲切应力的计算，弯曲强度设计的一般表达式为

$$\sigma_{max} = \frac{M_{max}}{W_z} \leqslant [\sigma] \tag{8-7}$$

$$\tau_{max} = \frac{F_{S_{max}} S_{zmax}^*}{I_z b} \leqslant [\tau] \tag{8-8}$$

在计算弯曲强度时，必须注意以下几点：

1）确定危险状态。在梁的各种受力状态中，产生弯矩或剪力最大的受力状态为危险状态。

2）确定危险截面。梁上弯矩最大的截面与剪力最大的截面均为危险截面，由于两者常常不在一处，因此危险截面常常不止一个。

3）确定危险点。梁弯曲时危险截面上的危险点有三种：一是最大弯曲正应力点，在横截面的上下边缘，是单向应力状态；二是最大弯曲切应力点，在横截面的中性轴上，是纯剪切应力状态；三是弯曲正应力和弯曲切应力都比较大的点，是属于复杂应力状态，本书没有讨论，读者有兴趣可以自行学习。

4）当许用拉应力和许用压应力不相等，中性轴不是截面的对称轴时，要分别计算最大拉应

力和最大压应力。

5）梁在弯曲变形时，一般是弯曲正应力起控制作用，弯曲切应力数值相对太小常被忽略。但对于薄壁结构、集中荷载作用在支座附近等情况，必须进行弯曲切应力的强度校核。

例 8-4　如图 8-3 所示，一简支梁受均布荷载作用，设材料的许用应力 $[\sigma]=10\mathrm{MPa}$，许用切应力 $[\tau]=2\mathrm{MPa}$，梁的截面为矩形，宽度 $b=80\mathrm{mm}$，试求所需的截面高度。

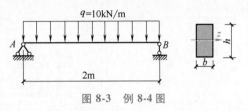

图 8-3　例 8-4 图

解：（1）由正应力强度条件确定截面高度　梁的最大弯矩在 AB 的中点，其值为

$$M_{\max}=\frac{1}{8}ql^2=\frac{1}{8}\times10\times2^2\mathrm{kN\cdot m}=5\mathrm{kN\cdot m}$$

对于矩形截面梁，由 $[\sigma]\geqslant\dfrac{M_{\max}}{W_z}$ 有

$$W_z=\frac{1}{6}bh^2\geqslant\frac{M_{\max}}{[\sigma]}=\frac{5\times10^3\mathrm{N\cdot m}}{10\times10^6\mathrm{Pa}}=5\times10^{-4}\mathrm{m}^3$$

由此得到

$$h\geqslant\sqrt{\frac{6\times5\times10^{-4}}{0.08}}\mathrm{m}=0.194\mathrm{m}$$

可取 $h=200\mathrm{mm}$。

（2）切应力强度校核　该梁的最大剪力在支座附近，其值为

$$F_{S\max}=\frac{1}{2}ql=\frac{1}{2}\times10\times2\mathrm{kN}=10\mathrm{kN}$$

由矩形截面梁的最大切应力公式，得

$$\tau_{\max}=\frac{3}{2}\frac{F_S}{bh}=\frac{3}{2}\times\frac{10\times10^3\mathrm{N}}{0.08\times0.194\mathrm{m}^2}=0.97\times10^6\mathrm{Pa}=0.97\mathrm{MPa}<[\tau]$$

满足切应力强度要求。

例 8-5　一 T 形截面铸铁梁所受荷载如图 8-4a 所示。已知 $b=2\mathrm{m}$，$I_z=5493\times10^4\mathrm{mm}^4$，铸铁的许用拉应力 $[\sigma_t]=30\mathrm{MPa}$，许用压应力 $[\sigma_c]=90\mathrm{MPa}$，试求此梁的许用荷载 $[F]$。

解：（1）作弯矩图并判断危险截面　弯矩图如图 8-4b 所示，铸铁梁截面关于中性轴不对称，中性轴到上下边缘的距离分别为

$$y_1=134\mathrm{mm}，\quad y_2=86\mathrm{mm}$$

全梁的最大拉应力和最大压应力点不一定都发生在最大弯矩截面上，故 B、C 截面都可能是危险截面。

$$M_B=\frac{Fb}{2}，\quad M_C=\frac{Fb}{4}$$

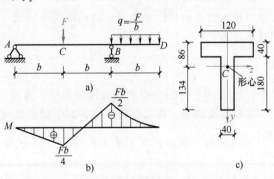

（2）求许用荷载 $[F]$　C 截面的下边缘各点处产生最大的拉应力，上边缘各点处产生最大的压应力。

由

图 8-4　例 8-5 图

$$\sigma_{tmax} = \frac{M_c y_1}{I_z} = \frac{\dfrac{F}{4} \times 2 \times 0.134}{5493 \times 10^{-8}} \leqslant [\sigma_t] = 30 \times 10^6 \, Pa$$

求得

$$F \leqslant 24.6 \, kN$$

由

$$\sigma_{cmax} = \frac{M_c y_2}{I_z} = \frac{\dfrac{F}{4} \times 2 \times 0.086}{5493 \times 10^{-8}} \leqslant [\sigma_c] = 90 \times 10^6 \, Pa$$

求得

$$F \leqslant 115 \, kN$$

B 截面的下边缘各点处产生最大的压应力，上边缘各点处产生最大的拉应力。

由

$$\sigma_{tmax} = \frac{M_B y_2}{I_z} = \frac{\dfrac{F}{2} \times 2 \times 0.086}{5493 \times 10^{-8}} \leqslant [\sigma_t] = 30 \times 10^6 \, Pa$$

求得

$$F \leqslant 19.2 \, kN$$

由

$$\sigma_{cmax} = \frac{M_B y_1}{I_z} = \frac{\dfrac{F}{2} \times 2 \times 0.134}{5493 \times 10^{-8}} \leqslant [\sigma_c] = 90 \times 10^6 \, Pa$$

求得

$$F \leqslant 36.9 \, kN$$

比较所得结果，得

$$[F] = 19.2 \, kN$$

若将此铸铁梁截面倒置，读者再试求其许用荷载，并比较何种放置更为合理。

8.4.2　梁的刚度计算

有些情况下，梁的强度是足够的，但由于变形过大，其正常工作条件往往也得不到保证。例如，吊车梁若变形过大，行车时会产生较大的振动，使起重机行驶不平稳；传动轴在轴承处转角过大，会使轴承的滚动体产生不均匀磨损，缩短轴承的使用寿命；楼板的横梁，若变形过大，会使涂于楼板的灰粉开裂脱落等。由此在这些情况下，梁的变形需限制在某一许用的范围内。梁的刚度条件为

$$w_{max} \leqslant [w] \qquad\qquad (8\text{-}9)$$
$$\theta_{max} \leqslant [\theta] \qquad\qquad (8\text{-}10)$$

式中，w_{max}、θ_{max} 分别为梁的最大挠度和最大转角；$[w]$、$[\theta]$ 分别为梁的许用挠度和许用转角。

需要说明的是，在工程设计中，对于梁的挠度，其许可值也常用许可的挠度与跨长的比值 $\left[\dfrac{w}{l}\right]$ 作为标准。例如，在土建工程中，$\left[\dfrac{w}{l}\right]$ 值常限制在 $\dfrac{1}{1000} \sim \dfrac{1}{250}$ 范围内；在机械制造工程中（对主要的轴），$\left[\dfrac{w}{l}\right]$ 值则限制在 $\dfrac{1}{10000} \sim \dfrac{1}{5000}$ 范围内；对传动轴在支座处的许用转角 $[\theta]$ 一般

限制在 0.001~0.005rad 范围内。

例 8-6 吊车梁由 32a 工字钢制成，跨度 $l = 8.76$m（图 8-5），材料的弹性模量 $E = 210$GPa，起重机的最大起重量 $F_P = 20$kN，规定梁的许用挠度 $[w] = \dfrac{l}{500}$，试校核该梁的刚度。

解：小车在大梁上来回行驶，处于中点时，梁内的弯矩最大，挠度也达最大值，故校核荷载 F_P 作用在跨度中点时的刚度。

查附录 A 型钢表中表 A-4 得 32a 工字钢的惯性矩 $I = 11100\text{cm}^4$，查表 7-2 可知

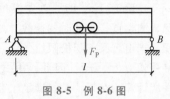

图 8-5 例 8-6 图

$$w_{max} = \frac{F_P l^3}{48EI} = \frac{20 \times 10^3 \text{N} \times (8.76\text{m})^3}{48 \times 210 \times 10^9 \text{Pa} \times 11100 \times 10^{-8} \text{m}^4} = 12.02 \times 10^{-3} \text{m} = 12.02\text{mm}$$

$$[w] = \frac{l}{500} = \frac{8.76\text{m}}{500} = 17.5 \times 10^{-3} \text{m} = 17.5\text{mm}$$

$w_{max} < [w]$，满足刚度条件。

8.5 连接件强度的工程计算

建筑力学中强度设计可大致分为两大类问题：一类是杆件的强度设计；另一类是连接件的强度设计。在机器设备和各种建筑结构中，常要用到各式各样的连接件，如铆钉、螺栓、键等。由于连接件的受力形式很复杂，其内部的应力分布规律很难确定，所以工程上常采用近似计算方法。

针对连接件破坏的主要因素，强度分析主要从剪切和挤压两个方面进行。

1. 剪切的工程计算

连接件的受力特点是外力作用线平行，与零件的纵向轴线正交，而且力的作用线极为靠近。从图 8-6a 中可以看出，铆钉在两侧面上分别受到大小相等、方向相反、作用线相距很近的两组分布外力系的作用（图 8-6b），因此将沿截面 m—m 发生错动（图 8-6c），这种变形称为**剪切**。发生剪切变形的截面 m—m，称为**剪切面**。

应用截面法可以得到剪切面上的内力，即**剪力 F_S**（图 8-6d）。但剪切面上受力复杂，切应力的分布规律难以确定；而在制造这些连接件时，通常都使用塑性较好的材料，所以在剪切的工程计算中，假设破坏时应力沿剪切面是均匀分布的（图 8-6e）。

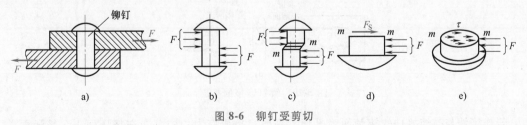

图 8-6 铆钉受剪切

因而在工程上采用的简化近似计算方法是剪切面的名义切应力，即

$$\tau = \frac{F_S}{A_S}$$

式中，F_S 为剪切面上的剪力；A_S 为剪切面的面积。

于是强度条件可写为

$$\frac{F_{\mathrm{s}}}{A_{\mathrm{s}}} \leqslant [\tau] \qquad\qquad (8\text{-}11)$$

式中，$[\tau]$ 为剪切许用应力。

在确定 $[\tau]$ 时，首先模拟实际零件的受力情况，测得试样破坏时的荷载，然后除以受剪面的面积，求出名义剪切极限应力 τ_{u}，再除以安全因数得许用切应力 $[\tau]$。因此，由式（8-11）的强度条件所计算的结果，是能满足工程要求的。

由于不同的连接件的受剪面有所不同，所以又常将剪切问题分成：一个剪切面的单剪问题（图 8-6 和图 8-7）、两个剪切面的双剪问题（图 8-8）和圆周剪切面的周剪问题（图 8-9）等。

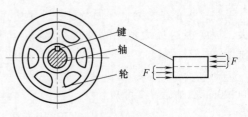

图 8-7　键连接

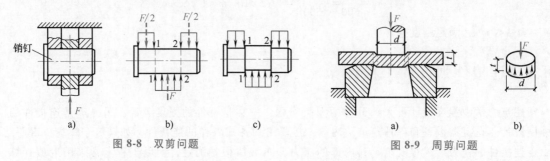

图 8-8　双剪问题　　　　　　　　　图 8-9　周剪问题

2. 挤压的工程计算

在图 8-10a 所示的螺栓连接中，在剪切的同时，连接件与被连接件的接触面之间还存在局部承压现象，这种现象称为**挤压**。其接触面称为**挤压面**（图 8-10b）。接触面上的压力，称为**挤压力 F_{bs}**。

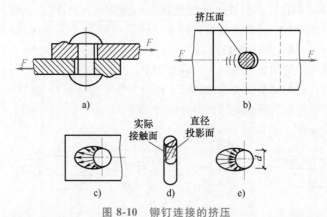

图 8-10　铆钉连接的挤压

若连接件与被连接件的接触面为平面，则假定挤压应力均匀分布在挤压面上，挤压面的大小形状即实际接触面。如果连接件与被连接件的接触面是圆柱面，如铆钉、螺栓等（图 8-10），理论挤压应力的分布如图 8-10c、e 所示；但工程计算时则将直径投影面当作挤压面（图 8-10d），并且假定在该面上挤压应力均匀分布。

在挤压的工程计算中，挤压面上的**名义挤压应力**等于挤压力除以挤压面积。挤压的强度条

件为

$$\frac{F_{bs}}{A_{bs}} \leq [\sigma_{bs}] \tag{8-12}$$

式中，F_{bs} 为挤压力，A_{bs} 为**挤压面的面积**；$[\sigma_{bs}]$ 为**挤压许用应力**。

一般材料的挤压许用应力 $[\sigma_{bs}]$ 大于许用应力 $[\sigma]$，对于钢材 $[\sigma_{bs}] = (1.7 \sim 2.0)[\sigma]$。

注意：

1）对于各种连接问题，分析的重点是确定剪切面和挤压面的位置和大小。

2）连接件与被连接件的挤压强度均要校核。

3）焊缝连接问题，可参阅有关钢结构的教材，但计算原理基本相同。

例 8-7 如图 8-11 所示，在铆接头中，已知铆钉直径 $d = 17mm$，剪切许用应力 $[\tau] = 140MPa$，挤压许用应力 $[\sigma_{bs}] = 320MPa$，钢板的拉力 $F = 24kN$，$\delta = 10mm$，$b = 100mm$，许用拉应力 $[\sigma] = 170MPa$。试校核强度。

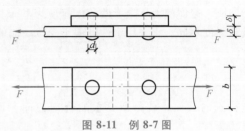
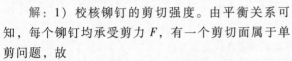

图 8-11　例 8-7 图

解：1）校核铆钉的剪切强度。由平衡关系可知，每个铆钉均承受剪力 F，有一个剪切面属于单剪问题，故

$$\tau = \frac{F_S}{A} = \frac{4F}{\pi d^2} = \frac{4 \times 24 \times 10^3}{3.14 \times 17^2 \times 40^{-6}} Pa = 105.8 \times 10^6 Pa = 105.8 MPa < [\tau]$$

2）校核铆钉的挤压强度。铆钉与主板之间的挤压力为 F，挤压面为 δd，则挤压应力

$$\sigma_{bs} = \frac{F_{bs}}{A_{bs}} = \frac{F}{\delta d} = \frac{24 \times 10^3}{10 \times 17 \times 10^{-6}} Pa = 141.2 \times 10^6 Pa = 141.2 MPa < [\sigma_{bs}]$$

3）校核钢板的抗拉强度。铆钉孔处削弱了钢板的横截面面积，是危险截面，该截面上

$$\sigma = \frac{F}{(b-d)\delta} = \frac{24 \times 10^3}{(100-17) \times 10 \times 10^{-6}} Pa = 28.9 \times 10^6 Pa = 28.9 MPa < [\sigma]$$

由铆钉的剪切强度和挤压强度的校核以及板的抗拉强度校核可知，此铆接装置的强度是足够的。

8.6　提高杆件强度和刚度的措施

在绪论中曾指出，建筑力学的主要任务之一就是解决杆件设计中经济与安全的矛盾，也就是说，设计杆件时既要节省材料、减轻杆件自重，又要尽量提高杆件的承载能力，即提高杆件的强度和刚度。从杆件的强度和刚度的计算中可以看出，它们主要与杆件的受力情况、截面的形状和尺寸、杆件的长度和约束条件及材料的性能等因素有关，下面分别就各影响因素讨论提高杆件强度和刚度的一些措施。

8.6.1　选用合理的截面形状

各种不同形状的截面，尽管其截面面积相等，但其惯性矩却不一定相等，所以选择合理的截面形状，在不增加面积的前提下，尽可能地增大截面的惯性矩，对于受弯或受扭的杆件来说，这是一种十分有效的措施。例如，将实心圆截面改为空心圆截面，对于矩形，如把中性轴附近的材料移到上下边缘处（图 8-12），就形成了工字形截面，其惯性矩增加了很多，大大提高了受弯杆件的承载能力。为了便于比较截面形状的合理性，现将几种常用截面的有关几何性质举例列于表 8-1 中。从表 8-1 可知，对于受弯杆件来说，工字形截面的 I_z 和 W_z/A 均为最大，是这几种截面中最合理的截面形状。

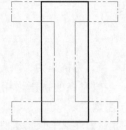

图 8-12　矩形截面变
为工字形截面

　　对于主要承受弯曲的杆件，若杆件材料的抗拉强度和抗压强度相同，应采用中性轴对称的截面，如工字形截面等。这样可使梁在弯曲时，截面的上下边缘处最大拉应力和最大压应力同时达到许用应力。若材料的抗拉强度和抗压强度不同，宜采用中性轴偏于受拉一侧的截面形状，如图 8-13 所示。若能得到

$$\frac{\sigma_{tmax}}{\sigma_{cmax}} = \frac{M_{max}y_1}{I_z} \bigg/ \frac{M_{max}y_2}{I_z} = \frac{y_1}{y_2} = \frac{[\sigma_t]}{[\sigma_c]}$$

这样选的截面，就是所要求的合理截面。即最大拉应力和最大压应力同时达到各自的许用应力。

表 8-1　常见截面的有关几何性质

截面形状	D (圆形)	D, d, $d/D=0.5$ (空心圆)	a (正方形)	b, $2b$ (矩形)	32a号 (工字形)
面积 A/mm^2	67.05×10^2	67.05×10^2	67.05×10^2	67.05×10^2	67.05×10^2
惯性矩 I_z/mm^4	3.58×10^6	5.96×10^6	3.75×10^6	7.49×10^6	111×10^6
抗弯截面系数 W_z/mm^3	77.4×10^3	111.7×10^3	91.6×10^3	129.4×10^3	692×10^3
W_z/A	11.5	16.7	13.7	19.3	103.2

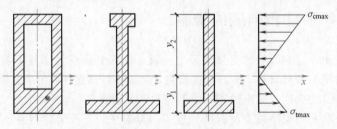

图 8-13　几种中性轴非对称的截面形状

8.6.2　采用变截面梁

　　梁的截面尺寸一般是按最大弯矩设计并做成等截面。但是，等截面梁并不经济，因为在其他

弯矩较小处，不需要这样大的截面。为了节约材料和减轻质量，常常采用变截面梁。

最合理的变截面梁是**等强度梁**。所谓等强度梁，就是每个截面上的最大正应力都达到材料的许用应力的梁。如设图 8-14a 所示的简支梁的高度 $h=$ 常数，利用强度条件可以求得梁宽 $b(x)$ 的表达式为

$$b(x)=\frac{3F}{h^2[\sigma]}x$$

截面高度沿梁长变化的形状如图 8-14b 所示，b 的最小值（图 8-14c）由剪切强度条件确定。

如设图 8-14a 所示的简支梁的宽度 $b=$ 常数，用同样的方法可以求得梁高 $h(x)$ 的表达式为

$$h(x)=\sqrt{\frac{3Fx}{b[\sigma]}}$$

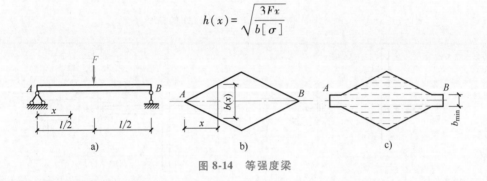

图 8-14 等强度梁

8.6.3 合理安排杆件的受力情况

杆件受力主要有两种：一种是工作荷载；另一种是支座约束反力。所以合理安排杆件的受力情况主要从合理布置荷载和合理安排支座这两个方面来考虑。

合理布置荷载可以从多个方面考虑，如图 8-15a 所示的简支梁，中间受集中力作用，其 $M_{max}=Fl/4$。如果结构允许，可将集中力移向一侧（图 8-15b），即可将最大弯矩降为 $5Fl/36$。设计轴上有齿轮或带轮的位置时可做此考虑。又如图 8-16a 中的集中力分散为几个集中力或分布力（图 8-16b、c），也可降低 M_{max}。再者，如图 8-17a 所示的机床主轴，受到切削力 F_1 和齿轮啮合力 F_2 的作用，若改变结构，使齿轮的啮合位置改变，F_2 的方向变为反向（图 8-17b），这时外伸端的挠度将大大小于图 8-17a 中轴外伸端的挠度，起到了提高刚度的作用。

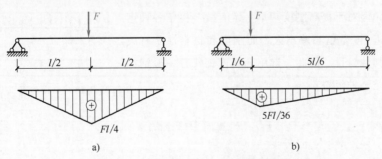

图 8-15 荷载作用位置与弯矩图的关系

合理安排支座，一是改变支撑的位置对于梁可起到提高强度和刚度的作用。如图 8-18a 所示的梁，$M_{max}=ql^2/8$，$w_{max}=\frac{5ql^4}{384EI}$。若将支座向内移动 $0.2l$（图 8-18b），最大弯矩降为 $ql^2/40$，仅为原简支梁的 1/5，其最大挠度也减小很多。另外，如果条件允许，增加支座也是一种措施。例

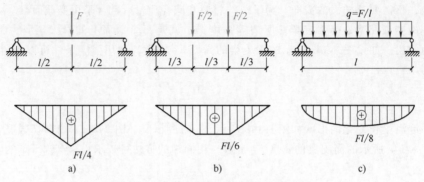

图 8-16　荷载作用方式与弯矩图的关系

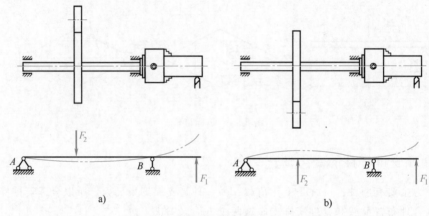

图 8-17　荷载作用方向与变形的关系

如，在简支梁中点加一支座成为超静定梁，也能显著减小梁的弯矩和变形。

8.6.4　合理选用材料

随意选用优质材料，将会提高制造成本，所以设计杆件时，应按实际需要量材选用。例如，选用高强度钢材可以提高杆件的强度，但对于提高刚度却不一定有效。由于各种钢材的弹性模量 E、G 数值相差不大，而刚度和材料性质有关的因素主要是弹性模量。因此，选用高强度钢代替一般钢材提高刚度无疑是一种浪费。

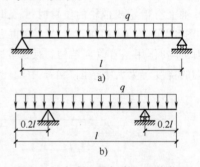

图 8-18　支座位置与弯矩图的关系

复习思考题

8-1　工作应力与许用应力的区别与联系分别是什么？

8-2　许用应力中，安全因数的确定需要考虑哪些因素？

8-3　根据强度条件，杆件的强度计算有哪几种类型？

8-4　拉压杆的强度计算需要考虑杆件的长度吗？

8-5　何谓扭转刚度？圆轴扭转的刚度条件是如何建立的？

8-6 一受扭圆轴，将其横截面由实心圆变成面积相等的空心圆，若其他条件不变，其强度和刚度将如何变化？

8-7 梁的正应力强度计算中，是否弯矩最大的截面，一定就是梁的最危险截面？

8-8 要在直径为 d 的圆木中锯出弯曲刚度为最大的矩形截面梁（图8-19），则截面高度 h 与宽度 b 的合理比值是多少？

8-9 提高杆件强度、刚度的措施有哪些？

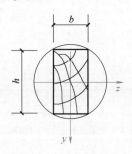

图 8-19 复习思考题 8-8 图

习　题

8-1 如图8-20所示结构中的 CD 杆为刚性杆，AB 杆为钢杆，直径 $d=30\text{mm}$，许用应力 $[\sigma]=160\text{MPa}$，弹性模量 $E=2.0\times10^5\text{MPa}$。试求结构的许用荷载 $[F]$。

8-2 如图8-21所示的结构，AB 杆为钢杆，其截面面积 $A_1=6\text{cm}^2$，许用应力 $[\sigma_1]=160\text{MPa}$；BC 杆为木杆，其截面面积 $A_2=100\text{cm}^2$，许用应力 $[\sigma_2]=7\text{MPa}$。设作用于 B 点的竖向荷载 $F=10\text{kN}$，试校核结构的强度。

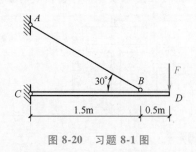

图 8-20 习题 8-1 图

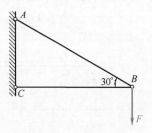

图 8-21 习题 8-2 图

8-3 如图8-22所示的结构由两根杆组成，杆 AB、AC 的横截面均为圆形，杆 AB 直径 $d_1=30\text{mm}$，两杆材料相同，许用应力 $[\sigma]=160\text{MPa}$，该桁架在结点 A 处受铅垂方向的荷载 $F=100\text{kN}$ 作用，试校核杆 AB 的强度，并求杆 AC 所需的直径 d_2。

8-4 如图8-23所示，传动轴的转速为 $n=500\text{r/min}$，主动轮 A 输入功率 $P_1=500\text{kW}$，从动轮 B、C 输出功率分别为 $P_2=200\text{kW}$、$P_3=300\text{kW}$。已知 $[\tau]=70\text{MPa}$。

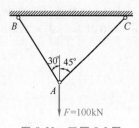

图 8-22 习题 8-3 图

1）确定 AB 段的直径 d_1 和 BC 段的直径 d_2。

2）若 AB 和 BC 两段选用同一直径，试确定直径 d。

8-5 一实心圆钢杆如图 8-24 所示，直径 $d = 100\text{mm}$，$G = 8×10^4\text{MPa}$，受外力偶矩 T_1 和 T_2 作用。若杆的许用切应力 $[\tau] = 80\text{MPa}$；900mm 长度内的许用扭转角 $[\varphi] = 0.014\text{rad}$，求 T_1 和 T_2 的许可值。

图 8-23 习题 8-4 图 　　　　　　　　图 8-24 习题 8-5 图

8-6 一电动机的传动轴直径 $d = 40\text{mm}$，轴的传动功率 $P = 30\text{kW}$，转速 $n = 1400\text{r/min}$，轴的材料为 45 钢，其 $G = 80\text{GPa}$，$[\tau] = 40\text{MPa}$，$[\theta] = 2°/\text{m}$，试校核此轴的强度和刚度。

8-7 如图 8-25 所示的结构，AB 梁与 CD 梁用的材料相同，$[\sigma] = 10\text{MPa}$，两梁的横截面宽度都为 $b = 100\text{mm}$，横截面高度分别为 $h = 150\text{mm}$、$h_1 = 100\text{mm}$，已知荷载 F 作用在 AB 梁的跨中，试求结构的许用荷载 $[F]$。

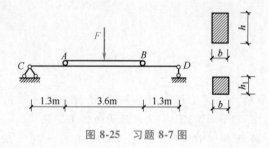

图 8-25 习题 8-7 图

8-8 铸铁梁受荷载情况如图 8-26 所示。已知截面对形心轴的惯性矩 $I_z = 403×10^5\text{mm}^4$，铸铁许用拉应力 $[\sigma_t] = 50\text{MPa}$，许用压应力 $[\sigma_c] = 125\text{MPa}$。试按正应力强度条件校核梁的强度。

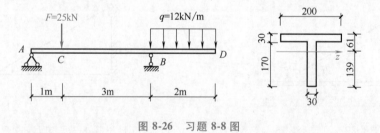

图 8-26 习题 8-8 图

8-9 一外伸梁受荷载情况如图 8-27 所示，横截面为矩形，$h/b = 2$。已知材料的许用应力 $[\sigma] = 10\text{MPa}$，$[\tau] = 2\text{MPa}$。试确定横截面的宽度 b 和高度 h。

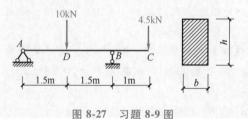

图 8-27 习题 8-9 图

8-10　如图 8-28 所示的外伸木梁，受可移动载荷 $F = 40$kN 的作用，已知许用应力 $[\sigma] = 10$MPa，许用切应力 $[\tau] = 3$MPa，$h/b = 3/2$，试求梁的横截面尺寸。

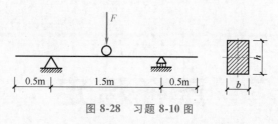

图 8-28　习题 8-10 图

8-11　如图 8-29 所示的矩形截面悬臂梁用三块木板胶合而成，在自由端作用有集中力 F，已知材料弯曲许用应力 $[\sigma] = 10$MPa，许用切应力 $[\tau] = 1.1$MPa；胶合缝的许用切应力 $[\tau] = 0.35$MPa，试求该梁的许用荷载 $[F]$。

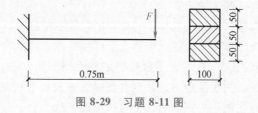

图 8-29　习题 8-11 图

8-12　如图 8-30 所示的桥式吊车梁的最大荷载为 20kN，吊车梁为工字钢，弹性模量 $E = 210$GPa，$l = 8.76$m，许用挠度 $\left[\dfrac{w}{l}\right] = \dfrac{1}{500}$。试选择工字钢型号。

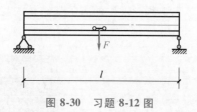

图 8-30　习题 8-12 图

第9章

压杆稳定

随着在大跨度结构和高层建筑中日益广泛地采用高强度轻质材料和薄壁结构，稳定性问题更显突出，往往成为结构安全的关键因素。

从实践中可知，拉杆在破坏前始终能保持它原有的直线平衡状态；但细长压杆却不同，当压力达到一定值时，其不仅有压缩变形，还产生垂直于杆件轴线方向的弯曲变形，此时压杆从直线平衡状态转变为弯曲平衡状态，压杆失去了原有稳定的直线平衡状态。失稳后压杆的弯曲变形可能会迅速增大，导致压杆丧失承载能力，甚至会使得由多根杆件所组成的结构产生连锁反应，在很短的时间内造成整个结构的坍塌或破坏，引发严重的事故。

1907年8月29日，建设中的加拿大圣劳伦斯河上的魁北克桥，因主跨桥墩附近的下弦杆失稳，导致桥架倒塌，19000t钢材坠入圣劳伦斯河中，正在桥上作业的86名工人中75人丧生，如图9-1a、b所示。2008年初，雨雪冰冻天气袭击了我国南方部分省市，造成大量的输电塔因杆件失稳而倒塌（图9-1c）。在建筑施工中频频发生的脚手架整体失稳等（图9-1d），都是工程结构失稳的典型案例。

a) 魁北克桥上处于危险中的悬臂桁架在施工

b) 垮塌后的魁北克桥

c) 倒塌的电塔

d) 倾斜的脚手架

图 9-1 失稳的典型案例

9.1　压杆稳定的概念

当轴向压力 F 小于某一数值时，压杆处于直线平衡状态（图9-2a），若此时施以微小的横向干扰力使压杆产生微小的弯曲变形，当干扰去掉后，压杆能恢复到原有的直线平衡位置。这表明，压杆的直线平衡状态是稳定的。

当轴向压力 F 大于某一数值时，压杆仍可以处于直线平衡状态，但一旦有微小的干扰，压杆将突然发生弯曲变形（图9-2b），即使去掉干扰，压杆也不能恢复到原有的直线平衡位置。压杆这种由直线平衡状态突然转变为弯曲平衡状态的过程表明，此时压杆的直线平衡状态是不稳定的，或者说，压杆丧失了保持稳定的原有直线平衡状态的能力，即**失稳**。

当轴向压力 F 等于这一数值时，压杆处于由稳定平衡状态过渡到不稳定平衡状态的临界状态，相应的这一轴向压力值称为**临界压力**或**临界力**，用 F_{cr} 表示。

失稳的现象在其他结构中也会发生。例如，①承受均布水压力的圆环（图9-3a），当压力达到临界值 q_{cr} 时，原有圆形平衡形式将成为不稳定的，可能出现新的非圆的平衡形式。②承受均布荷载的抛物线拱（图9-3b）和承受集中荷载的刚架（图9-3c），在荷载达到临界值 q_{cr} 或 F_{cr} 以前，都处于轴向受压状态；当荷载达到临界值时，均出现同时具有压缩和弯曲变形的新的平衡形式。③承受集中荷载的工字钢悬臂梁，当荷载达到临界值 F_{cr} 以前，梁仅在其腹板平面内弯曲；当荷载达到临界值 F_{cr} 时，原有平面弯曲形式不再是稳定的，梁将偏离腹板平面，发生斜弯曲和扭转（图9-3d）。

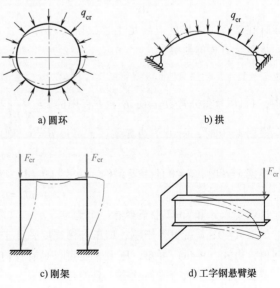

a) 圆环　　　　　　　　　　　b) 拱

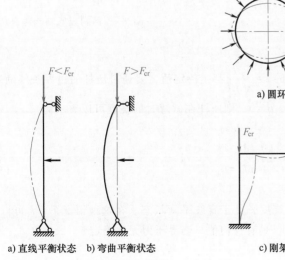

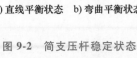

a) 直线平衡状态　b) 弯曲平衡状态　　　　c) 刚架　　　　　d) 工字钢悬臂梁

图9-2　简支压杆稳定状态　　　　　　　　图9-3　结构失稳实例

9.2　细长压杆的临界压力

9.2.1　两端铰支细长压杆的临界压力

根据分支点失稳现象，临界压力是压杆保持稳定的直线平衡状态的荷载最大值，也是压杆微弯平衡状态的荷载最小值。由于在直线平衡状态难以确定杆件的临界压力，故从微弯平衡状态入手，寻求压杆微弯平衡状态的荷载最小值。

以两端铰支细长等直压杆为例，如图 9-4 所示。当杆件在压力 F 作用下处于微弯变形时，距端点 B 为 x 的横截面产生了挠度 w，压力 F 对该横截面的形心产生弯矩 $M(x)$。由图 9-4 中可见，任一 x 截面上的弯矩为

$$M(x) = -Fw \tag{9-1}$$

在杆内应力不超过材料比例极限的条件下，小挠度弯曲的挠曲线近似微分方程为

$$\frac{\mathrm{d}^2 w}{\mathrm{d}x^2} = \frac{M(x)}{EI} \tag{9-2}$$

综合考虑式（9-1）、式（9-2），有

$$\frac{\mathrm{d}^2 w}{\mathrm{d}x^2} = -\frac{Fw}{EI} \tag{9-3}$$

在两端均为球铰的情况下，压杆的微弯变形一定发生于抗弯能力最小的纵向平面内，所以，式（9-3）中的 I 应是杆件横截面的最小形心主惯性矩。令

$$\frac{F}{EI} = k^2 \tag{9-4a}$$

则式（9-3）可改写为

$$\frac{\mathrm{d}^2 w}{\mathrm{d}x^2} + k^2 w = 0 \tag{9-4b}$$

即压杆在微弯时的挠度应满足上述二阶线性常系数齐次微分方程。该微分方程的通解为

$$w = A\sin kx + B\cos kx \tag{9-4c}$$

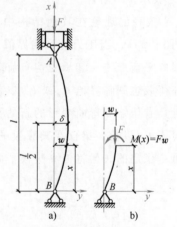

图 9-4　两端铰支细长等直压杆

式中，A、B 为积分常数。A、B 和方程中的 $k = \sqrt{\dfrac{F}{EI}}$ 都是待定值，要通过压杆的边界条件确定。

根据 $x = 0$ 时，$w = 0$ 的边界条件，可得 $B = 0$。则压杆在微弯时的挠度可以表示为

$$w = A\sin kx \tag{9-4d}$$

根据 $x = l$ 时，$w = 0$ 的边界条件，由式（9-4d）得

$$A\sin kl = 0 \tag{9-4e}$$

这就要求 A 和 $\sin kl$ 中至少有一个为零。

如果 $A = 0$，w 就恒等于零，即压杆无挠度，处于直线平衡状态。在这种情况下，k 可以具有任何值，由式（9-4a）可知，压力 F 也可以具有任何值，临界压力无法确定。

若要压杆处于微弯平衡状态，只能是

$$\sin kl = 0 \tag{9-4f}$$

要满足这一条件，kl 就应该是 π 的整数倍，即

$$kl = n\pi \quad n = 0, 1, 2, \cdots \qquad (9\text{-}4g)$$

由此求得

$$k = \frac{n\pi}{l} \qquad (9\text{-}4h)$$

把 k 值代入式（9-4a），有

$$k^2 = \frac{F}{EI} = \frac{n^2\pi^2}{l^2} \qquad (9\text{-}4i)$$

即

$$F = \frac{n^2\pi^2 EI}{l^2} \qquad (9\text{-}5)$$

由式（9-4g）可知，n 是 0，1，2，3 等整数中的任一个。所以式（9-5）表明，能够使压杆保持微弯平衡状态的压力有多个值。临界压力 F_{cr} 是其中最小非零值，取 $n = 1$ 即两端铰支中心受压细长等直压杆的临界压力

$$F_{cr} = \frac{\pi^2 EI}{l^2} \qquad (9\text{-}6)$$

由于欧拉（L，Euler）在 18 世纪中叶最先用此方法研究压杆的稳定问题，故通常称为**欧拉公式**。应该注意：杆的弯曲必然是发生在抗弯能力最小的平面内，所以式（9-6）中的惯性矩 I 应为杆件横截面的最小惯性矩。

9.2.2　其他支座下细长压杆的临界压力

工程实际中，压杆除两端为铰支的形式外，还有其他各种不同的支座情况，这些压杆的临界压力计算公式可以仿照上述方法，由挠曲线近似微分方程及边界条件求得，也可利用挠曲线相似的特点，以两端铰支为基本形式推广而得。这里不再一一推导，具体计算见表 9-1。

表 9-1　压杆的临界压力和长度系数 μ 的取值

支端情况	两端铰支	一端固定另一端铰支	两端固定	一端固定另一端自由	两端固定但可沿横向相对移动
失稳时挠曲线形状		C—挠曲线拐点	C、D—挠曲线拐点		C—挠曲线拐点
临界压力 F_{cr} 欧拉公式	$F_{cr} = \dfrac{\pi^2 EI}{l^2}$	$F_{cr} \approx \dfrac{\pi^2 EI}{(0.7l)^2}$	$F_{cr} = \dfrac{\pi^2 EI}{(0.5l)^2}$	$F_{cr} = \dfrac{\pi^2 EI}{(2l)^2}$	$F_{cr} = \dfrac{\pi^2 EI}{l^2}$
长度系数 μ	$\mu = 1$	$\mu \approx 0.7$	$\mu = 0.5$	$\mu = 2$	$\mu = 1$

从表 9-1 中可以看出，不同支座约束时的压杆临界压力计算公式是相似的，只是分母中长度 l 所乘的系数不同。因此，对于不同支座约束情况的细长压杆的临界压力计算公式可统一写成

$$F_{cr} = \frac{\pi^2 EI}{(\mu l)^2} \tag{9-7}$$

式（9-7）即欧拉公式的普遍形式。式中，μl 表示把压杆折算成两端铰支的长度，故称为**相当长度**。μ 称为**长度系数**，它反映了杆端不同支座情况对临界压力的影响。

应该指出，以上的结果是在理想情况下得到的，工程实际情况要复杂得多，需要根据具体情况进行具体分析，从而决定其长度系数。例如，内燃机配气机构中的挺杆（图 9-5），通常可简化成两端铰支。发动机的连杆（图 9-6），在其运动平面内，上端连接活塞销，下端与曲轴相连，两端都可以自由转动，故简化成两端铰支；而在另一个与运动平面垂直的纵向平面内，两端不能转动，因此简化为两端固定，所以在这两个平面内长度系数 μ 是不相同的。有些受压杆端部与其他弹性杆件固接，由于弹性杆件也会发生弹性变形，所以杆端弹性约束处于固定支座和铰支座之间。此外，作用于压杆上的荷载也有多种形式，如压力可能是沿轴线分布而不是集中于两端等。上述各种不同情况，也可用不同的长度系数 μ 来反映，这些系数值可从有关的设计手册或规范中查到，也可直接用试验来分析测定。

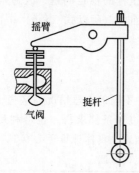
图 9-5　内燃机配气机构中的挺杆

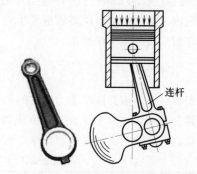
图 9-6　发动机的连杆及其分析简图

例 9-1　一细长圆截面连杆，两端可视为铰支，长度 $l = 1\text{m}$，直径 $d = 20\text{mm}$，材料为 Q235 钢，其弹性模量 $E = 200\text{GPa}$，屈服极限 $\sigma_s = 235\text{MPa}$。试计算连杆的临界压力以及使连杆压缩屈服所需的轴向压力。

解：1）计算临界压力。根据式（9-6）可知，其临界压力为

$$F_{cr} = \frac{\pi^2 EI}{l^2} = \frac{\pi^3 Ed^4}{64 l^2} = \frac{\pi^3 \times 200 \times 10^9 \text{Pa} \times (0.02\text{m})^4}{64 \times (1\text{m})^2} = 15.5\text{kN}$$

2）使连杆压缩屈服所需的轴向压力为

$$F_s = A\sigma_s = \frac{\pi d^2 \sigma_s}{4} = \frac{\pi \times (0.02\text{m})^2 \times 235 \times 10^6 \text{Pa}}{4} = 7.38 \times 10^4 \text{N} = 73.8\text{kN}$$

F_s 远远大于 F_{cr}，所以对于细长杆来说，其承压能力一般是由稳定性要求确定的。

9.3　压杆的临界应力及其经验公式

9.3.1　临界应力

压杆处于临界状态时，杆的横截面上已有弯矩的作用，这会使压杆的横截面上产生弯曲正

应力，并且同一横截面上的不同点处的轴向弯曲正应力不相等。但由于此时压杆仅为微弯，该弯矩所产生的弯曲正应力并不明显，可以近似认为压杆横截面上的轴向正应力仍为临界压力 F_{cr} 与压杆的横截面面积 A 之比。该正应力称为压杆的**临界应力**，以 σ_{cr} 表示。即

$$\sigma_{cr} = \frac{F_{cr}}{A} = \frac{\pi^2 EI}{(\mu l)^2 A} \tag{9-8}$$

式中，$\dfrac{I}{A} = i^2$，i 为截面的惯性半径，是一个与截面形状和尺寸有关的几何量。将此关系代入式 (9-8) 得

$$\sigma_{cr} = \frac{\pi^2 E i^2}{(\mu l)^2} = \frac{\pi^2 E}{\left(\dfrac{\mu l}{i}\right)^2} \tag{9-9}$$

令

$$\lambda = \frac{\mu l}{i} \tag{9-10}$$

则临界应力可写为

$$\sigma_{cr} = \frac{\pi^2 E}{\lambda^2} \tag{9-11}$$

式 (9-11) 为欧拉公式的另一种形式。式中，λ 称为压杆的**柔度**或**长细比**，是量纲为一的量，它集中反映了压杆的长度、约束条件、截面的形状和尺寸等因素对临界应力 σ_{cr} 的影响。因此，在压杆稳定问题中，柔度 λ 是一个很重要的参量，柔度 λ 越大，相应的 σ_{cr} 就越小，即压杆越容易失稳。

9.3.2 欧拉公式的适用范围

欧拉公式是根据压杆挠曲线的近似微分方程 $\dfrac{d^2 w}{dx^2} = \dfrac{M(x)}{EI}$ 导出的，而这个微分方程只有在小变形及材料服从胡克定律的条件下才能成立。所以，欧拉公式也只能在应力不超过材料的比例极限 σ_p 时才适用，即欧拉公式的适用范围是

$$\sigma_{cr} = \frac{\pi^2 E}{\lambda^2} \le \sigma_p \tag{9-12}$$

或

$$\lambda \ge \sqrt{\frac{\pi^2 E}{\sigma_p}} \tag{9-13}$$

将临界应力等于材料比例极限时的压杆柔度用 λ_p 表示，即

$$\lambda_p = \pi \sqrt{\frac{E}{\sigma_p}} \tag{9-14}$$

于是，欧拉公式的适用范围又可表示为

$$\lambda \ge \lambda_p \tag{9-15}$$

满足 $\lambda \ge \lambda_p$ 的压杆称为大柔度杆，前面常提到的细长压杆指的就是大柔度杆。

式 (9-14) 说明，λ_p 是由材料的性质所决定的，与压杆的约束条件和结构形式无关。不同的材料的 λ_p 的数值不同，欧拉公式适用的范围也就不同。以常用的 Q235 钢为例，其 $E = 200\text{GPa}$，$\sigma_p = 200\text{MPa}$，代入式 (9-14) 得

$$\lambda_p = \pi\sqrt{\frac{200\times10^9}{200\times10^6}} \approx 100$$

所以，用 Q235 钢制作的压杆，只有当 $\lambda \geqslant 100$ 时，才可以应用欧拉公式。又如对 $E = 70\text{GPa}$，$\sigma_p = 175\text{MPa}$ 的铝合金，其 $\lambda_p = 62.8$，表示对于这类铝合金所制成的压杆，只有当 $\lambda \geqslant 62.8$ 时方能使用欧拉公式。

9.3.3 临界应力的经验公式

工程中除细长压杆外，还有很多柔度小于 λ_p 的压杆，它们受压时也会发生失稳，如内燃机的连杆、千斤顶的螺杆等。对于这些杆件，应力已超过材料的比例极限 σ_p，不能采用欧拉公式计算其临界应力 σ_{cr}。对于这类压杆的稳定问题，工程上一般采用以试验结果为依据的经验公式，常用的有直线公式和抛物线公式，这里只介绍直线经验公式。直线公式把柔度小于 λ_p 的压杆的临界应力 σ_{cr} 与其柔度 λ 表示为以下直线关系：

$$\sigma_{cr} = a - b\lambda \tag{9-16}$$

式中，a 和 b 是与材料性质有关的常数。在表 9-2 中列了几种常用材料的 a 和 b 的值。

表 9-2　直线经验公式的系数 a 和 b

材料	E/GPa	a/MPa	b/MPa	λ_p(参考值)	λ_s(参考值)
Q235 钢	196~216	304	1.12	100	61.4
优质碳钢	186~206	461	2.58	100	60.3
灰铸铁	78.5~157	332.2	1.45		
LY12 硬铝	72	392	3.16	50	

压杆的 $\lambda \leqslant \lambda_p$ 时已不能使用欧拉公式，但也不是所有 $\lambda \leqslant \lambda_p$ 的压杆都可用式（9-16）。因为当 λ 小到某一数值时，压杆的破坏不是由于失稳所引起的，而主要是因为压应力达到屈服极限（塑性材料）或强度极限（脆性材料）所引起的，这已是一个强度问题。所以，对这类压杆来说，临界应力就应是屈服极限或强度极限。使用直线公式式（9-16）时，λ 应有一个最低界限，它们所对应的临界应力分别为屈服极限（塑性材料）或抗压极限（脆性材料）。对于塑性材料，在式（9-16）中，令 $\sigma_{cr} = \sigma_s$，得

$$\lambda_s = \frac{a - \sigma_s}{b} \tag{9-17}$$

如果是脆性材料，只要把式（9-17）中的 σ_s 改为 σ_b 就可确定相应的 λ 的最低界限 λ_b。通常把柔度 λ 小于 λ_s（或 λ_b）的压杆称为小柔度杆，把柔度 λ 介于 λ_p 与 λ_s（或 λ_b）之间的压杆称为中柔度杆。

压杆的临界应力 σ_{cr} 随柔度 λ 变化的情况可用 σ_{cr}-λ 图线来表示（图 9-7）。此图称为压杆的**临界应力总图**，它表示了柔度 λ 不同的压杆的临界应力值。对于 $\lambda < \lambda_s$（或 λ_b）的小柔度压杆，应按强度问题计算，其临界应力即压杆材料的屈服极限或强度极限，故在图 9-7 中表示为水平线 AB。对于 $\lambda \geqslant \lambda_p$ 的大柔度压杆，应按欧拉公式计算该压杆的临界应力，在图 9-7 中表示为曲线 CD。柔度介于 λ_p 与 λ_s（或 λ_b）之间的中柔度

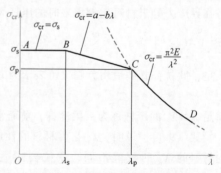

图 9-7　压杆的临界应力总图

杆，可用经验公式式（9-16）计算其临界应力，在图9-7中表示为斜直线 BC。由此可见，在计算时首先要根据压杆的柔度值和压杆材料的 λ_p 与 λ_s（或 λ_b）判断它属于哪一类压杆，然后选用相应的公式，计算出临界应力后，乘以横截面面积，便可得到该压杆的临界压力。

例9-2　试求图9-8所示的三种不同杆端约束压杆的临界压力。压杆的材料为Q235钢，$E=200\text{GPa}$，杆长 $l=300\text{mm}$，横截面为矩形，$b=12\text{mm}$，$h=20\text{mm}$。

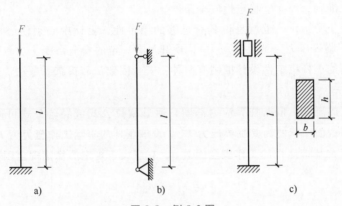

图9-8　例9-2图

解：为了选用相应的计算公式，各压杆应先分别计算各自的柔度，压杆失稳总是发生在它抗弯能力最小的纵向平面内。因此，应先求横截面的最小惯性半径

$$i_{\min}=\sqrt{\frac{I_{\min}}{A}}=\sqrt{\frac{hb^3/12}{bh}}=\frac{12}{2\sqrt{3}}\text{mm}=3.46\text{mm}$$

1）一端固定、一端自由的压杆，长度系数 $\mu=2$，则

$$\lambda=\frac{\mu l}{i}=\frac{2\times300}{3.46}=173.4$$

Q235钢 $\lambda_p=100$，该压杆的柔度 $\lambda>\lambda_p$，属于大柔度杆，可应用欧拉公式计算临界压力，则

$$F_{\text{cr}}=\frac{\pi^2 EI}{(\mu l)^2}=\frac{\pi^2\times200\times10^9\text{Pa}\times\dfrac{20\times12^3}{12}\times10^{-12}\text{m}^4}{(2\times300\times10^{-3}\text{m})^2}=15.8\times10^3\text{N}=15.8\text{kN}$$

2）两端铰支的压杆，长度系数 $\mu=1$，则

$$\lambda=\frac{\mu l}{i}=\frac{1\times300}{3.46}=86.7$$

Q235钢 $\lambda_p=100$，$\lambda_s=\dfrac{a-\sigma_s}{b}=\dfrac{304-235}{1.12}=61.6$。

由此可知，该压杆柔度介于 λ_p 和 λ_s 之间（$\lambda_s<\lambda<\lambda_p$），故属于中柔度杆，可使用直线公式计算临界应力。

$$\sigma_{\text{cr}}=a-b\lambda=(304-1.12\times86.7)\text{MPa}=207\text{MPa}$$
$$F_{\text{cr}}=\sigma_{\text{cr}}A=207\times10^6\text{Pa}\times20\times12\times10^{-6}\text{m}^2=49.7\times10^3\text{N}=49.7\text{kN}$$

3）两端固定的压杆，长度系数 $\mu=0.5$，则

$$\lambda=\frac{\mu l}{i}=\frac{0.5\times300}{3.46}=43.4<\lambda_s$$

此杆属于小柔度杆，应按强度问题计算，即 $\sigma_{\text{cr}}=\sigma_s=235\text{MPa}$，故临界压力为

$$F_{cr} = \sigma_s A = 235 \times 10^6 \text{Pa} \times 20 \times 12 \times 10^{-6} \text{m}^2 = 56.4 \times 10^3 \text{N} = 56.4 \text{kN}$$

9.4 压杆稳定设计

稳定性设计主要包含两个主要内容：一个是确定临界压力或临界应力，上节已讨论；另一个是确定稳定性设计准则，即建立稳定性安全条件。

为了保证压杆正常工作，也就是说具有足够的稳定性，设计中必须使压杆实际所承受的压力（或应力）小于临界压力（或临界应力），使其具有一定的安全裕度。

工程上，常用的压杆稳定性设计准则有两种：安全因数法和折减系数法。

1. 安全因数法

对于各种柔度的压杆，根据临界应力总图，通过欧拉公式或经验公式可以求出其相应的临界应力，乘以其横截面面积便为其**临界压力** F_{cr}。设该压杆的实际**工作压力为** F，则临界压力 F_{cr} 与实际工作压力 F 之比即压杆的**工作安全因数** n，它应大于规定的**稳定安全因数** $[n_{st}]$，即

$$n = \frac{F_{cr}}{F} \geq [n_{st}] \tag{9-18}$$

由于确定临界压力时所采用的是理想中心受压状态，这与实际工程中压杆存在着许多不容忽视的差异。如压杆的初曲率、压力的偏心、压杆装配应力、材料不均匀性和支座的缺陷等。这些因素对强度的影响不十分显著，却严重地影响压杆的稳定性。因此，稳定安全因数通常高于强度安全因数。对于钢，$[n_{st}] = 1.8 \sim 3.0$；对于铸铁，$[n_{st}] = 5.0 \sim 5.5$；对于木材，$[n_{st}] = 2.8 \sim 3.2$。

2. 折减系数法

折减系数法的稳定条件是，压杆的工作应力小于压杆的强度许用应力 $[\sigma]$ 乘上一个系数 φ。即

$$\frac{F}{A} \leq \varphi[\sigma] \tag{9-19}$$

式中，F 为压杆的工作压力；A 为压杆的横截面面积；$[\sigma]$ 为压杆的强度许用应力；φ 为稳定系数或折减系数，通常小于1。

φ 不是一个定值，它是随实际压杆的柔度而变化的。工程实用上常将各种材料的 φ 值随 λ 而变化的关系绘出曲线或列成数据表以便应用。限于篇幅，折减系数法本书不予讨论，读者可参阅其他有关书籍。

最后，需要指出的是，压杆的稳定性取决于整个杆件的弯曲刚度，临界压力的大小是由压杆整体的变形所决定的。压杆上因存在沟槽或铆钉孔等而造成的局部削弱对临界压力的影响很小。因此，在确定压杆临界压力和临界应力时，不论是用欧拉公式还是经验公式，均用未削弱的横截面形状和尺寸进行计算。而强度计算则需考虑净面积，甚至应力集中的影响。

稳定性计算包括稳定性校核、截面设计和确定许用荷载三个方面。

例 9-3　如图 9-9 所示的千斤顶，已知其丝杆长度 $l = 0.5\text{m}$，直径 $d = 52\text{mm}$，材料为 Q235 钢，$\sigma_p = 200\text{MPa}$，$\sigma_s = 240\text{MPa}$，$E = 200\text{MPa}$，最大顶起重力 $F = 150\text{kN}$，规定稳定安全因数 $[n_{st}] = 2.5$，试校核丝杆的稳定性。

解：用稳定性条件式（9-18）校核千斤顶丝杆的稳定性。丝杆可视为上端自由、下端固定的压杆，故 $\mu = 2$，杆长 $l = 0.5\text{m}$，惯性半径

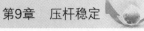

$$i = \sqrt{\frac{I}{A}} = \frac{d}{4} = 13\text{mm}$$

丝杆的柔度

$$\lambda = \frac{\mu l}{i} = \frac{2 \times 500}{13} = 76.9$$

对于 Q235 钢，可分别求出

$$\lambda_s = \frac{a - \sigma_s}{b} = \frac{304 - 240}{1.12} = 57.1$$

$$\lambda_p = \sqrt{\frac{\pi^2 E}{\sigma_p}} = \sqrt{\frac{\pi^2 \times 200 \times 10^9}{200 \times 10^6}} \approx 100$$

由于 $\lambda_s < \lambda < \lambda_p$，故丝杆属于中柔度杆，由直线经验公式计算临界应力，则

$$\sigma_{cr} = a - b\lambda = (304 - 1.12 \times 76.9)\text{MPa} = 218\text{MPa}$$

临界压力为

$$F_{cr} = A\sigma_{cr} = \left(\frac{\pi \times 52^2}{4} \times 218\right)\text{N} = 463\text{kN}$$

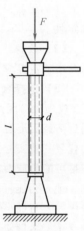

图 9-9　例 9-3 图

工作安全因数为

$$n = \frac{F_{cr}}{F} = \frac{463}{150} = 3.09 > [n_{st}]$$

故千斤顶的丝杆满足稳定性要求。

例 9-4　图 9-10 所示的结构由普通碳钢制成，AB、AC 均为直径 $d = 40\text{mm}$ 的圆截面杆，长度均为 2m，荷载如图 9-10 所示。已知弹性模量 $E = 200\text{GPa}$，比例极限 $\sigma_p = 200\text{MPa}$，屈服极限 $\sigma_s = 240\text{MPa}$，临界应力直线经验公式的系数 $a = 304$，$b = 1.12$，稳定安全因数 $[n_{st}] = 5$。试校核 AB 杆的稳定性。

解：由平衡条件求出 AB 轴力 $F_{AB} = 12\text{kN}$（压）。计算 AB 杆柔度：

$$\lambda = \frac{\mu l}{i} = \frac{1 \times 2000}{40/4} = 200$$

$$\lambda_p = \pi\sqrt{\frac{E}{\sigma_p}} = \pi\sqrt{\frac{200 \times 10^3}{200}} = 99.3$$

由于 $\lambda > \lambda_p$，所以 AB 杆属于大柔度杆，由欧拉公式计算临界压力，则

$$F_{cr} = \sigma_{cr} A = \frac{\pi^2 E}{\lambda^2} \frac{\pi d^2}{4} = \left(\frac{\pi^2 \times 200 \times 10^3}{200^2} \times \frac{\pi \times 40^2}{4}\right)\text{N} = 61.9\text{kN}$$

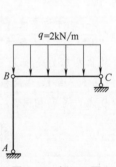

图 9-10　例 9-4 图

工作安全因数为

$$n = \frac{F_{cr}}{F_{AB}} = \frac{61.9}{12} = 5.16 > [n_{st}] = 5$$

所以 AB 杆满足稳定性要求。

9.5　提高压杆稳定性的措施

提高压杆的稳定性，就是要提高压杆的临界压力或临界应力。因此，必须综合考虑杆长、端

部支承情况、压杆截面的形状和尺寸以及材料性质等因素的影响。

（1）尽量减小压杆的支承长度 压杆的临界应力随着杆长的增加而减小，因此，在条件允许的情况下，通过改进结构或增加中间支承点，从而尽可能减小杆长，以提高压杆的稳定性。

（2）改善约束情况 尽可能改善杆端约束情况，加强杆端约束的刚性。使压杆的长度系数 μ 值减小，临界应力相应增大，从而提高压杆的稳定性。

（3）选择合理的截面形状 由于压杆的临界应力随柔度 λ 的减小而增大，而 λ 又与惯性半径 i 成反比，因此对于一定长度和支承方式的压杆，在横截面面积一定的前提下，应尽可能使材料远离截面形心，以增大 i，使 λ 减小。例如，用环形截面代替圆形实心截面或用空心正方形截面代替其他实心截面。若压杆在各个纵向平面内的支承情况相同（如球铰支座和固定支座），则应尽可能使截面的最大和最小两个轴惯性矩相等（即 i 相等），使压杆在各纵向平面内具有相同的 λ 值。当压杆端部在两个互相垂直的纵向平面内，其支承情况或相当长度（μl）不同时，应采用最大与最小轴惯性矩不等的截面（如矩形截面），并使轴惯性矩较小的平面内具有刚性较大的支承，尽量使压杆在两个纵向平面内的柔度 λ 接近或相等。

（4）合理选用材料 由于各种钢材的 E 值大致相等，因此，对细长杆选用高强度钢意义不大。对非弹性失稳的压杆，因其临界应力与材料的强度有关，选用高强度钢能使其临界应力有所提高。

复习思考题

9-1 什么是稳定平衡？什么是不稳定平衡？

9-2 影响压杆柔度的因素有哪些？压杆的柔度越大，其临界应力越小，这种说法对吗？

9-3 说明欧拉公式的适用范围。其依据是什么？若超过这一范围时，如何计算压杆的临界压力？

9-4 对于柔度 $\lambda<\lambda_p$ 的压杆，若仍采用欧拉公式计算其临界压力，将会导致什么后果？

9-5 在其他条件不变的情况下，若将一细长压杆的横截面由实心圆改为面积相等的空心圆，杆的临界压力是增大还是减小？

9-6 由1、2两根杆件按照两种不同的方式组成的结构分别如图9-11a、b所示，试问它们的承载能力是否相同？

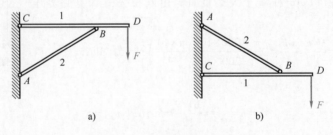

图 9-11 复习思考题 9-6 图

9-7 如图9-12所示四根细长压杆，材料、截面均相同，问哪一根杆的临界力最大？哪一根杆最小？

9-8 提高压杆稳定性的措施有哪些？

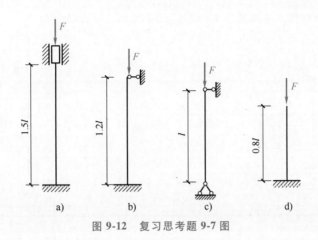

图 9-12 复习思考题 9-7 图

习 题

9-1 试用欧拉公式计算下列细长压杆的临界压力。杆件两端均为固定支座，弹性模量均为 $E = 200\text{GPa}$。

1) 圆形截面，$d = 25\text{mm}$，$l = 2.0\text{m}$。

2) 矩形截面，$h = 2b = 40\text{mm}$，$l = 1.0\text{m}$。

3) 18 号工字钢，$l = 2.0\text{m}$。

9-2 图 9-13 所示各压杆的材料和截面均相同，试比较各杆临界压力的大小。

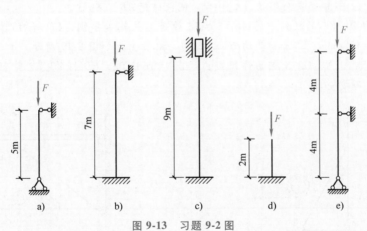

图 9-13 习题 9-2 图

9-3 如图 9-14 所示的矩形截面木压杆，已知 $l = 5\text{m}$、$b = 100\text{mm}$、$h = 150\text{mm}$，材料的弹性模量 $E = 10\text{GPa}$，$\lambda_p = 110$，试求此压杆的临界压力。

9-4 如图 9-15 所示，已知压杆两端为球形铰支，杆长 $l = 6\text{m}$，直径 $d = 150\text{mm}$，材料为 Q235 钢，$E = 200\text{GPa}$，$\lambda_p = 100$，稳定安全系数 $[n_{st}] = 3$，试求压杆的许用荷载 $[F]$。

9-5 压杆截面如图 9-16 所示。两端为柱形铰接约束，若绕 y 轴失稳可视为两端固定，若绕 z 轴失稳可视为两端铰支。已知杆长 $l = 1\text{m}$，材料的弹性模量 $E = 200\text{GPa}$，$\lambda_p = 100$。求压杆的临界压力。

9-6 如图 9-17 所示的桁架 ABC 中，AB 和 BC 皆为细长压杆，且截面相同，材料一样。若因

在 ABC 平面内失稳而破坏，并规定 $0<\theta<\pi/2$，试确定 F 为最大值时的 θ。

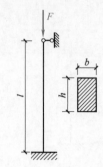

图 9-14　习题 9-3 图

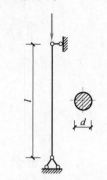

图 9-15　习题 9-4 图

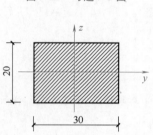

图 9-16　习题 9-5 图

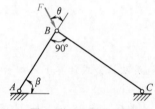

图 9-17　习题 9-6 图

9-7　设有一托架如图 9-18 所示，在横杆端点 D 处受到一力 $F=20\text{kN}$ 的作用。已知斜撑杆 AB 两端为铰接，其截面为环形，外径 $D=45\text{mm}$，内径 $d=6\text{mm}$，材料的弹性模量 $E=200\text{GPa}$，比例极限 $\sigma_p=200\text{MPa}$。若稳定安全因数 $[n_{st}]=2$，试校核杆 AB 的稳定性。

9-8　如图 9-19 所示的托架中的 AB 杆为 18 号普通热轧工字钢，CD 杆为圆截面直杆，直径 $d=40\text{mm}$，长 $l=1000\text{mm}$，二者材料均为 Q235 钢。托架受力如图 9-19 所示，A、C、D 三处均为铰接。若已知 $F=70\text{kN}$，Q235 钢的许用应力 $[\sigma]=160\text{MPa}$，CD 杆的稳定安全因数 $[n_{st}]=2$，试校核该托架是否安全。

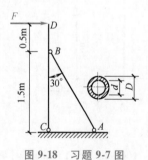

图 9-18　习题 9-7 图

图 9-19　习题 9-8 图

9-9　Q235 钢制成的矩形截面杆，两端约束及所承受的载荷如图 9-20 所示，在 A、B 两处为销钉连接。若已知 $l=2300\text{mm}$、$b=40\text{mm}$、$h=60\text{mm}$，材料的弹性模量 $E=205\text{GPa}$，$\lambda_p=101$。试求此杆的临界压力 F_{cr}。

9-10　如图 9-21 所示的结构中杆 AC 与 CD 均由 Q235 钢制成，C、D 两处均为球铰。已知 AC 杆为矩形截面，$b=100\text{mm}$，$h=180\text{mm}$；CD 杆为圆截面，$d=20\text{mm}$；材料弹性模量 $E=200\text{GPa}$，$\lambda_p=100$，许用弯曲正应力 $[\sigma]=170\text{MPa}$，稳定安全因数 $[n_{st}]=3$，试确定结构的许用荷载 $[F]$。

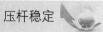

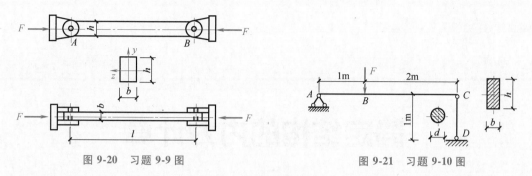

图 9-20　习题 9-9 图　　　　　　　　　　　图 9-21　习题 9-10 图

9-11　如图 9-22 所示的正方形结构，由五根圆杆组成，材料的弹性模量 $E=210\text{GPa}$，比例极限 $\sigma_p=210\text{MPa}$，屈服极限 $\sigma_s=240\text{MPa}$，直线经验公式为 $\sigma_{cr}=(304-1.12\lambda)\text{MPa}$，杆的直径 $d=3\text{cm}$，连接处皆为铰链，$a=1\text{m}$，许用应力 $[\sigma]=100\text{MPa}$，稳定安全因数 $[n_{st}]=3$。试求此结构的许用荷载 $[F]$。

9-12　由横梁 AB 与立柱 CD 组成的结构如图 9-23 所示，在 A 端作用集中力偶 $M_e=12\text{kN}\cdot\text{m}$，$l=60\text{cm}$，立柱直径 $d=2\text{cm}$，两端铰支，材料为碳钢，$E=200\text{GPa}$，$\sigma_p=200\text{MPa}$，$\sigma_s=240\text{MPa}$，直线经验公式系数 $a=304\text{MPa}$，$b=1.12\text{MPa}$，稳定安全因数 $[n_{st}]=2$。试求：

1）校核立柱 CD 的稳定性。

2）若 AB 梁为 14 号工字钢，$W_z=102\text{cm}^3$，许用应力 $[\sigma]=160\text{MPa}$，试校核其强度。

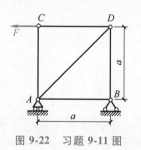

图 9-22　习题 9-11 图

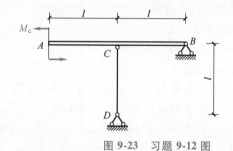

图 9-23　习题 9-12 图

第 10 章

静定结构的内力计算

10.1 结构的计算简图和杆系结构的分类

10.1.1 结构的计算简图

工程中用以负担预定任务、承受荷载的建筑物，如房屋、桥梁、隧道、大坝等都可以称为结构。为了保证结构能够安全、稳定地工作，同时考虑经济方面的要求，就需要对其进行强度、刚度和稳定性的计算。由于实际结构比较复杂，计算时若按照实际情况进行力学分析，将非常烦琐，且没有必要。因此，在计算之前，将实际结构进行简化，略去次要因素，通过简单的图形代替实际结构，这种简化图形就称为结构的计算简图。

简化工作包括以下几个方面：

1）杆件的简化，以其轴线为代表。

2）支座和结点的简化。

3）荷载的简化，常简化为集中荷载及线性分布荷载。

4）体系的简化，将空间结构简化为平面结构。

如图 10-1a 所示，一根梁两端搁在墙上，梁上放一重物。简化时，将梁本身看作一条轴线，重物看作集中荷载，梁本身自重为线性分布的均布荷载。考虑梁两端支承面有摩擦，梁不能两端左右移动，但是受到热胀冷缩还会伸长，因此，将一端视为固定铰支座，一端视为活动铰支座，这样就得到图 10-1b 所示的简图。只要梁的截面尺寸、墙宽以及重物与梁的接触尺寸比梁长小很多，这样的简化就完全是可以的。

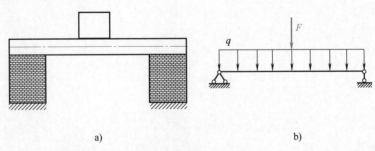

a)   b)

图 10-1 结构计算简图

图 10-2a 所示为一钢筋混凝土屋架，如果只反映桁架承受的支座力，则计算可以采用图 10-2b 所示的简图，各杆之间可以假定为铰接，尽管与实际情况不符，但在可以简化计算，且误差在可以接受的范围内。如果将各杆之间视为刚接（图 10-2c），可以得到精确的计算简图，

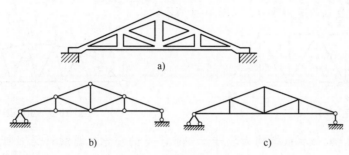

图 10-2　屋架计算简图

但是计算复杂很多。

如何确定一个结构的计算简图，特别对于复杂的结构，需要一定的专业知识和实际经验。有时，还要借助试验模型或者现场实测才能确定。杆件与杆件之间的连接（约束）、杆件与基础之间的连接（支座），其约束与约束反力的简化方式，具体可见本书第 2.5 节。

10.1.2　杆系结构的分类

结构按照其几何特征可以分为杆件结构、薄壁结构和实体结构。杆件结构是指当长度远远大于其他两个截面尺寸的杆件组成的结构。而薄壁结构是指厚度远远小于其他两个截面尺寸的结构，如板和壳（图 10-3）。

结构力学研究的主要对象是杆件结构，根据杆件结构受力特征的不同又分为以下几种：

图 10-3　板和壳

1）梁。梁为受弯杆件，轴线简化形式通常为直线，当荷载垂直于梁轴线时，横截面上的内力只有弯矩和剪力，没有轴力。梁分为单跨和多跨，如图 10-4 所示。

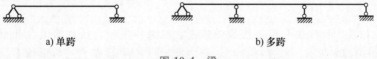

a) 单跨　　　　　　　　　　　　b) 多跨

图 10-4　梁

2）拱。拱的轴线为曲线，在垂直荷载作用下会产生水平推力，如图 10-5 所示。因此，相同跨度的拱比梁的弯矩及剪力都要小，而轴向力较大。

3）刚架（图 10-6）。由直杆组成，且通过刚结点连接。各杆件均受弯，内力由弯矩、剪力和轴力组成。

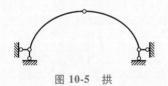

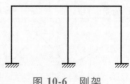

图 10-5　拱　　　　　　　　　　　　图 10-6　刚架

4）桁架（图 10-7）。由直杆组成，结点均为铰结点，当只受到作用于结点的集中荷载时，各杆只产生轴力。

5）组合结构。通常是由桁架和梁或者由桁架和刚架组合在一起的结构，其中有些杆件只受到轴力，有些杆件受到弯矩和剪力，如图 10-8 所示。

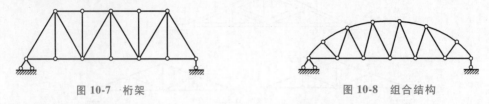

图 10-7　桁架　　　　　　　　　　　　图 10-8　组合结构

6）悬索结构。主要承重结构为悬挂于柱或塔上的缆索，缆索只受轴向拉力，如图 10-9 所示。

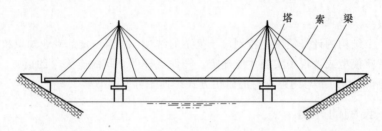

图 10-9　悬索结构

按照内力是否静定，结构还可以分为静定结构和超静定结构。若在任意荷载作用下，结构的所有反力和内力都可以由静定平衡条件求出，则称这样的结构为静定结构。相反，若靠平衡条件不能确定所有的反力和内力，还需要考虑变形条件才能确定，这样的结构为超静定结构（图 10-6）。

10.2　静定结构的几何性质及一般分析方法

10.2.1　概述

杆件结构是由若干杆件相互连接构成的体系。这类体系中，任意的组合并不都能为工程结构所使用。如图 10-10a 所示，两根杆件与地面之间通过铰接形成了三角形体系，在任意荷载作用下，若不考虑杆件材料的变形，其几何形状和位置均保持不变；而图 10-10b 所示的杆件与地面铰接成四边形体系，在不考虑材料变形的情况下，即使存在很小的荷载作用，整个体系也会发生机械运动，无法保持原有形状和位置，这种体系称为几何可变体系。一般在工程结构体系中必须采用几何不变体系，否则不能够承受任意荷载并保持平衡。因此，在进行结构设计和选取计算简图时，首先判断结构是否为几何不变体系，进而再决定是否采用。这一过程称为体系的机动分析或几何构造分析。

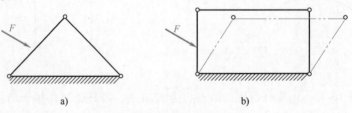

a)　　　　　　　　　　　　　　　b)

图 10-10　杆件体系

本章内容只讨论平面体系的机动分析。同时，由于不考虑材料的变形，可将单根杆件或者几何不变的部分看作一个刚体，在平面体系中将刚体又称为刚片。

10.2.2　计算平面体系的自由度

为了分析一个体系是否为几何不变体系，应先计算其自由度的数值。因此，下面将介绍自由度和联系的概念。

1. 自由度

自由度是指体系运动时所具有的独立运动方式数目，或者可以理解为确定体系位置所需的坐标数目。例如，一个质点在平面内自由运动时，其位置需要 x、y 两个坐标来确定，如图 10-11a 所示。因此，这个点的自由度等于 2。又如，一个刚片在平面自由运动时，其位置可以由刚片上任意一点 A 的坐标和任意一直线 AB 的倾角 φ 来确定，如图 10-11b 所示。因此，这个刚片的自由度为 3。

几何不变体系不能发生任何运动，因此自由度为 0。当自由度大于 0 时，均为几何可变体系。

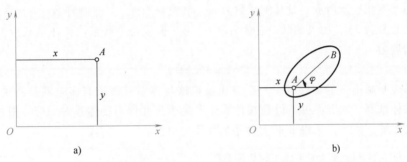

图 10-11　平面上点、刚片的自由度

2. 联系

能够限制运动的装置称为联系或约束，体系的自由度由于约束的增加而减少。能够减少一个自由度的装置称为一个联系，常用的联系主要有链杆和铰。如图 10-12a 所示，将刚片通过一个链杆与地基连接，A 点不能沿着链杆方向移动，因此刚片只能有两种运动方式：A 点绕 C 点转动，刚片绕 A 点转动。此时，刚片的位置只需要链杆的倾角 φ_1 和任意一直线 AB 的倾角 φ_2 这两个参数就可以确定，自由度由原先的 3 个减少为 2 个。由此可见，一个链杆为一个联系。如图 10-12b 所示，将两个刚片通过单铰 A 连接起来，刚片 I 的位置由 A 点的坐标 x、y 和倾角 φ_1 的位置确定，而刚片 II 只能绕 A 点转动，因此其位置只需要一个倾角 φ_2 就可以确定。这样，两个刚片原先的自由度就由 6 变为 4。可见，一个单铰为两个联系，也就是相当于两根链杆的作用。当一个铰同时连接两个以上刚片时，称为复铰。如图 10-12c 所示，将 3 个刚片通过一个单铰连接，刚片 I 需要 3 个自由度确定，而刚片 II 和刚片 III 绕刚片 I 转动，因此各需 1 个自由度就可以确定位置。可见连接 3 个刚片的复铰相当于两个单铰的作用，由此可以得出 n 个刚片的复铰相当于 $(n-1)$ 个单铰。

当体系中加入一个联系，但是并不能减少体系的自由度时，这样的联系称为多余联系。如图 10-13 所示，一根梁为一个刚片，通过增加一个水平链杆和两根竖向链杆，其自由度就减少 3，使其成为几何不变体系，自由度为 0。而图中多了一根竖向链杆，体系仍然为几何不变体系，自由度也还是为 0，不会减少。因此，3 根竖向链杆有一根是多余联系。去掉任何一根竖向联系，

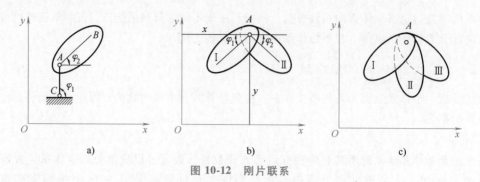

图 10-12　刚片联系

体系仍为不变体系。因此，多余联系对于保持体系的几何不变不是必要的。

3. 平面体系的计算自由度

如何将体系变成几何不变体系，首先是需要足够数量的联系，其次要选择合适的布置方式。

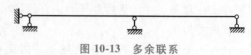

图 10-13　多余联系

在平面体系中，若干个刚片通过铰相连，并通过支座链杆与基础相连接而成。设其刚片数为 m，单铰数为 h，支座链杆数为 r。当刚片都是自由时，自由度总数为 $3m$，加入的联系总数为（$2h+r$），假设每个联系都使体系减少 1 个自由度，则体系的自由度为

$$W = 3m - (2h+r)$$

实际上每个联系不一定都能减少一个自由度，这与体系是否还有多余联系有关。因此，W 不一定能反映体系真实的自由度。但是在计算体系是否为几何不变体系时，可以根据 W 判断联系的数目是否足够。因此，又将 W 称为体系的计算自由度。

10.2.3　几何不变体系的基本组成规则

1. 三刚片规则

3 个刚片通过不在同一直线上的 3 个单铰两两铰接，组成几何不变体系，并且没有多余的联系。

如图 10-14 所示的铰接三角形，3 个刚片通过单铰两两连接，故称为两两铰接。该体系的计算自由度为 3，具有几何不变所必需的最少数目的联系。下面分析图 10-14 是否为几何不变体系，假定刚片 I 不动，将铰 C 拆开，刚片 II 将绕铰 A 转动，且半径为 AC；刚片 III 将绕铰 B 转动，半径为 BC。通过铰 C 将刚片 III 和刚片 II 相连，铰 C 无法同时朝两个圆弧方向转动，因此只能固定不动，各刚片之间无法发生任何相对运动，这样的体系称为几何不变体系，并且没有多余联系。

图 10-15 所示为三铰拱，左右两个半拱可以看作刚片 I 和刚片 II，将地基看作刚片 III，该体系是由 3 个刚片通过不在同一直线上的 3 个单铰两两铰接组成的，为几何不变体系，且没有多余联系。

图 10-14　铰接三角形

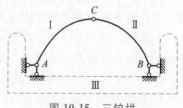

图 10-15　三铰拱

2. 二元体规则

在一个刚片上增加一个二元体后，体系仍为几何不变体系，且没有多余联系，称为二元体规则。

图 10-16 所示体系为三刚片规则组成的几何不变体系。若将三刚片中的一个作为刚片，另外两个看作链杆，则此体系可被看成由一个刚片上增加两根链杆组成，并且两根链杆不在一条直线上，每根链杆的两端都是通过铰相连。这种两根不在一条直线上的链杆连接成一个新结点的构造称为二元体。

如图 10-17 所示的桁架结构，可以任选一个三角形 123 作为基础，增加一个二元体得到结点 4，从而得到几何不变体系 1234；再以此类推，增加一个二元体，得到结点 5、6，…最后得到一个桁架结构，并且是几何不变体系，没有多余联系。同理，若去掉二元体后所剩下的部分是几何不变的，则原来的体系也必定是几何不变体系；当去掉二元体后剩下体系为几何可变的，则原体系必定也是几何可变的。

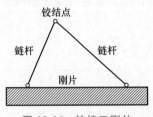

图 10-16 铰接三刚片

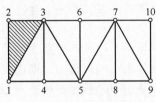

图 10-17 桁架体系

由此可以得出以下结论：在一个体系上增加或者拆除二元体，不会改变原有体系的几何构造性质。

3. 两刚片规则

两个刚片用一个单铰和一根不通过此铰的链杆相连，为几何不变体系，且没有多余联系；若两个刚片用 3 根不全平行也不交于一点的链杆相连，为几何不变体系，且没有多余联系。如图 10-18 所示，将 3 个刚片中的两个作为刚片，另外一个看成链杆，则此体系就是由两个刚片用一个单铰和一根不通过此铰的链杆相连，为几何不变体系，且没有多余联系。与三刚片规则也相同。

如图 10-19 所示，两个刚片用 3 根不全平行也不交于一点的链杆相连。将链杆 AB、CD 看作在其交点 O 处的一个铰，此铰称为虚铰。此时，两刚片相当于用铰 O 和链杆 EF 相连，且铰与链杆不在一条直线上，因此为几何不变体系，且没有多余联系。

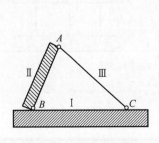

图 10-18 两刚片连接 1

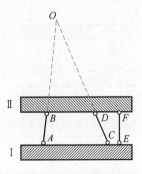

图 10-19 两刚片连接 2

对图 10-20 所示的体系进行几何组成分析，将地基作为一个刚片，T 形部分 *BCE* 作为一个刚片。左边 *AB* 部分其实是一根刚片用过两个铰和其他部分相连，因为它实际上与 *A*、*B* 两铰连线上（如图 10-20 的虚线所示）的一根链杆作用相同。同理，*CD* 部分也可以看作一根链杆。这样，此体系便是由两刚片通过 *AB*、*CD*、*EF* 3 根链杆相连而成，三杆不全平行也不交于一点，因此为几何不变体系，且没有多余联系。

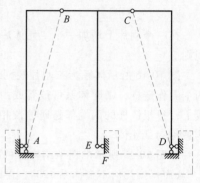

图 10-20　体系几何组成分析

10.2.4　瞬变体系

可用图 10-21 所示的三铰共线的情况，来说明三刚片规则中，为什么要规定 3 个铰不在同一直线上。假设刚片Ⅲ不动，Ⅰ、Ⅱ两刚片分别绕 *A*、*B* 转动时，瞬时铰 *C* 可沿公切线方向移动，因此整个体系是可变体系。不过一旦 *C* 点发生微小位移后，三铰就不在一条直线上，运动也将停止。这种原为几何可变，经微小位移后转换为几何不变的体系，称为瞬变体系。瞬变体系是一种几何可变体系。当体系经历微小位移后仍能继续发生刚体运动，则这种几何可变体系称为常变体系（如图 10-10b 所示的体系）。因此，几何可变体系分为常变和瞬变两种。

若在一个刚片上增加两杆共线的二元体，则为瞬变体系。

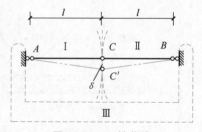

图 10-21　三铰共线

如图 10-22a 所示，两刚片通过 3 根链杆相连时，若 3 根链杆交于同一点，则连接的两刚片可以绕交点 *O* 转动。一旦发生微小转动后，三杆便不交于同一点，因此这一体系为瞬变体系。当 3 个链杆完全平行时，可认为它们相交于无穷远点和交于一点情况相同。如图 10-22b 所示，当三杆平行但不等长时，两刚片发生微小移动后三杆不再平行，因此为瞬变体系；如图 10-22c 所示，当三杆平行且等长时，则运动可一直继续下去，故为常变体系。以上三种情况均为几何可变体系。因此，当两刚片通过 3 个链杆相连时，三杆必须是不全平行也不交于同一点。

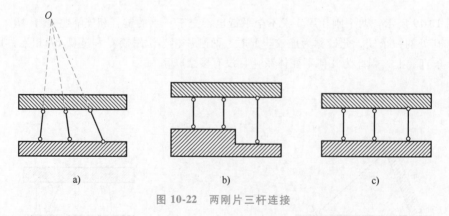

图 10-22　两刚片三杆连接

10.2.5　机动分析示例

当进行机动分析时，可先计算自由度 *W*。当 *W*>0（或者体系本身 *W*>3）时，体系肯定是几何可变的；当 $W \leqslant 0$（或者体系本身 $W \leqslant 3$）时，再进行几何组成分析。通常情况下也可以忽略计算 W，直接进行几何组成分析。

几何组成分析的主要依据是前面介绍的几种基本组成规则。对于较复杂的体系，首先观察出几何不变部分作为刚片，或者以地基或一个刚片作为基础，按照二元体或者两刚片规则逐步扩大刚片范围，或者拆除二元体使体系简化。下面通过实例进行说明。

例 10-1　试对图 10-23 所示的多跨梁体系进行几何组成分析。

图 10-23　例 10-1 图

解：地基为一刚片，AB 与地基通过 3 个链杆相连，且 3 个链杆不交于一点，按两刚片规则，为几何不变。将地基和 AB 段一起看作一个整体的刚片，然后 BC 段与扩大的刚片通过 B 铰和一杆相连，按两刚片规则，这个扩大后的刚片又包含了 BC 段。同理，CD 和 DE 段也是如此。因此，整个体系为几何不变体系，且没有多余联系。

例 10-2　试对图 10-24a 所示的桁架体系进行几何组成分析。

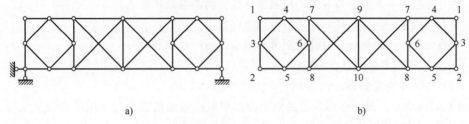

a)　　　　　　　　　b)

图 10-24　例 10-2 图

解：首先将地基看作一个刚片，然后支座为 3 根不平行且不相交的链杆，若上部体系为一刚片，按两刚片规则，整体就是几何不变体系。对于上部体系，可以按照去除二元体来看最后是否为刚片。如图 10-24b 所示，左右两边依次按 1，2，3，… 的顺序拆除二元体，当拆到结点 6 时，6—7、6—8 两杆在一条直线上，为几何瞬变，因此整个体系为几何瞬变体系。

需要指出的是，多数工程结构，几何组成性质按照前述介绍内容基本可以进行判定。但是，少数体系用基本组成规则尚无法进行分析，可以用其他一些方法（如零载法、计算机方法）来进行分析。

10.3　单跨和多跨静定梁的内力计算

10.3.1　单跨静定梁

单跨静定梁在工程中应用非常广泛，因此其受力分析是各种结构体系受力分析的基础。尽管在第 5 章中对梁的内力分析已做过详细介绍，本小节仍需对其进行必要回顾和补充，以便初学者熟练掌握。

1. 反力

常见的单跨静定梁有简支梁、伸臂梁和悬臂梁三种，如图 10-25 所示。这三种单跨静定梁均是由梁和地基按两刚片规则组成的静定结构，支座反力只有 3 个，按照平面力系的 3 个平衡方程

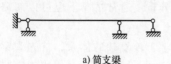  

a) 简支梁　　　　　　　　　b) 伸臂梁　　　　　　　　c) 悬臂梁

图 10-25　单跨静定梁

可以求出。

2. 内力

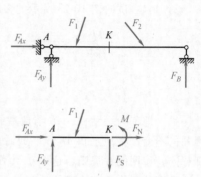

平面结构在任意荷载作用下，杆件的横截面一般有 3 个内力分量，分别是轴力 F_N、剪力 F_S 和弯矩 M，如图 10-26 所示。内力的基本计算方法是截面法：将结构中拟求内力位置的截面截开，选取截面任意一侧的部分为隔离体，利用平面力系的平衡方程求出所需内力。内力的正负号规定如下：轴力以拉为正，剪力方向以绕隔离体顺时针方向转动为正，弯矩以梁下侧受拉为正。

图 10-26　杆件截面内力示意图

截面法计算规则如下：

1）轴力为截面一侧部分所有外力沿截面法线方向的投影代数和。

2）剪力为截面一侧部分所有外力沿截面方向投影的代数和。

3）弯矩为截面一侧部分所有外力对截面形心力矩的代数和。

对于直梁，当外力均垂直于梁轴线时，横截面上只有剪力和弯矩，没有轴力。

3. 区段叠加法作弯矩图

如图 10-27a 所示，简支梁同时受到集中荷载和两端弯矩的作用，采用区段叠加法时，可先将两端力矩 M_A、M_B 作用和集中荷载 F 作用下的弯矩图绘出（图 10-27b、c），再将其竖标叠加，便可得到最终的弯矩图（图 10-27d）。

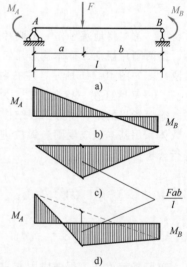

实际作图时，可不画出图 10-27b、c，直接绘出图 10-27d。首先将两端弯矩 M_A、M_B 绘出并连接直线，用虚线表示，然后以此线为基线，在其上绘出简支梁在荷载 F 作用下的弯矩图。这里需要注意的是，弯矩图的叠加是纵坐标的叠加，图 10-27d 中的竖标是沿竖向量取，而不是垂直于 M_A、M_B 连线方向。这样，最后的连线与水平基线之间包含的图形为叠加后的弯矩图。

4. 绘制内力图的一般步骤

绘制内力图的一般步骤如下：

1）求反力（悬臂梁可不求反力）。

2）分段。外力不连续点均应作为分段点，如力偶作用点、集中力作用点、均布荷载的起点与终点等。根据外力情况可以判定各段梁的内力图形状。

图 10-27　简支梁区段叠加法

3）定点。选取所需控制截面，用截面法求出这些截面的内力值，并在内力图的基线上绘出，这样就定出了内力图上的各控制点。

4）连线。将各控制点以直线或者曲线相连。对控制点内有荷载作用的情况，弯矩图可以采用区段叠加法绘制。

例 10-3　作图 10-28a 所示梁的剪力图和弯矩图。

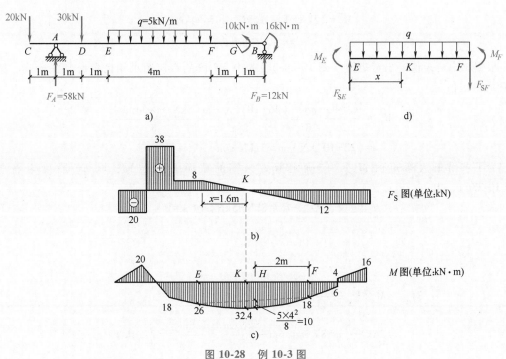

图 10-28　例 10-3 图

解：1）计算支座反力。取整体梁作为隔离体，先根据 $\sum M_B = 0$，得

$$F_A \times 8m - 20kN \times 9m - 30kN \times 7m - 5kN/m \times 4m \times 4m - 10kN \cdot m + 16kN \cdot m = 0$$

得

$$F_A = 58kN(\uparrow)$$

再由 $\sum F_y = 0$，可得

$$F_B = 20kN + 30kN + 5kN/m \times 44m - 58kN = 12kN(\uparrow)$$

2）绘制剪力图时，用截面法算出下列各控制截面的剪力值：

$$F_{SC}^R = -20kN$$

$$F_{SA}^R = -20kN + 58kN = 38kN$$

$$F_{SD}^R = -20kN + 58kN - 30kN = 8kN$$

$$F_{SE} = F_{SD}^R = 8kN$$

$$F_{SF} = -12kN$$

$$F_{SB}^R = 0$$

绘出剪力图，如图 10-28b 所示。

3）绘制弯矩图时，用截面法算出下列各控制截面的弯矩值：

$$M_C = 0$$

$$M_A = -20kN \times 1m = -20kN \cdot m$$

$$M_D = -20kN \times 2m + 58kN \times 1m = 18kN \cdot m$$

$$M_E = -20kN \times 3m + 58kN \times 2m - 30kN \times 1m = 26kN \cdot m$$

$$M_F = 12\text{kN} \times 2\text{m} - 16\text{kN} \cdot \text{m} + 10\text{kN} \cdot \text{m} = 18\text{kN} \cdot \text{m}$$

$$M_G^L = 12\text{kN} \times 1\text{m} - 16\text{kN} \cdot \text{m} + 10\text{kN} = 6\text{kN} \cdot \text{m}$$

$$M_G^R = 12\text{kN} \times 1\text{m} - 16\text{kN} \cdot \text{m} = -4\text{kN} \cdot \text{m}$$

$$M_B^L = -16\text{kN} \cdot \text{m}$$

根据算出弯矩值绘出弯矩图（图 10-28c），其中 *EF* 段的弯矩图可用区段叠加法绘出，梁中点 *H* 的弯矩值为

$$M_H = \frac{M_E + M_F}{2} + \frac{qa^2}{8} = \frac{(26+18)\text{kN} \cdot \text{m}}{2} + \frac{5\text{kN/m} \times (4\text{m})^2}{8}$$

$$= (22+10)\text{kN} \cdot \text{m} = 32\text{kN} \cdot \text{m}$$

为了求出最大弯矩值 M_{max}，应确定剪力为零的截面 *K* 的位置，取 *EF* 段梁为隔离体（图 10-28d），由

$$F_{SK} = F_{SE} - qx = 8\text{kN} - 5\text{kN/m} \cdot x = 0$$

得

$$x = 1.6\text{m}$$

故

$$M_{max} = M_E + F_{SE}x - \frac{qx^2}{2}$$

$$= 26\text{kN} \cdot \text{m} + 8\text{kN} \times 1.6\text{m} - \frac{5\text{kN/m} \times (1.6\text{m})^2}{2} = 32.4\text{kN} \cdot \text{m}$$

10.3.2 多跨静定梁

多跨静定梁是由若干根梁用铰相连，梁又通过支座与基础相连而成的静定结构。图 10-29a 所示为一公路桥的多跨静定梁，图 10-29b 所示是其计算简图。

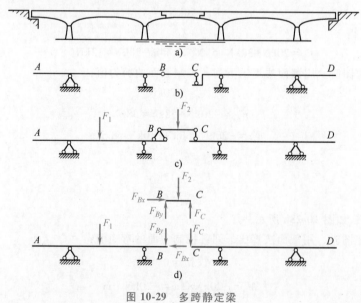

图 10-29 多跨静定梁

从几何组成上看，多跨静定梁一般可以拆分为基本部分和附属部分。如图 10-29b 所示，*AB*

部分与地基通过 3 根支座链杆相连，能够独立地维持几何不变，称为基本部分。同理，CD 也是基本部分。而 BC 部分必须依靠基本部分才能保持几何不变，所以称为附属部分。当附属部分被破坏时，基本部分仍然是几何不变；但是当基本部分被破坏时，附属部分也随之破坏。通过图 10-29c、d 来清晰地表达各部分之间的支承关系，这种图称为层叠图。

从受力分析上看，基本部分与地基组成了几何不变体系，因此它可以单独承受荷载并保持平衡。当荷载作用于基本部分时，附属部分不受力。当荷载作用于附属部分时，附属部分受力后通过铰接处将其传递至基本部分上，因而基本部分也受力。综上所述，在计算多跨静定梁时，应按照先附属部分，后基本部分的计算顺序，这样才能顺利求出各铰接处的约束力和支座反力，进而避免求解联立方程。绘制内力图时，将每个部分看作隔离体进行分析，与单跨梁的绘制方法相同。

多跨静定梁有两种基本组成形式。一种为伸臂梁与支承于伸臂梁上的挂梁交互排列，如图 10-30a 所示。最左边部分为基本部分，其余伸臂梁与地基通过两根竖向链杆相连，在竖向荷载作用下能够独立保持平衡，因此也可以作为基本部分，而各挂梁则为附属部分。其层叠图如图10-30b 所示，分析从附属部分开始，依次计算，最后计算基本部分。另外一种形式如图 10-31a所示，左边伸臂梁为基本部分，其余各段均为左边部分的附属部分。层叠图如图 10-31b 所示，计算从附属部分开始，最后计算基本部分。

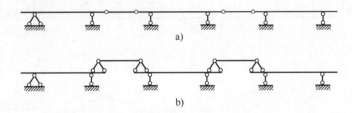

图 10-30　多跨静定梁的基本组成形式 1

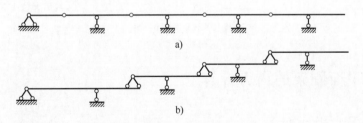

图 10-31　多跨静定梁的基本组成形式 2

例 10-4　计算图 10-32a 所示的多跨静定梁的内力图。

解：AB 梁为基本部分，CF 梁与地基通过两根竖向链杆相连，在竖向荷载作用下，为基本部分，层叠图如图 10-32b 所示。计算从 BC 梁开始，然后是 AB 和 CF 梁。

因梁上只承受竖向荷载，根据整体平衡条件可知，$F_{Ax}=0$。同时，各支座处水平约束力均为 0，全梁不产生轴力。求出 BC 段梁的竖向反力后，将反力作用于基本部分。AB 段 B 点除了受到梁 BC 段的反力 5kN（↓）外，还有原作用于 B 点的荷载 4kN（↓）。其他反力如图 10-32c 所示。

将反力均求出后，可以逐段绘出梁的弯矩和剪力图，如图 10-32d、e 所示。

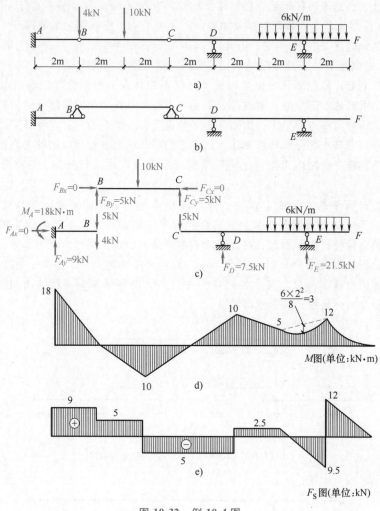

图 10-32 例 10-4 图

10.4 静定平面刚架的内力计算

10.4.1 简介及常规计算

刚架是由若干直杆组成，且具有刚结点的结构。常见的静定刚架形式有悬臂刚架（图 10-33a 所示的站台雨篷）、简支刚架（图 10-33b 所示的渡槽）和三铰刚架（图 10-33c 所示的屋架）等。

静定刚架结构的内力通常为弯矩、剪力和轴力。其计算方法与静定梁计算相同，首先要求出支座反力。当刚架结构与地基按两刚片规则组成时，支座反力仅有 3 个，容易求出；当刚架结构与地基按三刚片规则组成时，支座反力有 4 个，除了考虑结构整体平衡的 3 个方程外，还要取刚架的一部分为隔离体，再建立一个平衡方程，方可求出全部反力；当刚架由基本部分与附属部分组成时，应遵循先求附属部分后求基本部分的计算顺序，反力求出以后，再分段绘出内力图。

在刚架中，一般规定弯矩是内侧受拉为正，弯矩图直接画在受拉一边，且不标注正负号。轴

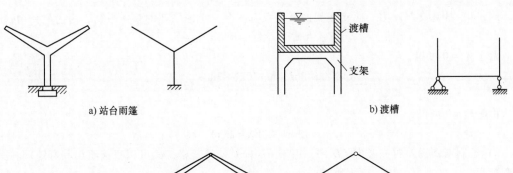

a) 站台雨篷   b) 渡槽

c) 屋架

图 10-33 常见的静定刚架形式

力与剪力正负号规定和梁相同,轴力和剪力图可以绘制在杆件任意一侧,但是要标注正负号。

在内力符号后标注两个角标来表示刚架不同截面的内力。第一个角标表示内力所属的截面,第二个角标表示截面所属杆件的一端。例如,M_{AB} 表示 AB 杆 A 端截面的弯矩,F_{SAC} 表示 AC 杆 A 端截面的剪力。

例 10-5 试作图 10-34a 所示刚架的内力图。

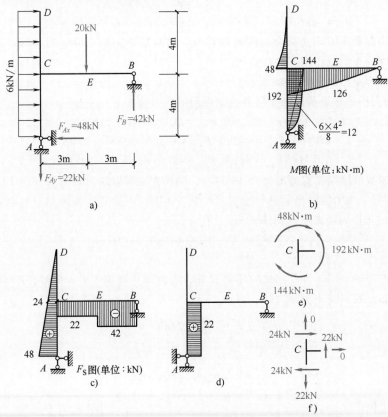

图 10-34 例 10-5 图

解：1）计算支座反力。简支刚架的反力仅有 3 个，考虑刚架的整体平衡，由 $\sum F_x = 0$ 可得

$$F_{Ax} = 6\text{kN/m} \times 8\text{m} = 48\text{kN} \quad (\leftarrow)$$

由 $\sum M_A = 0$ 可得

$$F_B = \frac{6\text{kN/m} \times 8\text{m} \times 4\text{m} + 20\text{kN} \times 3\text{m}}{6\text{m}} = 42\text{kN} \quad (\uparrow)$$

由 $\sum F_y = 0$ 可得

$$F_{Ay} = 42\text{kN} - 20\text{kN} = 22\text{kN} \quad (\downarrow)$$

2）绘制弯矩图。首先考虑 CD 杆，由于 CD 杆是一悬臂梁，故可以直接绘出其弯矩图，其 C 端弯矩为

$$M_{CD} = \frac{6\text{kN/m} \times (4\text{m})^2}{2} = 48\text{kN} \cdot \text{m} \quad (\text{左侧受拉})$$

其次看 CB 杆，由于杆上作用一集中荷载，因此可分为 CE 和 EB 两段，用截面法求控制截面的弯矩

$$M_{BE} = 0$$
$$M_{EB} = M_{EC} = 42\text{kN} \times 3\text{m} = 126\text{kN} \cdot \text{m} \quad (\text{下侧受拉})$$
$$M_{CB} = 42\text{kN} \times 6\text{m} - 20\text{kN} \times 3\text{m} = 192\text{kN} \cdot \text{m} \quad (\text{下侧受拉})$$

根据求得数值可以绘出 CB 杆的弯矩图。

最后考虑 AC 杆。该杆件受均布荷载作用，可采用叠加法来绘制弯矩图。为此，先求出该杆两段弯矩：

$$M_{AC} = 0$$
$$M_{CA} = 48\text{kN} \times 4\text{m} - 6\text{kN/m} \times 4\text{m} \times 2\text{m} = 144\text{kN} \cdot \text{m} \quad (\text{右侧受拉})$$

计算 M_{CA} 是取截面 C 下边部分为隔离体算得。将两端弯矩绘出并连以直线，在此直线上叠加相应简支梁在均布荷载作用下的弯矩图。

整个刚架的弯矩图如图 10-34b 所示。

3）绘制剪力图。根据截面法求得各控制截面的剪力值如下：

$$CD \text{ 杆} \quad F_{SDC} = 0, F_{SCD} = 6\text{kN/m} \times 4\text{m} = 24\text{kN}$$
$$CB \text{ 杆} \quad F_{SBE} = -42\text{kN}, F_{SEC} = -42\text{kN} + 20\text{kN} = -22\text{kN}$$
$$AC \text{ 杆} \quad F_{SAC} = 48\text{kN}, F_{SCA} = 48\text{kN} - 6\text{kN} \times 4\text{m} = 24\text{kN}$$

根据求出的数值绘制出剪力图（图 10-34c），同样方法可以绘出轴力图（图 10-34d）。

4）内力校核。内力图绘出后进行校核。对于弯矩图，一般是校核刚结点处是否满足力矩平衡条件。取 C 结点作为隔离体（图 10-34e），有

$$\sum M_C = (48 - 192 + 144)\text{kN} \cdot \text{m} = 0$$

满足平衡条件。

对于剪力图和轴力图，可取刚架的任意部分为隔离体来检验 $\sum F_x = 0$ 和 $\sum F_y = 0$ 的平衡条件是否满足。例如，取 C 结点为隔离体，有

$$\sum F_x = 24\text{kN} - 24\text{kN} = 0$$

或

$$\sum F_y = 22\text{kN} - 22\text{kN} = 0$$

故此结点满足平衡条件。

例 10-6 试作图 10-35a 所示的刚架的弯矩图。

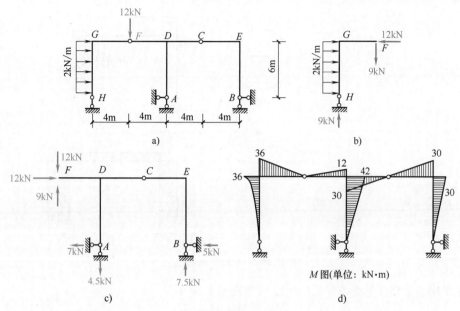

图 10-35 例 10-6 图

解：首先进行几何分析。F 右边部分为三铰刚架，用三刚片规则分析为几何不变体系，是基本部分；F 左边部分为附属部分，因此，先取附属部分进行计算，求出反力（图 10-35b）。然后将 F 铰处反力作用于基本部分，其中集中荷载 12kN 作用于基本部分，再求出基本部分的反力（图 10-35c）。反力均求出后绘制弯矩图（图 10-35d）。

10.4.2 少求或不求反力绘制弯矩图

静定刚架结构的内力计算，应用非常广泛，是计算位移和分析超静定刚架的基础，尤其是弯矩图的绘制，尤为重要。因此，读者务必切实掌握这项基本功。值得指出的是，静定刚架弯矩图绘制与多跨静定梁弯矩图的绘制方法相似，也可以不求或者少求反力而迅速画出弯矩图。

例如，结构有悬臂梁部分或者简支梁部分，则其弯矩图可以直接画出；先根据直杆弯矩图为直线以及铰处弯矩为零的特征，再结合刚结点的力矩平衡条件，采用区段叠加法作弯矩图；外力与杆轴重合不产生弯矩，外力与杆轴平行弯矩为常数，以及对称性等，都可以给弯矩图的绘制带来便利。剪力图则可根据弯矩图的斜率或杆件的平衡条件求出。最后再根据结点投影平衡条件画出轴力图，求得支座反力。

例 10-7 试计算图 10-36a 所示的刚架并绘制其内力图。

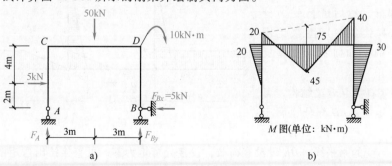

图 10-36 例 10-7 图

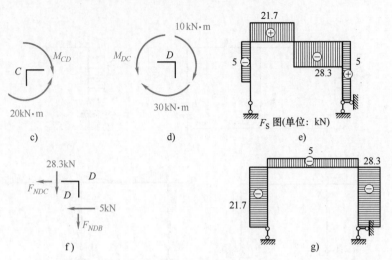

c)　　　　　　　d)　　　　　　　e)

F_S 图(单位: kN)

f)　　　　　　　　　　　g)

图 10-36　例 10-7 图（续）

解：由刚架的整体平衡条件 $\sum F_x = 0$，得支座水平反力

$$F_{Bx} = 5\text{kN}\ (\leftarrow)$$

此时，不需要求出支座所有反力已可绘制出刚架的全部弯矩图。从 AC 部分来看，杆力 F_A 方向与竖杆 AC 重合，因此对 AC 不产生弯矩。同理，BD 杆的 F_{By} 对杆也不产生弯矩。AC、BD 杆的弯矩图便可以直接绘出（图 10-36b）。

然后根据结点 C 的力矩平衡条件（图 10-36c），可得

$$M_{CD} = 20\text{kN} \cdot \text{m}\ （上边受拉）$$

再考虑结点 D 的力矩平衡（图 10-36d），可得

$$M_{DC} = 30\text{kN} \cdot \text{m} + 10\text{kN} \cdot \text{m} = 40\text{kN} \cdot \text{m}\ （上边受拉）$$

至此，横梁 CD 两端的弯矩都已经求出，弯矩图可以根据区段叠加法求出，如图 10-36b 所示。

根据已绘出弯矩图，利用微分关系或者杆段的平衡条件可以绘出刚架剪力图（图 10-36e）。再根据剪力图，考虑各结点投影平衡条件可求出各杆端的轴力。例如，将 D 点看作隔离体（图 10-36f），由 $\sum F_x = 0$ 和 $\sum F_y = 0$ 可分别求出结点 D 的杆端轴力，从而可以绘制出整个刚架的轴力图（图 10-36g）。

例 10-8　试作图 10-37 所示刚架的弯矩图。

解：这是一个多刚片结构，将各刚片拆开，从右到左依次是附属部分、基本部分，然后进行受力分析、求解。这样绘制弯矩图毫无困难。现在讨论的是如何不求支座反力将弯矩图绘出。

首先 3 根竖杆为悬臂梁结构，可以先绘制出弯矩图。EG 部分也属于悬臂部分，且外力 F 平行于杆件 EG，

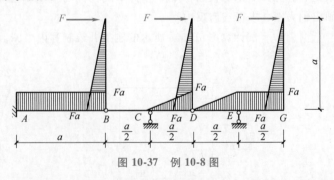

图 10-37　例 10-8 图

因此弯矩图是不变的水平线。DE 段没有荷载，铰接处弯矩为零，可直接绘出弯矩图。CD 段的弯矩有点困难，因为剪力数值未知，但是可以得知 CD 和 DE 段的剪力数值是相等的，是一对反力，

而 *CD* 和 *DE* 段又没有其他荷载作用，因此，弯矩图的坡度是一样的。根据 *D* 结点弯矩平衡可以得到 *CD* 杆 *D* 点处的起始弯矩，这样便可以绘出 *CD* 段的弯矩图，且可定出 $M_{CD}=0$。*BC* 段弯矩图，可知铰 *B* 处弯矩为零，*C* 处弯矩也为零，因此，*BC* 段弯矩图与基线重合。最后，*AB* 段的 *B* 结点根据弯矩平衡条件，可以得到起始弯矩值。同理 *AB* 段和 *BC* 段剪力互为反力，因此弯矩坡度一样，*BC* 段弯矩是基线，*AB* 段弯矩就是平行于基线的水平线。整个结构的弯矩图就绘制出来了。

10.5　静定平面桁架的内力计算

10.5.1　桁架基本知识及组成、分类

1. 桁架基本知识

多根直杆两端用铰接而成的无多余约束几何不变体系，即静定桁架。这种结构在土建工程中得到广泛应用，如图 10-38 所示的桥梁、房屋建筑等。同梁和刚架的杆件比较，桁架杆件只有轴力，截面上的应力分布相对均匀，可以充分发挥材料的作用，具有质量轻、承重能力强等优点。桁架结构在一些特定环境使用的结构选型中，如穿越高深峡谷的大跨式桥梁，具有不可替代的作用。

桁架可分为平面桁架和空间桁架。各杆轴线和荷载都在同一平面内的桁架称为平面桁架。实际工程中的桁架一般为空间结构，其中很多可以简化为平面桁架。

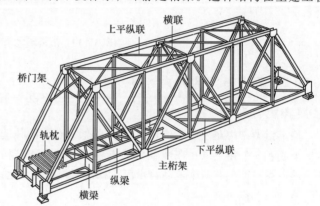

图 10-38　桁架桥梁示意图

通常对实际桁架的内力计算进行以下假设：

1）桁架的结点都是光滑的铰结点。

2）桁架各杆轴线都是直线并通过铰的中心。

3）荷载和支座反力都作用在结点上。

符合以上假设的桁架常称为理想桁架。根据以上假设，桁架的各杆只能是二力杆，因此理想桁架内力只有轴力。实际桁架通常与以上假设不能完全相符。如连接并非都是光滑铰结点、各杆轴线大致通过连接中心等。但是工程实践证明，以上因素对平面桁架结构计算的影响多数是次要的，简化为理想桁架的受力能够反映实际桁架结构的主要受力状况。

如图 10-39 所示，桁架结构的杆件，按其所在位置的不同，分为弦杆和腹杆两大类。弦杆是桁架中上下边缘的杆件，上侧杆件称为上弦杆，下侧杆件称为下弦杆；上、下弦杆之间的联系杆件称为腹杆，其中斜向杆件称为斜杆，竖向杆件称为竖杆；各杆端的结合点称为结点；弦杆上两相邻结点之间的距离称为结间长度，两支座间的水平距离称为跨度，上、下弦杆上结点之间的最大竖向距离称为桁高。

2. 桁架的组成与分类

根据几何构造的特点，桁架可以分成三类：

1）简单桁架，由基础或者一个基本铰接三角形开始，依次增加二元体而组成的桁架，如图10-40a所示。

2）联合桁架，由几个简单桁架联合组成几何不变的铰接体系，如图10-40b所示。

3）复杂桁架，不能按照以上划分而且是静定桁架的桁架，如图10-40c所示。

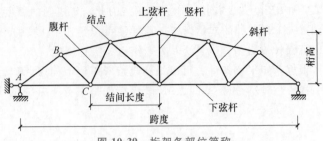

图10-39 桁架各部位简称

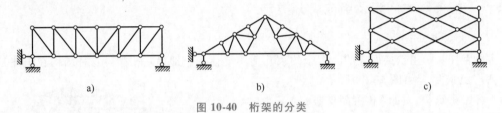

图10-40 桁架的分类

10.5.2 静定桁架的内力计算

1. 结点法

静定桁架结构在外荷载作用下处于平衡状态，对其选取隔离体之后，可以由静力学公式求解2个或者3个独立未知杆件轴力的方程组。对桁架结构取隔离体大致有两类：结点和杆件系统。结点在平面上有两个运动自由度，杆件系统有三个运动自由度。由此产生静定桁架的两类算法：结点法和截面法。

结点法是以桁架的单个结点为隔离体，根据作用在这个结点上的线力平衡，由平衡条件建立两个方程，求出未知桁式杆轴力的方法。一般从未知力不超过两个的结点开始依次计算。

结点法对选取结点的顺序有要求，一般先计算出支座反力，识别出零杆，再扩散到内部杆件中，尽量建立只含一个未知力的独立方程。

计算中通常假设杆的未知轴力为拉力，计算结果为正值，则表示拉力，反之为压力。在建立平衡方程时，可对斜杆的轴力按照水平、竖直方向进行分解，避免采用三角函数计算。

计算桁架轴力时，对一些特殊杆件可进行预先判断，简化计算。这些特殊杆件一般有零杆、等力杆、截面单杆。

（1）零杆 桁架结构中，在已知荷载作用下轴力为零的杆，称为零杆。可利用结点平衡的某些特殊情况，直接判定杆件轴力是否为零，零杆的判断准则如下：

1）两杆交于一点，且不共线，结点无外力，则这两杆均为零杆，如图10-41a所示。

2）三杆结点上无外力作用，且其中两杆在一条直线上，则另一杆必为零杆，而在同一条直线上的两杆的轴力必相等，且拉压性质相同，如图10-41b所示。

3）两杆结点上有外力，且外力沿其中一根杆件的轴线方向作用，则另一杆必为零杆，如图10-41c所示。

（2）等力杆 由结点受力，可直接判别杆件轴力的绝对值相等的杆件。判断如下：

1）四杆结点无外荷载作用，且杆件两两共线时（简称X形结点），则共线杆件的轴力两两相等且性质相同，如图10-42a所示。

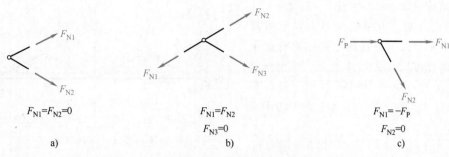

$F_{N1}=F_{N2}=0$

a)

$F_{N1}=F_{N2}$
$F_{N3}=0$

b)

$F_{N1}=-F_P$
$F_{N2}=0$

c)

图 10-41　桁架零杆判断示意图

2）四杆结点无外荷载作用，其中两根杆件共线，另两根杆件在此共线杆件的同侧且交角相等（简称 K 形结点），则两斜杆轴力大小相等、性质相反，如图 10-42b 所示。

3）三杆结点，其中两根杆件分别在第三根杆件的两侧且交角相等（简称 Y 形结点），则两斜杆轴力大小相等、性质相同，如图 10-42c 所示。

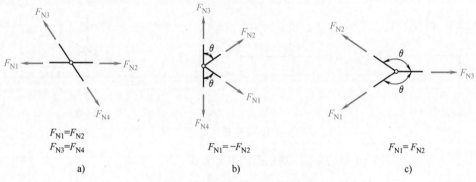

$F_{N1}=F_{N2}$
$F_{N3}=F_{N4}$

a)

$F_{N1}=-F_{N2}$

b)

$F_{N1}=F_{N2}$

c)

图 10-42　桁架等力杆判断示意图

（3）截面单杆　任意隔离体中，除某一杆件外，其他所有待求内力的杆件均相交于一点或者平行时，则此杆件称为该截面的截面单杆。如图 10-43 所示，截面单杆的内力可直接根据隔离体的线力平衡、力矩平衡条件求出。

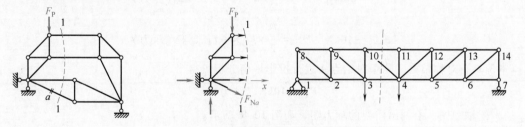

图 10-43　桁架截面单杆判断示意图

另外，如果桁架为对称结构，可根据荷载对称布置情况，预判一些特殊杆件的轴力。

例 10-9　采用结点法计算图 10-44 所示桁架的轴力。

解：1）求支反力。利用桁架的整体平衡条件，可求得

$$\sum F_x = 0：F_{1x} = 0$$

$$\sum F_y = 0：F_{1y} = F_{8y} = \frac{10+20+10}{2}\text{kN} = 20\text{kN}$$

观察结构可知，存在零杆2—3、6—7。

2）结点分析。为尽量少建立联立方程组，一般从未知力不超过两个的结点开始依次计算。因此可从结点1、8开始，本例选取从结点1开始，如图10-45a所示。对斜杆1—3的轴力F_{13}作分解，建立结点1的平衡方程可得

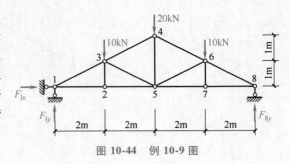

图 10-44 例 10-9 图

$$\sum F_y = 0：F_{y1} + F_{y13} = 0 \quad F_{y13} = -20\text{kN （压力）};$$

$$\sum F_x = 0：F_{x13} + F_{N12} = 0$$

利用比例关系有

$$F_{x13} = -20\text{kN} \times 2 = -40\text{kN （压力）}; \quad F_{13} = -20\text{kN} \times \sqrt{5} = -44.72\text{kN （压力）}; \quad F_{N12} = 40\text{kN （拉力）}$$

对结点2分析（图10-45b）可得

$$F_{N25} = F_{12} = 40\text{kN （拉力）}, \quad F_{N23} = 0$$

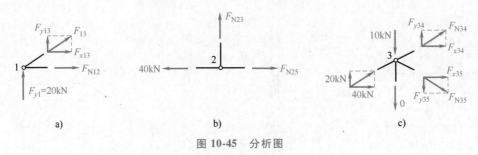

a)　　　　　　　　　　　b)　　　　　　　　　　　c)

图 10-45 分析图

对结点3分析，如图10-45c所示。建立投影平衡方程：

$$\begin{cases} \sum F_y = 0：F_{y34} + 20\text{kN} = F_{y35} + 10\text{kN} \\ \sum F_x = 0：F_{x34} + F_{x35} + 40\text{kN} = 0 \end{cases}$$

对上式代入各杆的比例关系，可解得

$$\begin{cases} F_{x34} = -30\text{kN} \quad F_{N34} = \dfrac{\sqrt{5}}{2} \times F_{x34} = -33.54\text{kN（压力）} \\ F_{x35} = -10\text{kN} \quad F_{N35} = \dfrac{\sqrt{5}}{2} \times F_{x35} = -11.18\text{kN（压力）} \end{cases}$$

本例是正对称结构，同理对结点4进行投影平衡分析可得

$$F_{N45} = 10\text{kN （拉力）}$$

3）绘轴力图。绘制出桁架的轴力图，如图10-46所示。

2. 截面法

尽管从理论上看，结点法能够解决所有静定桁架结构的内力，但是由于其每个结点只能解决两个未知杆轴力，该解法或者需要建立较多联立方程，或者由于扩散速度慢，带来较多不便。

在桁架的轴力分析中，有时仅需求出某些指定杆件的轴力，这时采用截面法较为方便。该方法选取适当截面，先截取杆件系统（至少包括

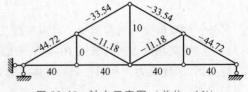

图 10-46 轴力示意图（单位：kN）

两个结点）为隔离体，再根据该杆件系统的平衡方程（组）求解杆件的轴力。因隔离体包含两个以上的结点，在通常情况下，其受力为平面一般力系。因此，只要隔离体上未知力的数目不多于3个，则可以利用平面一般力系的3个平衡方程，直接把这一截面上的全部未知力求出。为简化内力计算，应用截面法计算静定平面桁架时，应注意：

1）选择恰当的截面，尽量避免求解联立方程。

2）可将杆件的未知轴力移至恰当的位置进行分解，以简化计算。

基于平面一般力系平衡的截面法每次可以解决3个独立未知（杆轴）力，方法灵活、快捷，因此得到广泛使用。

总体而言，结点法思维相对直接、更加基础；截面法思路相对新奇、更加灵活。

例 10-10 求图 10-47 所示桁架指定杆件 a、b、c 的轴力。

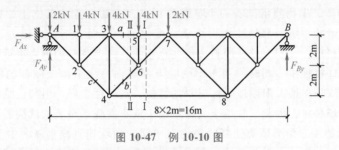

图 10-47 例 10-10 图

解：1）计算支座反力。利用桁架的整体平衡条件，可求得

$$\sum F_x = 0: F_{Ax} = 0$$
$$\sum M_A = 0: F_{By} = 4\text{kN} (\uparrow)$$
$$\sum F_y = 0: F_{Ay} + F_{By} = 16\text{kN} (\uparrow), F_{Ay} = 12\text{kN}$$

2）计算指定杆件轴力。选取 I—I 截面，取 I—I 截面以右为隔离体，对结点 7 取弯矩，有

$$\sum M_7 = 0: F_{N48} = \frac{4\times8}{4}\text{kN} = 8\text{kN}$$

对结点 4 取弯矩，有

$$\sum M_4 = 0: F_{N57} = -\frac{4\times12}{4}\text{kN} = -12\text{kN} （压力）, F_{Na} = F_{N57} = -12\text{kN} （压力）$$

选取 II—II 截面，取 II—II 以右为隔离体，如图 10-48a 所示。延伸杆轴力 F_{N36} 作用线交杆 8—4 于点 9，沿坐标轴方向分解 F_{Nb}，对点 9 取弯矩：

$$\sum M_9 = 0: 4\text{kN}\times2\text{m}+4\text{kN}\times8\text{m}-12\text{kN}\times4\text{m}+F_{by}\times4\text{m}=0; F_{by}=2\text{kN}$$

最后对结点 4 进行平衡分析，如图 10-48b 所示，可得

$$\sum F_x = 0: F_{Ncx} = 10\text{kN}; F_{Nc} = \sqrt{2}\times10\text{kN} = 14.41\text{kN}$$

3. 三种常见桁架结构的比较

平行弦桁架、三角形桁架和抛物线桁架在土木建筑结构中应用广泛，此处对这三种简支梁式桁架的受力性能进行比较。

（1）**平行弦桁架** 平行弦桁架可视为高度较大的简支梁，其上下弦杆的轴力形成的力偶矩承受相应截面处梁中弯矩，腹杆轴力的竖向分力承受相应截面处梁中剪力。因平行弦桁架端部弦杆轴力小，而中间弦杆轴力大，腹杆轴力由两端向跨中递减，如采用相同截面将造成材料的浪费，采用不同截面将增加拼接难度。但这种桁架的腹杆、弦杆长度相等，利于标准化，在实际结

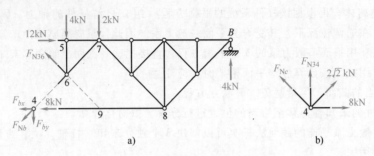

图 10-48　Ⅱ—Ⅱ截面右侧隔离体

构中仍得到广泛的应用，如厂房中的吊车梁、桁架桥等。

（2）抛物线桁架　抛物线桁架有一个显著的特点：上弦杆各结点位于一条抛物线上。竖杆的长度与相应简支梁的弯矩图都是按抛物线规律变化的。因而各下弦杆内力以及上弦杆内力的水平分力的大小均相等；又因上弦杆倾斜坡度变化不大，故上弦杆的内力也近乎相等。抛物线桁架的上弦符合于合理拱轴线，此时作用于上弦结点的竖向力完全由上弦杆的轴力平衡，故腹杆的内力为零。抛物线桁架最大限度地发挥材料的性能，经济性较好，但其上弦按抛物线变化，不利于放样制作和现场拼接，因此，常用于大跨结构中或不需现场拼装的现浇屋架中。

（3）三角形桁架　三角形桁架弦杆的内力自中间向两端按直线递减。由于力臂的减小要比弯矩减小得快，因而弦杆的内力由中间向两端递增，即端部弦杆内力大而中间弦杆内力小，恰与平行弦桁架相反。三角形桁架的腹杆内力则由中间向两端递减，这也恰与平行弦桁架相反。所以三角形桁架也不利于材料性能的充分发挥。同时，由于端部杆件的夹角为锐角，使该处结点构造复杂，制造较为困难，但因三角形桁架上弦的外形符合屋面对排水的要求，所以多用于跨度较小、坡度较大的屋盖结构中。

可见，不同的桁架类型具有不同的外形，导致其受力性能也具有显著区别。因此，在设计桁架时，应根据不同类型桁架的特点，综合考虑材料、制作工艺及结构方面的差异，选用合理的桁架形式。

10.5.3　组合结构

组合结构由部分桁式杆件（二力杆）和部分梁式杆件组成。桁式杆件两端铰接，内力只有轴力；梁式杆件为受弯构件，内力常有弯矩、剪力和轴力。

图 10-49 所示为组合结构的一些应用。组合结构常用于屋架、吊车梁和桥梁等承重结构中，如图 10-49a 所示的下撑式五角形屋架、图 10-49b 所示的简易斜拉桥结构。根据组合结构中两类杆件受力特点的差异，工程中常采用不同的材料制作以达到经济的目的，如较为常见的下撑式五角形屋架结构，其上弦杆由钢筋混凝土制成梁式杆，主要承受弯矩和剪力；下弦杆和腹杆则采用型钢构件制成链杆，主要承受轴力。由于桁式杆的作用，可使梁式杆的中部弯矩减小。由此可见，组合结构的构件，按照受力性能的不同，可以布置不同类型的杆件，从而实现减轻自重、增加刚度、充分发挥材料性能的目标。

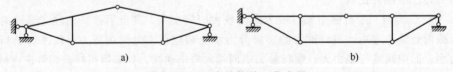

图 10-49　组合结构的一些应用

组合结构内力计算的合理次序：先求桁式杆的轴力，再求梁式杆的内力；如组合结构有主次层次之分，应按照计算主次结构的规律，先计算附属结构，再计算基本结构。计算时应根据单杆两端是否铰支连接、是否杆中承受荷载来正确区分两类杆件，计算方法仍为结点法和截面法。

例 10-11　求图 10-50 所示组合结构的弯矩图和轴力图。

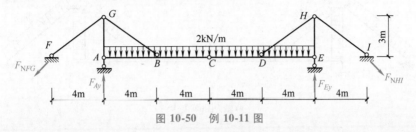

图 10-50　例 10-11 图

解：本例属于不共线三铰 G、C、H 组成的静定结构。各支座反力如图 10-50 所示。

1）求支座反力。取整体为隔离体，对桁式杆 $H—I$ 的轴力 F_{NHI} 取在 H 点，并对 F_{NHI} 沿坐标轴分解，如图 10-50 所示。在以整体为隔离体中对结点 G 取弯矩、在图 10-51 的隔离体中对结点 C 取弯矩：

$$\sum M_G = 0 \quad (F_{NHIy} - F_{Ey}) \times 16\text{m} + \frac{1}{2} \times 2\text{kN/m} \times 16^2\text{m}^2 = 0$$

$$\sum M_C = 0 \quad F_{NHIy} \times 12\text{m} - F_{Ey} \times 8\text{m} + \frac{1}{2} \times 2\text{kN/m} \times 8^2\text{m}^2 = 0$$

联立以上两个方程，求解可得

$$F_{NHIy} = 16\text{kN}, \quad F_{Ey} = 32\text{kN} \quad (\uparrow)$$

由比例关系可得

$$F_{NHI} = \frac{80}{3}\text{kN} = 26.7\text{kN}$$

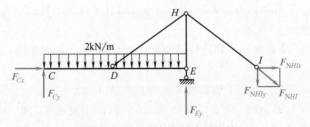

图 10-51　以 C 点右侧为隔离体

原结构为正对称结构，因此两端对应支反力相等。

$$F_{NFG} = 26.7\text{kN}, \quad F_{Ay} = 32\text{kN}(\uparrow)$$

2）求轴力。取结点 G 和结点 H 为隔离体，由结点平衡可得

$$\begin{cases} \sum F_x = 0 \quad F_{NGB} = F_{NHD} = 26.7\text{kN} \\ \sum F_y = 0 \quad F_{NGA} = F_{NHE} = -32\text{kN} \end{cases}$$

如图 10-51 所示，易知

$$F_{NDE} = 0 \quad F_{Cy} = 0 \quad F_{Cx} = \frac{4}{5} \times F_{NHD} = 21.4\text{kN}$$

3）求梁式杆弯矩。由对称性可知，对梁式杆 ABC、CDE 分析一个即可。梁式杆 CDE 上荷载

全部已知，则 *CD* 段为悬臂梁模型，易知其上弯矩；*DE* 段的 *D*、*E* 端弯矩已知，中间只有一种荷载作用，则根据分段叠加法可得其弯矩。

4）绘制轴力图、弯矩图。轴力图、弯矩图分别如图 10-52a、b 所示。

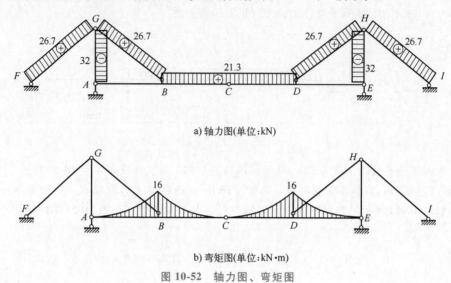

a) 轴力图(单位:kN)

b) 弯矩图(单位:kN·m)

图 10-52 轴力图、弯矩图

10.6 小结

根据静定结构的定义，可以总结出它在静力学方面的若干特性。若能掌握这些特性，对如何能够正确快速地进行内力分析是有益的。

1）静力解答的唯一性。对于静定结构，全部反力和内力可由平衡条件确定，在任何荷载作用下，满足平衡条件的反力和内力的解答只有一种，而且是有限的数值。这一特性对静定结构的所有理论，具有基本意义。

2）在静定结构中，除荷载外，其他任何原因如温度改变、支座位移、材料收缩、制造误差等均不引起内力。

如图 10-53 所示，该悬臂梁上下侧温度分别升高 t_1 和 t_2（$t_1 > t_2$），则梁将发生变形弯曲（如图 10-53 中双点画线所示）。但由于没有荷载作用，根据平衡条件可知，梁的反力和内力都为零。实际上，当荷载为零时，零内力状态能满足结构所有部分的平衡条件，对于静定结构这是唯一解。因此，可以判定除荷载外其他任何因素均不引起静定结构的内力。

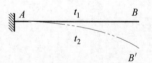

图 10-53 静定悬臂梁
温度变化

3）平衡力系的影响。当由平衡力系组成的荷载作用于静定结构的某一本身为几何不变的部分上时，则只有这部分受力，其余部分反力和内力均为零。

如图 10-54a 所示的静定结构，当一对平衡力作用于几何不变部分 *DE* 上时，若依次取 *AB*、*BC* 作为隔离体，计算支座 *C* 处的反力、铰 *B* 处的约束力及支座 *A* 处的反力，得到数值均为零。由此可知，除了 *DE* 部分外其余部分的内力均为零。弯矩图如阴影部分所示。又如图 10-54b 所示，有平衡力系作用在本身几何不变部分 *BG* 上，同上分析可得除 *BG* 部分外，其余部分不受力。

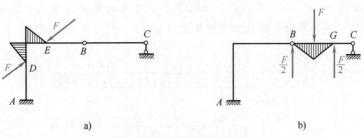

图 10-54　体系局部平衡 1

当平衡力系作用的部分本身不是几何不变部分时，则上述结论不能成立。

如图 10-55a 所示，平衡力系作用于 HBJ 部分，若设想其余部分不受力而将其撤去，所剩体系为几何可变体系，则不能承受荷载而保持平衡，所以其余部分不受力是错误的。但当几何可变部分在某些特殊荷载作用下可以独立维持平衡时，则上述结论仍然成立。如图 10-55b 所示情况，KBC 部分本身是几何可变的，其轴力可与荷载维持平衡，因为其余部分的内力和反力皆为零。

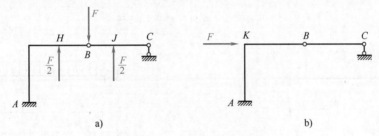

图 10-55　体系局部平衡 2

4）荷载等效变换的影响。合力相同（即主矢及对同一点的主矩均相等）的各种荷载称为静力等效的荷载。等效变换的含义是指将一种荷载转换成另外一种静力等效的荷载。当作用在静定结构的几何不变部分上的荷载在该部分范围内进行等效变换时，则只有该部分的内力发生变化，其余部分内力不变。

如图 10-56a 所示，将梁上荷载在几何不变部分 CD 段进行等效变换，变换后的图形如图 10-56b 所示，除 CD 段外，其余部分的内力均不改变。这就是荷载等效变换的影响。这一结论可以用平衡力系的影响来证明。假设图 10-56a、b 的两种荷载分别用 F 和 $2\times\dfrac{F}{2}$ 表示，其产生的内力分别用 M_1、M_2 表示。根据叠加原理，图 10-56c 所示的内力可表示为 M_1-M_2。显然荷载 F 和 $2\times\dfrac{F}{2}$ 为一对平衡力，根据平衡力系的影响，除了几何不变部分 CD 段外，其余部分内力 $M_1-M_2=0$，因而得出 $M_1=M_2$，从而证明上述结论。

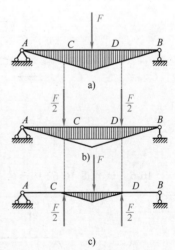

图 10-56　结构上荷载的等效变换

复习思考题

10-1～10-4　试作图 10-57～图 10-60 所示单跨梁的 M 图和 F_s 图。

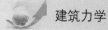

10-5 作斜梁的 M、F_s、F_N 图：图 10-61a 所示的竖向均布荷载沿水平方向的集度为 q；图 10-61b 所示的竖向均布荷载沿杆轴线方向的集度为 q。

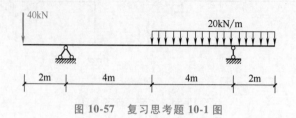

图 10-57 复习思考题 10-1 图

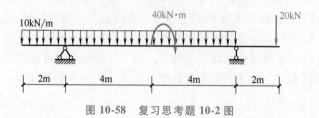

图 10-58 复习思考题 10-2 图

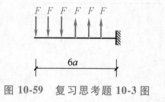

图 10-59 复习思考题 10-3 图

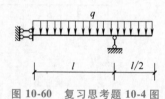

图 10-60 复习思考题 10-4 图

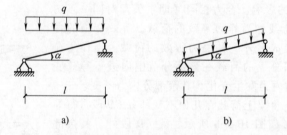

图 10-61 复习思考题 10-5 图

10-6 试作图 10-62 所示的多跨静定梁的 M、F_s 图。

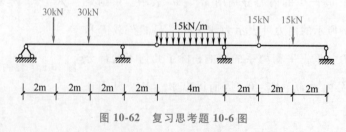

图 10-62 复习思考题 10-6 图

10-7～10-8 试不计算反力而绘出图 10-63、图 10-64 所示梁的弯矩图。

10-9～10-10 指出图 10-65、图 10-66 所示桁架中的零杆。

10-11～10-12 试作图 10-67、图 10-68 所示刚架的 M、F_s、F_N 图。

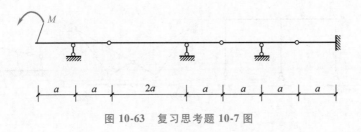

图 10-63 复习思考题 10-7 图

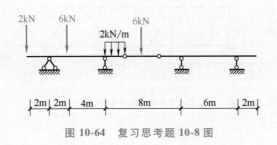

图 10-64 复习思考题 10-8 图

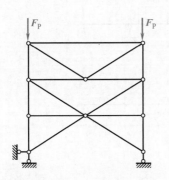

图 10-65 复习思考题 10-9 图

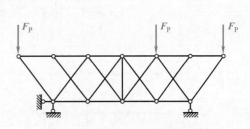

图 10-66 复习思考题 10-10 图

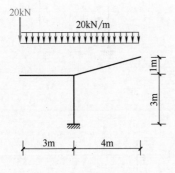

图 10-67 复习思考题 10-11 图

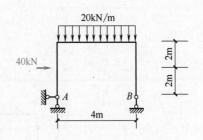

图 10-68 复习思考题 10-12 图

习　　题

10-1 试对图 10-69 所示的平面体系进行几何组成分析。

10-2 试作图 10-70 所示刚架的 M 图。

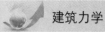

建筑力学

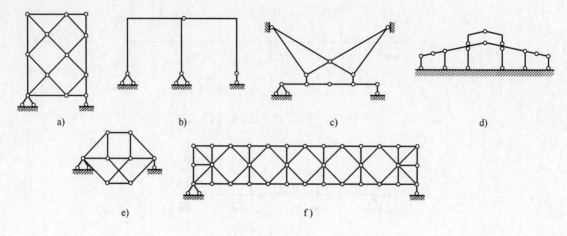

图 10-69 习题 10-1 图

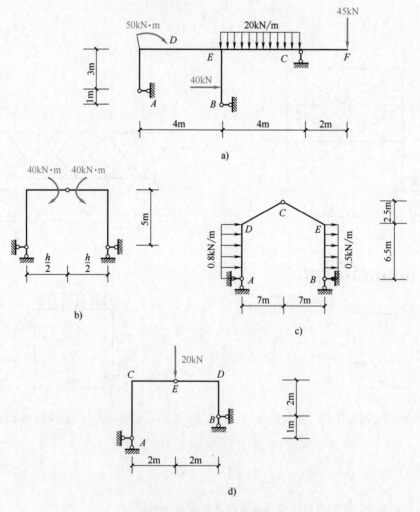

图 10-70 习题 10-2 图

10-3 求图 10-71 所示桁架的内力。

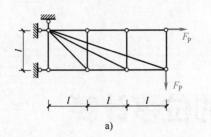

a)

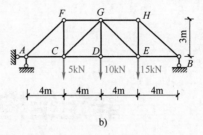

b)

图 10-71 习题 10-3 图

10-4 求图 10-72 所示桁架指定杆的轴力。

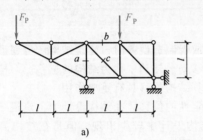

a)

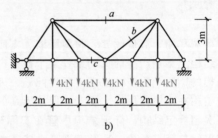

b)

图 10-72 习题 10-4 图

10-5 求图 10-73 所示组合结构桁式杆的轴力，并绘制梁式杆的弯矩图。

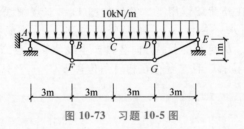

图 10-73 习题 10-5 图

第 11 章

静定结构的位移计算

11.1 概述

当有荷载作用、温度改变、材料胀缩、支座沉降或者制造误差时，建筑结构产生变形。结构变形时，结构上某点产生的移动或者某个截面产生的移动、转动，称为结构的位移。结构位移可能导致结构的刚度、稳定性出现工程性问题，因此计算结构位移具有重要作用。

静定结构在上述作用下，将产生保持连续的、确定性的位移。在结构设计中，建筑结构常被简化为高次超静定结构。静定结构尽管在实际建筑结构设计中较少出现，但是在结构简化计算时有所应用，如简支桥梁、Y 形车篷等，其自身有位移计算要求。此外，静定结构位移计算也是超静定结构分析的基础，起着承前启后的作用。

位移按照变形形式可分为线位移、角位移；按照是否相对可分为相对线位移、相对角位移。如图 11-1 所示，静定结构在外荷载作用下，发生如图 11-1 双点画线所示的变形。图 11-1a 中 A 点变形到 A_1 点，产生绝对水平位移 Δ_{AH}、绝对竖直位移 Δ_{AV}，A 截面产生绝对角位移 φ_A。如图 11-1b 所示，变形后，C、D 两点在水平方向各自产生线位移，且二者存在相对线位移 Δ_{CD}；在刚结点 A、B 处各自产生角位移，且二者存在相对角位移 φ_{AB}。

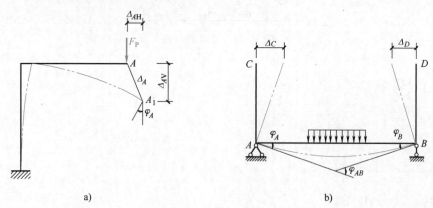

a)   b)

图 11-1 刚架变形示意图

本章仅讨论静定结构的位移计算，以虚功原理为理论基础，基本计算方法是单位荷载法。静定结构位移计算的基本假定有"材料线弹性、微小和连续变形"，即满足叠加原理要求。

11.1.1 虚功原理与静定结构位移计算

1. 做功的要素

对于本章而言，做功的要素有两类：外力与位移，内力与变形。

静定结构的杆件被视作刚杆时，做功要素一般只有外力与其对应方向上的位移；其杆件被视作弹性杆时，做功要素既有外力与其对应方向上的位移，还有微元段上内力三分量与其各自对应方向上的杆件变形。

如图 11-2 所示，静定刚杆结构，为求支座 A 的支反力，去除支座链杆 A，代之以支反力 X，结构变为单自由度刚杆体系。如果该体系绕理想铰支座 B 发生任意微小转动，则外力 F_P、支反力 X 在各自的位移方向上，将分别做功。

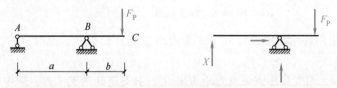

图 11-2　静定梁做虚功

如图 11-3 所示，弹性杆简支梁结构，在外力 F_P 作用下，结构产生内力和变形。在 F_P 方向上有位移 Δ，在微元体 $\mathrm{d}s$ 上有内力分量 M、F_S、F_N 及其各自对应的变形 $\mathrm{d}\theta$、$\mathrm{d}\eta$、$\mathrm{d}u$。

当作用力 F_P（包括弯矩、力偶等）与其经历的位移 Δ 是独立无关的，二者所做的功称为虚功。

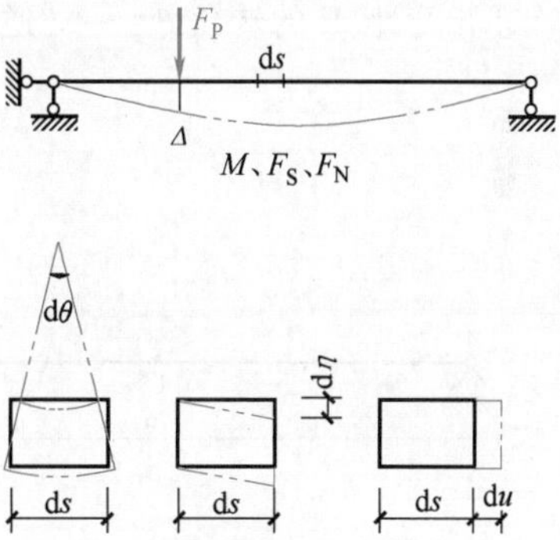

图 11-3　杆件微元体虚功元素

2. 刚体体系虚功原理

对于具有理想约束的刚体体系，设体系处于平衡状态，当体系发生符合约束条件的无限小刚体体系位移，则主动力在位移上所做的虚功总和恒等于零，即

$$\sum (F_i\Delta_i+M_j\theta_j) = 0 \qquad (11\text{-}1)$$

式中，F_i、M_j 分别为刚体体系所承受的线性力、弯矩，简称力状态；Δ_i、θ_j 分别为对应的位移，简称位移态。

对同一刚体体系而言，力状态仅要求满足平衡条件，位移态仅要求满足刚体牵连位移条件，位移态可以不是由力状态引起的。即二者统一于同一刚体体系，但又可以相互独立。

刚体体系虚功原理在建筑力学中常有以下两种应用：

1）虚力原理：当刚体体系为静定结构时，虚设单位力构造平衡力系，使力状态参数转化为常数，则式（11-1）形成以位移态参数为未知数的方程。即式（11-1）降为静定刚杆结构求位移的公式。此时，方程为满足变形协调条件的几何方程。

如图 11-4a 所示，A 端支座有竖向位移 c，求 C 端支座发生的竖向位移。采用虚力原理，首先在原静定结构 C 点上施加与所求位移方向相一致的单位力，根据平衡条件求得支座链杆 A 的支反力 F_A；其次分别视作图 11-4a、b 为位移态、力状态，由于铰支座为理想光滑约束，其支反力不做功；最后由虚力原理可得

$$F_A c+1\times\Delta = 0$$

代入 $F_A = -\dfrac{b}{a}$（↓），可得

$$\Delta = \frac{bc}{a}(\downarrow)$$

2）虚位移原理：当刚体体系为静定结构时，去除一个约束后体系变为单自由度刚体体系，虚设单位位移使位移态参数转化为常数，则式（11-1）形成以力状态参数为未知数的方程。即

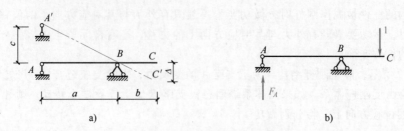

图 11-4　静定梁虚力原理模型

式（11-1）降为静定刚杆结构求未知力（未知内力分量）的公式。此时，方程为满足平衡条件的力方程。

如图 11-5a 所示，简支梁中点处有弯矩 M 作用，求支座 B 的支反力。采用虚位移原理，首先去除 B 支座链杆，取代以支反力 F_B，使 B 点沿着 F_B 正方向产生单位虚位移，如图 11-5b 所示；其次求出弯矩 M 的转角 $\theta = \dfrac{1}{a}$（逆时针）；最后由虚位移原理可得

$$F_B \times 1 + M \times \left(-\frac{1}{a}\right) = 0; \quad F_B = \frac{M}{a}(\uparrow)$$

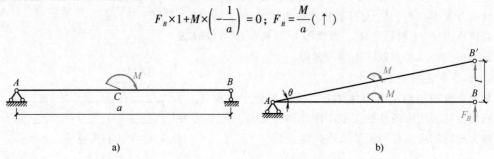

图 11-5　静定梁虚位移原理模型

11.1.2　变形体体系虚功原理

变形体体系在任意平衡力系作用下，给体系以几何可能的位移和变形，体系上所有外力所做的虚功总和恒等于体系各截面所有内力在微段变形上所做的虚功总和，即

$$\sum (F_i \Delta_i + M_j \theta_j) = \sum \int (\overline{M} \mathrm{d}\theta + \overline{F}_\mathrm{s} \mathrm{d}\eta + \overline{F}_\mathrm{N} \mathrm{d}u) \tag{11-2}$$

式中，F_i、M_j 分别为变形体体系所承受的外力线性力、外力弯矩；$\overline{M}$ 等为体系在外力 F_i、M_j 等作用下产生的内力三分量；$\mathrm{d}\theta$ 等分别为体系发生任意可能几何变形后，与内力 $\overline{M}$ 等作用方向相一致的变形分量（参见图 11-3）。

1. 广义力和广义位移

一个不变的力所做的功，等于该力的大小与其作用点沿力方向相应位移的乘积，即

$$W = F\Delta \tag{11-3}$$

式中，W 为虚功，单位是 N·m；F 为广义力，可以是单个荷载，也可以是包含温度荷载等在内的一组力；Δ 为与 F 相对应的广义位移。

静定结构求位移时，应注意基于二者做虚功的定义，所求位移与所假设广义力之间的对应关系，几种常见的对应关系如图 11-6 所示。

2. 虚功原理在静定结构求位移中的应用

静定结构在广义力作用下，各杆发生应变产生变形，进而形成广义位移。对于变形体体系，

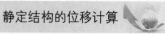

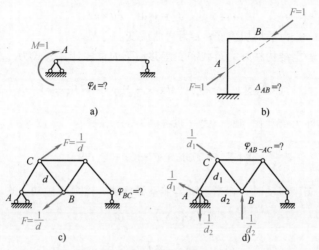

图 11-6　广义力与广义位移的对应关系

虚功原理可表述如下：体系在任意平衡力系作用下，给体系以几何可能的位移和变形，体系上所有外力所做的虚功总和恒等于体系各截面所用内力在微段变形上所做的虚功总和。具体表达式见式（11-2）。

如图 11-7 所示，静定刚架在外力荷载和支座移动情况下，求 K 截面在 $i—i'$ 方向上的位移。该图图左显示在广义外力作用下的真实变形；图右为采用原静定刚架，在 K 截面的 $i—i'$ 方向上施加单位荷载，则结构上产生相应的内力、支座反力。取图左为虚功原理中的位移态，图右为虚功原理中的力状态。

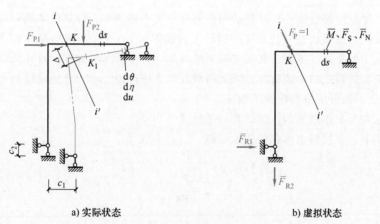

a) 实际状态　　　　　b) 虚拟状态

图 11-7　静定刚架求 $i—i'$ 方向位移

应用变形体体系虚功原理可知：

外力所做的虚功为

$$1\times\Delta+\sum\overline{F}_{Ri}c_i$$

内力所做的虚功为

$$\sum\int(\overline{M}\mathrm{d}\theta+\overline{F}_S\mathrm{d}\eta+\overline{F}_N\mathrm{d}u)$$

图 11-3 中微元体 $\mathrm{d}s$ 与变形分量 $\mathrm{d}u$ 等之间的数量关系，由材料力学及高等数学相关知识可知：

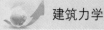

$$\mathrm{d}u = \varepsilon\,\mathrm{d}s \qquad \mathrm{d}\eta = \gamma_0\,\mathrm{d}s \qquad \mathrm{d}\theta = \kappa\,\mathrm{d}s$$

式中，ε 为轴向应变；γ_0 为平均切应变；κ 为弯曲应变。

代入以上可知，静定结构在外力荷载和支座移动下的位移计算公式为

$$1\times\Delta + \sum \overline{F}_{Ri}c_i = \sum \int (\overline{M}\kappa\,\mathrm{d}s + \overline{F}_S\gamma_0\,\mathrm{d}s + \overline{F}_N\varepsilon\,\mathrm{d}s) \tag{11-4}$$

当静定结构只有外力荷载作用时，式（11-4）为

$$\Delta = \sum \int (\overline{M}\kappa\,\mathrm{d}s + \overline{F}_S\gamma_0\,\mathrm{d}s + \overline{F}_N\varepsilon\,\mathrm{d}s) \tag{11-5}$$

当静定结构只有支座移动时，相当于刚体体系做虚功，内力不做功，式（11-4）为

$$1\times\Delta + \sum \overline{F}_{Ri}c_i = 0$$

即

$$\Delta = -\sum \overline{F}_{Ri}c_i \tag{11-6}$$

当静定结构仅在温度荷载作用下时，其位移计算可见参考书目。

静定结构位移计算满足叠加原理，当其承受外力荷载、支座移动、温度荷载同时作用时，可先分别计算，再叠加起来。

11.2 单位荷载法

11.2.1 单位荷载法及其计算公式

式（11-4）即单位荷载法计算静定结构在荷载和支座移动下，计算位移的一般公式。设静定结构已有实际发生的变形状态（比如在一组已知荷载作用下），要用虚功方程式（11-2）求其指定点的指定方向上的位移，或者求其指定截面的转角。为了计算的方便，可在原结构上，仅在所求位移的方向上施加匹配的单位荷载，以此荷载及其支座反力、内力作为虚设的平衡力系，用式（11-4）即可求出。该方法简称单位荷载法。

静定结构仅在荷载作用下的位移计算，可见式（11-5）。

在荷载作用下，由材料力学相关知识可得

轴向应变：

$$\varepsilon = \frac{F_N}{EA}$$

平均切应变：

$$\gamma_0 = \frac{KF_S}{GA}$$

弯曲应变：

$$\kappa = \frac{M}{EI}$$

式中，E、G 分别为材料的弹性模量、剪切弹性模量；A、I 分别为杆件截面的面积、惯性矩；EA、GA 和 EI 分别为杆件截面的抗拉、抗剪和抗弯刚度；K 为切应力截面修正系数，与截面形状有关，如矩形截面取 $K = 1.2$、圆形截面取 $K = 1.1$、工字形或箱形截面 $K = A/A_1$（A_1 为腹板面积）。

把以上式子代入式（11-5）可得

$$\Delta = \sum \int \frac{\overline{F}_N F_N}{EA} ds + \sum \int \frac{K \overline{F}_S F_S}{GA} ds + \sum \int \frac{\overline{M} M}{EI} ds \qquad (11\text{-}7)$$

式中，$\overline{F}_N$、$\overline{F}_S$ 和 $\overline{M}$ 分别为虚设单荷载在原静定结构上产生的轴力、剪力和弯矩；F_N、F_S 和 M 分别为实际荷载在原静定结构上产生的轴力、剪力和弯矩。

关于内力的正负号规定如下：对于式（11-7），轴力以拉力为正；剪力以使微元段顺时针转动为正；弯矩 $\overline{M}$、M 使杆件同侧受拉时，二者乘积为正，反之为负；对于式（11-6），各支座反力与其对应的位移，方向相一致时，乘积为正，反之为负。

对于式（11-7），弹性体静定结构的指定位移，与结构上实际荷载有关，与所求指定点的位移方向（或指定截面）有关，还与杆件的材料、截面几何性质有关。

结合具体的结构类型，式（11-7）一般有以下简化：

1. 梁和刚架

在梁和刚架中，一般为梁式杆，位移主要由弯矩引起，轴力和剪力的影响很小，因此其位移计算公式简化为

$$\Delta = \sum \int \frac{\overline{M} M}{EI} ds \qquad (11\text{-}8)$$

2. 桁架

在桁架结构中，各杆只有轴力，各杆的截面、轴力和弹性模量沿直杆长度都是常数，因此其位移计算公式简化为

$$\Delta = \sum \int \frac{\overline{F}_N F_N}{EA} ds = \sum \frac{\overline{F}_N F_N l}{EA} \qquad (11\text{-}9)$$

3. 组合结构

在组合结构中，梁式杆的位移贡献主要考虑弯矩的影响，桁式杆的位移贡献只有轴力的影响，因此其位移计算公式简化为

$$\Delta = \sum \frac{\overline{F}_N F_N l}{EA}(桁式杆) + \sum \int \frac{\overline{M} M}{EI} ds(梁式杆) \qquad (11\text{-}10)$$

静定拱等其他类型结构，可根据其各杆实际受力等因素进行适当简化。

11.2.2 位移计算举例

1. 梁式杆位移计算

例 11-1 计算图 11-8 所示 B 端的竖向位移 Δ_{By}，并比较弯曲变形在位移中的百分占比。设梁的截面为矩形。

解：在原静定结构（不含实际荷载）所求位移处虚设单位荷载，如图 11-8b 所示；分别求出原结构在实际荷载作用下、在虚设单位荷载作用下的内力，如图 11-8a、b 所示，在距离 B 端为 x 处的内力为

实际荷载   虚设单位荷载

弯矩：$M = \dfrac{qx^2}{2}$ $\overline{M} = x$

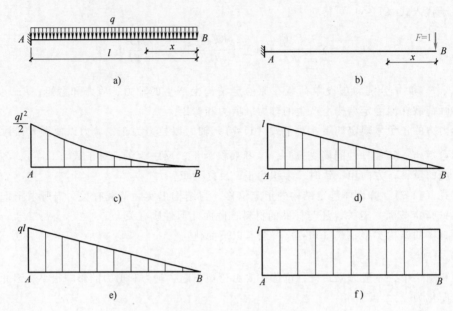

图 11-8 例 11-1 图

剪力：$F_{\rm S} = qx$ $\qquad\qquad\qquad\overline{F}_{\rm S} = 1$

轴力：$F_{\rm N} = 0$ $\qquad\qquad\qquad\overline{F}_{\rm N} = 0$

则所求位移为

$$\Delta = \sum \int \frac{\overline{F}_{\rm N} F_{\rm N}}{EA} {\rm d}s + \sum \int \frac{K\overline{F}_{\rm S} F_{\rm S}}{GA} {\rm d}s + \sum \int \frac{\overline{M}M}{EI} {\rm d}s$$

$$= 0 + 1.2 \int_0^l \frac{1 \times qx}{GA} {\rm d}x + \int_0^l \frac{x \times \frac{1}{2}qx^2}{EI} {\rm d}x = 0.6 \frac{ql^2}{GA} + \frac{ql^4}{8EI}$$

弯曲变形占总位移的百分比为

$$\alpha = \frac{\Delta_M}{\Delta_M + \Delta_{F_{\rm S}}} \times 100\% = \frac{\dfrac{ql^4}{8EI}}{0.6 \dfrac{ql^2}{GA} + \dfrac{ql^4}{8EI}} \times 100\% = \frac{1}{1 + \dfrac{4.8EI}{GAl^2}} \times 100\%$$

对矩形截面 $\dfrac{I}{A} = \dfrac{h^2}{12}$（$h$ 为截面高度），设横向系数 $\mu = \dfrac{1}{3}$，$\dfrac{E}{G} = 2(1 + \mu) = \dfrac{8}{3}$，代入上式可得

$$\alpha = \frac{1}{1 + 1.07\left(\dfrac{h}{l}\right)^2} \times 100\%$$

当梁的高跨比在 $\dfrac{1}{20} \sim \dfrac{1}{8}$ 时，$\alpha = 98.36\% \sim 99.73\%$，误差小于 5%（工程误差），可认为梁的位移主要是弯曲变形引起的；而当深梁的高跨比是 0.5 时，$\alpha = 78.90\%$，剪切变形引起的位移占比超过 20%，因此不能被忽略。

2. 桁式杆位移计算

例 11-2　计算图 11-9a 所示桁架节点 E 的挠度。已知各杆弹性模量 $E = 2.1 \times 10^8 \text{kPa}$，截面面积 $A = 12 \text{cm}^2$。

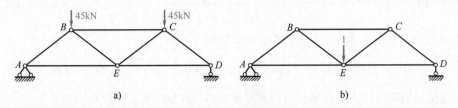

图 11-9　例 11-2 图

解：在原静定结构（不含实际荷载）的 E 节点上，虚设竖向单位荷载，如图 11-9b 所示，分别求出两种情况下各杆轴力。

根据式（11-9）计算该挠度，具体计算过程可采用列表进行，见表 11-1。

表 11-1　Δ_E 的列表计算

杆件	F_N/kN	$\overline{F}_N$	l/cm	EA/kN	$\dfrac{\overline{F}_N F_N l}{EA}/\text{cm}$
AB	-75	$-5/6$	250	2.52×10^5	0.062
BC	-60	$-4/3$	400	2.52×10^5	0.127
CD	-75	$-5/6$	250	2.52×10^5	0.062
AE	60	$2/3$	400	2.52×10^5	0.063
ED	60	$2/3$	400	2.52×10^5	0.063
BE	0	$5/6$	250	2.52×10^5	0
CE	0	$5/6$	250	2.52×10^5	0
$\sum = 0.377 \text{cm}(\downarrow)$					

3. 支座移动位移计算

例 11-3　静定刚架的支座 B 发生图 11-10 所示的位移，求铰结点 C 两侧杆件产生的相对角位移。

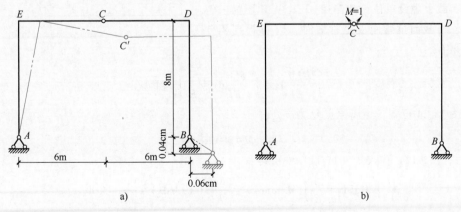

图 11-10　例 11-3 图

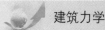

解：如图 11-10b 所示，在所求点 C 上虚设一对单位弯矩，求出支座处的反力：

$$\overline{F}_{Ax} = \frac{1}{8}(\leftarrow); \quad \overline{F}_{Bx} = \frac{1}{8}(\rightarrow); \quad \overline{F}_{Ay} = \overline{F}_{By} = 0$$

由题意可知：

$$c_{Ax} = c_{Ay} = 0; \quad c_{Bx} = 0.06\text{cm}(\rightarrow); \quad c_{By} = 0.04\text{cm}(\downarrow)$$

代入仅仅由支座发生移动，静定结构位移计算式（11-6）：

$$\Delta = -\sum \overline{F}_{Ri} c_i = -\left(\frac{1}{8}\times 0.06\times 10^{-2} + 0\times 0.04\times 10^{-2}\right)\text{rad} = -7.5\times 10^{-5}\text{rad}$$

Δ 为负值，说明两杆绕 C 点的相对转动与虚设的一对单位弯矩转向相反。

11.3　图乘法

在荷载作用下，静定结构位移计算式（11-7），需要求下列积分项的值：

$$\int \frac{\overline{F}_N F_N}{EA}\text{d}s; \quad \int \frac{K\overline{F}_s F_s}{GA}\text{d}s; \quad \int \frac{\overline{M}M}{EI}\text{d}s$$

在手算以上积分项时，需要先基于杆件建立局部坐标系，再建立内力分量的数学表达式，然后进行积分运算，比较烦琐。

由本书前述章节学习可知，在绘制多数静定结构的内力图形时，该图形的数学表达式并不是必需的；对于多数建筑结构，其主要受力、传力的梁、柱杆件是直杆，并且其 E、I、A 在杆长方向上保持不变；求这类静定结构的某位移时，一般在原结构上虚设单位荷载（或成对的单位荷载等），此时形成的内力图一般为（斜）直线图形。基于以上要求和条件，为位移计算公式的简便运用，经过数学理论验证属于解析解的图乘法应运而生。

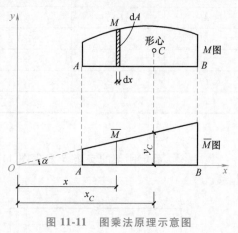

11.3.1　图乘法的计算公式

以弯曲变形引起的位移项来进行验证，其他两项可以采用本验证结论。

图 11-11 所示是直杆 AB 的两个弯矩图（可视作由实际荷载、虚设单位荷载作用），其中 $\overline{M}$ 图为一斜直线图。当截面抗弯刚度是常数时，EI 可提到积分号前，则有

图 11-11　图乘法原理示意图

$$\int_A^B \frac{M\overline{M}}{EI}\text{d}s = \int_A^B \frac{M\overline{M}}{EI}\text{d}x = \frac{1}{EI}\int_A^B M\overline{M}\text{d}x \qquad (11-11)$$

由图 11-11 可知，距离原点 O 为 x 处：

$$\overline{M} = x\tan\alpha \qquad (11-12)$$

将式（11-12）代入式（11-11）中可得

$$\frac{1}{EI}\int_A^B M\overline{M}\text{d}x = \frac{1}{EI}\int_A^B Mx\tan\alpha\text{d}x = \frac{\tan\alpha}{EI}\int_A^B (xM\text{d}x) = \frac{\tan\alpha}{EI}\int_A^B x\text{d}(A) \qquad (11-13)$$

式（11-13）右边积分项的几何意义：$M\text{d}x = \text{d}(A)$ 是 M 图中在 x 处的微分面积；$x\text{d}(A)$ 是

该微分面积对于 y 轴的面积矩。

设 $\int_A^B x\mathrm{d}A = T$；$\int_A^B \mathrm{d}A = A$，对于一个有确定几何形状的 M 图而言，二者都是确定值。

令 $x_C = \dfrac{T}{A} = \dfrac{\int_A^B x\mathrm{d}A}{\int_A^B \mathrm{d}A}$ ，则可知 x_C 是一个定值。

因此有

$$\int_A^B x\mathrm{d}A = A x_C \tag{11-14}$$

把式（11-14）代入式（11-13）中，有

$$\frac{\tan\alpha}{EI}\int_A^B x(\mathrm{d}A) = \frac{A}{EI}(x_C \cdot \tan\alpha) = \frac{A y_C}{EI} \tag{11-15}$$

式中，A 为 M 图的面积；y_C 为 M 图的形心位置对应到 $\overline{M}$ 图上的纵坐标值。

式（11-15）就是图乘法计算公式，它克服了函数积分的繁杂过程，并且有效地利用了前述章节的静定结构内力图形，使位移计算简化为求图形的面积、形心位置及纵坐标运算的问题。而当一些常用内力图的面积、形心位置被建立为素材库时，采用图乘法尤为简便。

图 11-12 所示是常见内力图形的面积和形心（素材库）。

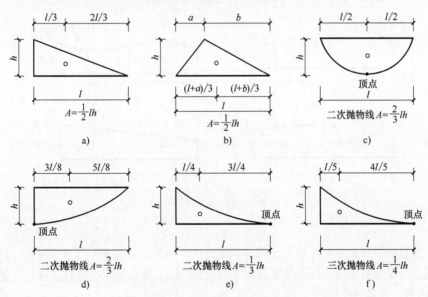

图 11-12 常见内力图形的面积和形心

几点说明：

1）图乘法的应用条件。杆 AB 为直杆；$EI(EA)$ 为常数；杆 AB 的两类弯矩图中，至少有一个为（斜）直线图形；纵坐标值 y_C 必须取自（斜）直线图中。

2）单个直杆出现 $EI(EA)$ 为有限次数的变量，可把该杆细分，使每段直杆为常数后，采用图乘法计算；取 y_C 的图形，其（斜）直线的斜率必须保持不变。

3）正负号规定：面积 A 与纵坐标 y_C 在杆的同一边时，乘积 $A y_C$ 取正，反之为负。

4）当 $\overline{M}$ 为平直线，即常数时，式（11-15）仍然成立。

5）尽管在理论上，实际荷载作用下的 M 图有无限多的可能，导致其面积 A、形心位置 x_c 有无限多个。但是结合建筑结构构件形式、荷载种类及其设计简化原则等因素进行考虑之后，一般情况下，M 图是（斜）直线图形、二次抛物线图形或者三次抛物线图形，再结合内力图满足叠加原理的因素，使采用枚举法求解 M 图的面积 A、形心位置 x_c 具备可能性。

11.3.2 图乘法计算的常见问题

应用图乘法时，如果一个图形是（斜）直线，另一个图形是曲线，则面积应取自曲线图形，纵坐标值 y_c 必须取自（斜）直线图；如果两个图形都是（斜）直线，则纵坐标值 y_c 可任取。如果出现更加复杂情形，应对图形进行分段、叠加处理。

1. 分段

当一个图形是曲线，另一个图形是由斜率变化的（斜）直线构成时，应分段计算，如图 11-13a 所示，此时计算公式为

$$\frac{1}{EI}\int M\overline{M}\mathrm{d}x = \frac{1}{EI}(A_1 y_{c1} + A_2 y_{c2}) \tag{11-16}$$

当杆件各段存在有限个不同的 EI 时，可在其发生变化处分段，如图 11-13b 所示，此时计算公式为

$$\int \frac{M\overline{M}}{EI}\mathrm{d}x = \frac{1}{EI_1}A_1 y_{c1} + \frac{1}{EI_2}A_2 y_{c2} \tag{11-17}$$

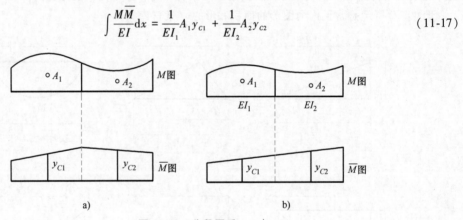

图 11-13 分段图乘

2. 叠加

当一个图形的面积或者形心位置不能采用图 11-12 来快速确定时，基于建筑结构的线弹性、小变形假定，可以先将复杂的图形分解为图 11-12 中的几个基本图形，分别与各自对应的纵坐标值 y_{ci} 进行图乘，再叠加计算。

如图 11-14 所示，两个图形都是各自斜率不变的（斜）直线图，直杆长为 h，可先采用分段图乘，再进行叠加，得到其计算公式为

$$\int \frac{M\overline{M}}{EI}\mathrm{d}x = \frac{h}{6EI}(2ab + 2cd + ad + bc) \tag{11-18}$$

式（11-18）右端括号的四个乘积因子，可以分别为零；且当相乘的两个乘积因子处于杆件的同一侧时，乘积为正；反之为负。

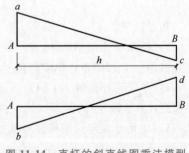

图 11-14 直杆的斜直线图乘法模型

如图 11-15a 所示，直杆 AB 在均布荷载 q、杆端弯矩 a 和 b 共同作用下形成 M 图。非标准抛物线图形 M 在与图 11-15d 的 $\overline{M}$ 图乘时，基于叠加原理，可认为杆 AB 由两类荷载分别作用，一类是杆端弯矩 a 和 b，一类是均布荷载 q。绘制出两类荷载作用下的弯矩图，如图 11-15b、c 所示。则分别与 $\overline{M}$ 图乘再叠加可得到

$$\int \frac{M\overline{M}}{EI}\mathrm{d}x = \frac{1}{EI}(A_1 y_{C1} + A_2 y_{C2} + A_3 y_{C3}) \qquad (11\text{-}19)$$

需要指出的是，弯矩图的叠加是指弯矩图纵坐标的叠加。从本质上看，首先是线弹性杆 AB 分别承受单一荷载 i 作用形成弯矩图 M_i，然后基于微小变形线弹性体的叠加原理，得到多种荷载作用下的总弯矩图 $\sum_i M_i$，而本小节是把总弯矩图 $\sum_i M_i$ 再分拆为一个个单一的弯矩图 M_i。因此，尽管图 11-15a、c 中的抛物线形状有所区别，但仍然被视为同一图形。

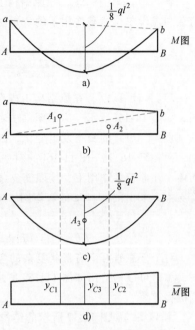

图 11-15 图乘法的分解运算

11.3.3 图乘法计算举例

1. 静定梁

例 11-4 如图 11-16a 所示的静定梁 AB，试用图乘法计算 B 点、中点 C 的竖向位移，EI 为常数。

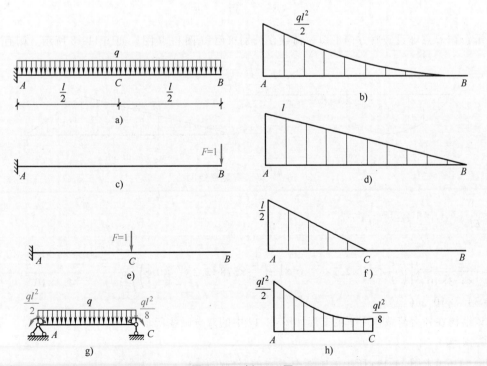

图 11-16 例 11-4 图

解：1）为计算 Δ_{By}，在原结构上虚设单位荷载，如图 11-16c 所示。分别计算静定梁 AB 在原荷载和虚设单位荷载作用下的弯矩图，如图 11-16b、d 所示。应用图乘法并由图 11-12 可知：

$$\Delta_{By} = \frac{Ay_c}{EI} = \frac{\left(\frac{1}{3} \times l \times \frac{ql^2}{2}\right) \times \frac{3l}{4}}{EI} = \frac{ql^4}{8EI}(\downarrow)$$

2）为计算 Δ_{Cy}，在原结构上虚设单位荷载，如图 11-16e 所示，计算后得到图 11-16e 的弯矩图，如图 11-16f 所示。应用图乘法对图 11-16b、图 11-16f 运算时，在整个杆长 AB 上（斜）直线图（图 11-16f）的斜率发生变化，因此不能直接图乘。

而在杆 AC 上，图 11-16f 的斜率不变；由图 11-16b 可得到杆 AC 两端弯矩值。截取 AC 杆为隔离体，在原荷载作用下，按照简支梁进行荷载分布后，AC 杆的约束、受力等价于如图 11-16g 的简支梁。求出图 11-16g 的弯矩图，则由图 11-16h、图 11-16f 进行图乘，可得

$$\Delta_{Cy} = \frac{(A_1 y_{C1} + A_2 y_{C2})}{EI} = \frac{1}{EI}\left[\frac{l}{12}\left(2 \times \frac{l}{2} \times \frac{ql^2}{2} + \frac{l}{2} \times \frac{ql^2}{8}\right) - \left(\frac{2}{3} \times \frac{l}{2} \times \frac{ql^2}{32} \times \frac{l}{4}\right)\right] = \frac{3ql^4}{128EI}(\downarrow)$$

对于任意直杆上有形状复杂的弯矩图，如果其 EI 不发生变化，在已知该杆两端弯矩的前提下，总是可以构造出如图 11-16g 所示的简支梁受力模型。基于该模型可以方便地应用图乘法进行位移计算。

例 11-5 如图 11-17 所示的结构，已知 $EI = 4.3 \times 10^4 \text{N} \cdot \text{m}^2$，求 C 点的竖向位移 Δ_{Cy}。

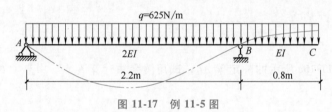

图 11-17 例 11-5 图

解：在 C 点虚设竖直方向的单位荷载，分别求出 M 图和 $\overline{M}$ 图，如图 11-18 所示。则有

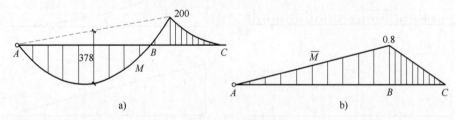

图 11-18 两类弯矩图

$$\Delta_{Cy} = \frac{1}{EI_1}(A_1 y_{C1} + A_2 y_{C2}) + \frac{1}{EI_2} A_3 y_{C3}$$

$$= \frac{1}{2 \times 4.3 \times 10^4} \times \left[\left(\frac{1}{2} \times 200 \times 2.2 \times \frac{2}{3} \times 0.8\right) - \left(\frac{2}{3} \times 378 \times 2.2 \times \frac{1}{2} \times 0.8\right)\right]\text{m} + \frac{\frac{1}{3} \times 0.8 \times 200 \times \frac{3}{4} \times 0.8}{4.3 \times 10^4}\text{m}$$

$$= -4.7 \times 10^{-4}\text{m}(\uparrow)$$

该结构在外力荷载作用下的变形如图 11-17 中的双点画线所示。

2. 刚架

例 11-6 求图 11-19a 所示的刚架中 C 点的竖向位移 Δ_{Cy}，EI 为常数。

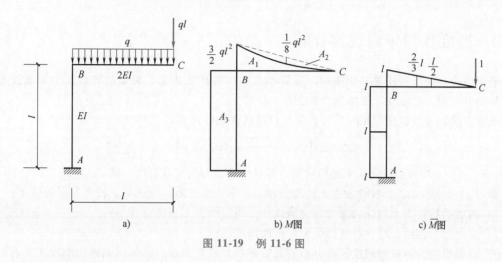

a)　　　　　b) M图　　　　　c) $\overline{M}$图

图 11-19　例 11-6 图

解：在点 C 竖向虚设单位荷载，并求出刚架在原荷载、虚设荷载作用下的 M 图和 $\overline{M}$ 图，如图 11-19b、c 所示。

$$\Delta_{Cy} = \frac{1}{EI_1}(A_1 y_{C1} + A_2 y_{C2}) + \frac{1}{EI_2} A_3 y_{C3}$$

$$= \frac{1}{2EI}\left(\frac{1}{2} \times \frac{3}{2}ql^2 \times l \times \frac{2}{3}l - \frac{2}{3} \times \frac{1}{8}ql^2 \times l \times \frac{l}{2}\right) + \frac{1}{EI} \times \frac{3}{2}ql^2 \times l \times l$$

$$= \frac{83ql^4}{48EI}(\downarrow)$$

例 11-7　求图 11-20a 所示的刚架 C、D 两点的相对水平位移，各杆 EI 为常数。

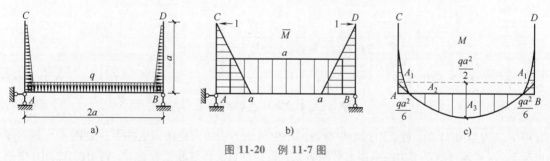

a)　　　　　b)　　　　　c)

图 11-20　例 11-7 图

解：为求 C、D 两点的相对水平位移，在 CD 连线上虚设一对方向相反的单位荷载，如图 11-20b 所示。求出刚架在原荷载、虚设荷载作用下的 $\overline{M}$ 图和 M 图，分别如图 11-20b、c 所示。由 M 图可知，弯矩图可分解为左右立柱的三次抛物线图形（以 A_1 表示其面积）、梁 AB 为矩形图形（以 A_2 表示其面积）和二次抛物线图形（以 A_3 表示其面积）。则有

$$\Delta = \frac{1}{EI}(2A_1 y_1 + A_2 y_2 + A_3 y_3)$$

$$= \frac{1}{EI}\left(2 \times \frac{1}{4} \times a \times \frac{qa^2}{6} \times \frac{4}{5} \times a + 2a \times \frac{qa^2}{6} \times a - \frac{2}{3} \times 2a \times \frac{qa^2}{2} \times a\right)$$

$$= -\frac{4qa^4}{15EI}(\rightarrow \leftarrow)$$

计算结果为负值，说明 C、D 两点的相对水平位移的方向与虚设方向相反。

11.4　温度作用下的位移计算

静定结构在周围温度发生改变时，尽管不会在杆件产生内力，但是材料会发生膨胀或者收缩，从而引起截面的应变，使结构产生变形和位移。

当静定结构仅受温度作用时，可运用单位荷载法位移计算式（11-5）：

$$\Delta = \sum \int (\overline{M} \kappa \mathrm{d}s + \overline{F}_S \gamma_0 \mathrm{d}s + \overline{F}_N \varepsilon \mathrm{d}s)$$

式中，ε、γ_0、κ 均为温度变化引起的应变，与狭义荷载时的计算有所不同。

如图 11-21a 所示，当杆件发生上边缘升温 t_1、下边缘升温 t_2 变化时，杆件变形的假定：

1）温度沿杆件上下边缘的温度改变呈线性分布，如图 11-21b 所示。

2）温度变形前后，杆件及截面仍保持平面假定。

3）截面设定为沿截面高度平行分布的无穷多线弹性纤维层，各层因温差胀缩发生平行滑移而互不干涉，因此截面的变形可分为沿轴线方向的拉伸变形 $\mathrm{d}u$ 和截面的转角 $\mathrm{d}\theta$，不产生剪切变形。

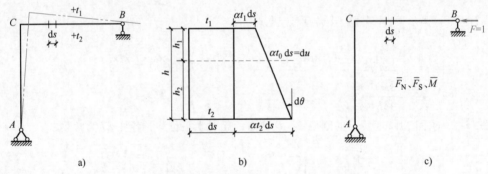

图 11-21　刚架温度作用下计算示意图

则式（11-5）简化为

$$\Delta_{iT} = \sum \int (\overline{M} \kappa \mathrm{d}s + \overline{F}_N \varepsilon \mathrm{d}s) \tag{11-20}$$

其中 $\overline{F}_N$、$\overline{M}$ 是图 11-21c 所示中由单位荷载法产生的轴力图、弯矩图。取杆中一微段 $\mathrm{d}s$，截面高度为 h，形心轴线与上下边缘的距离分别为 h_1、h_2，材料的线膨胀系数为 α。则由图 11-21b 中的几何关系，式（11-20）中的变形 $\varepsilon \mathrm{d}s$、$\kappa \mathrm{d}s$ 计算如下：

$$\varepsilon \mathrm{d}s = \mathrm{d}u = \alpha \frac{h_1 t_1 + h_2 t_2}{h} \mathrm{d}s \quad \kappa \mathrm{d}s = \mathrm{d}\theta = \frac{\alpha(t_2 - t_1)}{h}$$

令

$$t_0 = \frac{h_1 t_1 + h_2 t_2}{h} \quad \Delta t = (t_2 - t_1)$$

代入式（11-20）中，有

$$\Delta = \sum \int \overline{F}_N \alpha t_0 \mathrm{d}s + \sum \int \overline{M} \frac{\alpha \Delta t}{h} \mathrm{d}s \tag{11-21}$$

特别地，如果 t_0、Δt 沿杆长的全长为常数，并且 $h_1 = h_2 = \frac{1}{2} h$，那么式（11-21）可简化为

$$\Delta = \sum \alpha t_0 \int \overline{F}_N ds + \sum \frac{\alpha \Delta t}{h} \int \overline{M} ds \tag{11-22}$$

正负号规定如下：杆件的轴力以受拉为正，t_0 以温度升高为正；弯矩和截面上下边缘温差 Δt 的乘积，当弯矩和温差 Δt 分别使杆件的同侧受拉时，乘积为正，反之为负。

例 11-8　求图 11-22a 所示的刚架因温度改变而在 C 点所引起的水平位移。已知各杆的截面高度 $h = 18\mathrm{cm}$，$\alpha = 0.00001$。

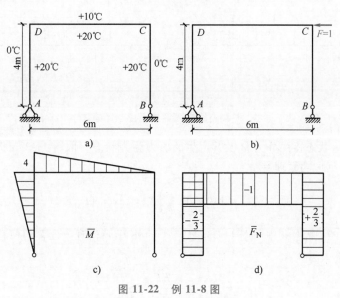

图 11-22　例 11-8 图

解：在 C 点施加单位水平方向的荷载，如图 11-22b 所示。分别作出 $\overline{M}$、$\overline{F}_N$ 图，如图 11-22c、d 所示，有

柱 AD、BC：

$$t_0 = \frac{t_1 + t_2}{2} = \frac{0 + 20}{2}\text{℃} = 10\text{℃} \quad \Delta t = t_2 - t_1 = 20\text{℃} - 0\text{℃} = 20\text{℃}$$

梁 DC：

$$t_0 = \frac{t_1 + t_2}{2} = \frac{10 + 20}{2}\text{℃} = 15\text{℃} \quad \Delta t = t_2 - t_1 = 20\text{℃} - 10\text{℃} = 10\text{℃}$$

代入式（11-22）可得

$$\Delta = \sum \alpha t_0 \int \overline{F}_N ds + \sum \frac{\alpha \Delta t}{h} \int \overline{M} ds$$

$$= \left[1 \times 10^{-5} \times 10 \times \left(\frac{-2}{3} \times 4 + \frac{2}{3} \times 4 \right) + 1 \times 10^{-5} \times 15 \times (-1 \times 6) + \frac{1 \times 10^{-5}}{18 \times 10^{-2}} \times \left(-20 \times \frac{1}{2} \times 4 \times 4 - 10 \times \frac{1}{2} \times 4 \times 6 \right) \right] \mathrm{m}$$

$$= -1.646 \times 10^{-2} \mathrm{m} (\rightarrow)$$

11.5　线弹性体系的互等定理

在后续章节中，对于线性变形体系，会经常用到基于虚功原理的三个互等定理——功的互等定理、位移互等定理和反力互等定理。

线性体系互等定理的应用条件：材料处于弹性阶段，应力与应变成正比；结构变形很小，变形后结构尺寸上的变化不影响力的作用效果。

11.5.1　功的互等定理

图 11-23a、b 所示为同一线性变形体系在两组外力 p_i、F_i 分别作用下的两种状态，把图 11-23a 记作状态 I、图 11-23b 记作状态 II。

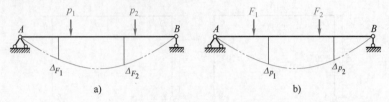

图 11-23　线性变形体系虚功示意图

1）取图 11-23a 状态 I 的外力 p_i 及其产生的内力为力状态，取图 11-23b 状态 II 由 F_i 产生的位移为位移态，根据虚功原理有

$$\sum p_i \cdot \Delta_{p_i} = \int M_1 \kappa_2 \mathrm{d}x + \int F_{S1} \gamma_{02} \mathrm{d}x + \int F_{N1} \varepsilon_2 \mathrm{d}x \tag{11-23}$$

式中，Δ_{p_i} 为图 11-23b 状态 II 中与图 11-23a 状态 I 的外力 p_i 相对应位置的位移，式（11-23）右端的应变由 F_i 产生，因此有

$$\kappa_2 = \frac{M_2}{EI} \quad \gamma_{02} = \frac{KF_{S2}}{GA} \quad \varepsilon_2 = \frac{F_{N2}}{EA}$$

代入式（11-23）可得

$$\sum p_i \cdot \Delta_{p_i} = \int \frac{M_1 M_2}{EI} \mathrm{d}x + \int \frac{KF_{S1} F_{S2}}{GA} \mathrm{d}x + \int \frac{F_{N1} F_{N2}}{EA} \mathrm{d}x \tag{11-24}$$

2）取图 11-23b 状态 II 的外力 F_i 及其产生的内力为力状态，取图 11-23a 状态 I 由 p_i 产生的位移为位移态，同理可得

$$\sum F_i \cdot \Delta_{F_i} = \int M_2 \kappa_1 \mathrm{d}x + \int F_{S2} \gamma_{01} \mathrm{d}x + \int F_{N2} \varepsilon_1 \mathrm{d}x \tag{11-25}$$

其中

$$\kappa_1 = \frac{M_1}{EI} \quad \gamma_{01} = \frac{KF_{S1}}{GA} \quad \varepsilon_1 = \frac{F_{N1}}{EA}$$

代入式（11-25）可得

$$\sum F_i \cdot \Delta_{F_i} = \int \frac{M_2 M_1}{EI} \mathrm{d}x + \int \frac{KF_{S2} F_{S1}}{GA} \mathrm{d}x + \int \frac{F_{N2} F_{N1}}{EA} \mathrm{d}x \tag{11-26}$$

比较式（11-24）、式（11-26）可得

$$\sum p_i \cdot \Delta_{p_i} = \sum F_i \cdot \Delta_{F_i} \tag{11-27}$$

式（11-27）表达了功的互等定理：在任一线性变形体系中，第一状态力系在第二状态位移系上所做的虚功 W_{12}，恒等于第二状态力系在第一状态位移系上所做的虚功 W_{21}，即

$$W_{12} = W_{21} \tag{11-28}$$

功的互等定理直接基于虚功原理推证，本节的其他两个定理可由功的互等定理导出。

11.5.2 位移互等定理

如图 11-24 所示，当功的互等定理应用到一种特定的线性变形结构中时，状态 I 、状态 II 上分别只有一个单位荷载出现。δ_{21} 为状态 I 中在单位荷载 $F_1 = 1$ 作用下，与状态 II 中的荷载 $F_2 = 1$ 作用相对应位置处（含作用方向）所产生的位移；同理 δ_{12} 为由 $F_2 = 1$ 单独作用而在与 $F_1 = 1$ 作用对应位置处产生的位移。由功的互等定理可得

$$F_1\delta_{12} = F_2\delta_{21}$$

即
$$\delta_{12} = \delta_{21} \tag{11-29}$$

式中，δ_{ij} 为柔度系数，当在 j 处（含作用点和方向）施加单位力时，在 i 处所产生的位移。

式（11-29）即位移互等定理：在任一线性变形体系中，由单位荷载 $F_2 = 1$ 引起的与荷载 $F_1 = 1$ 相应的位移 δ_{12}，在数值上等于由单位荷载 $F_1 = 1$ 引起的与荷载 $F_2 = 1$ 相应的位移 δ_{21}。

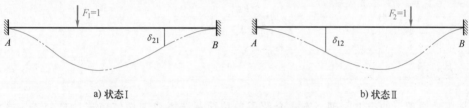

a) 状态 I   b) 状态 II

图 11-24 位移互等计算模型

11.5.3 反力互等定理

如图 11-25 所示，功的互等定理应用到另一种特定的线性变形结构。

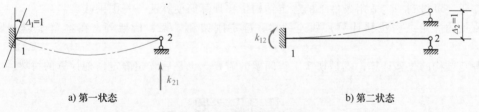

a) 第一状态   b) 第二状态

图 11-25 反力互等计算模型

此时图 11-25a 第一状态、图 11-25b 第二状态上分别只有一个单位位移出现。k_{21} 为第一状态中在单位位移 $\Delta_1 = 1$ 作用下，与第二状态中的位移 $\Delta_2 = 1$ 作用相对应位置处（含作用方向）所产生的支座反力；同理 k_{12} 为由 $\Delta_2 = 1$ 单独作用而在与 $\Delta_1 = 1$ 作用对应位置处产生的位移。由功的互等定理可得

$$\Delta_1 k_{12} = \Delta_2 k_{21}$$

即
$$k_{12} = k_{21} \tag{11-30}$$

式（11-30）即反力互等定理：在任一线性变形体系中，由支座单位位移 $\Delta_2 = 1$ 引起的与位移 $\Delta_1 = 1$ 相应的支座反力 k_{12}，在数值上等于由单位位移 $\Delta_1 = 1$ 引起的与位移 $\Delta_2 = 1$ 相应的支座反力 k_{21}。这里的支座可以换成杆件内部的约束，而单位支座位移 Δ_i 可以换成与该约束相应的广义位移，那么此时支座反力 k_{ji} 对应被换成与该约束相应的广义力。

11.5.4　应用举例

例 11-9　如图 11-26 所示的同一变形体系，图 11-26b 由于某种原因 B 支座发生 Δ_{B2} 位移，引起与图 11-26a 荷载 F 作用相应位移 Δ_{12}。求 B 处的支座反力。

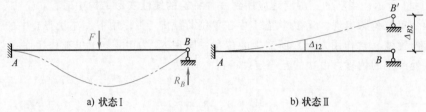

图 11-26　例 11-9 图

解：由功的互等定理 $W_{12} = W_{21}$，状态 Ⅱ 上有位移而无外荷载，有 $W_{12} = 0$，因此有

$$W_{21} = -F\Delta_{12} + R_B\Delta_{B2} = 0$$

$$R_B = \frac{F\Delta_{12}}{\Delta_{B2}}\ (\uparrow)$$

11.6　小结

根据虚功原理下的虚力原理，本章介绍了单位荷载法下线弹性体位移计算公式。该计算公式中的应变可以由狭义荷载产生，也可以由温度荷载、支座移动等广义荷载产生。对这些应变做出公式推导后，建立了静定结构的位移计算公式。通常情况下，基于静定结构位移计算公式可以求解出包括直杆结构、曲杆结构（如静定拱）的指定位移。

考虑现实工程结构的杆件以直杆为主，以及手算的方便性，对静定结构位移计算公式进行数学变化，可得到一定适用条件下的静定结构位移计算简便算法——图乘法。

常见的静定结构位移计算，如连续梁、静定刚架和排架、桁架等，在本章予以例题计算介绍。

静定结构的位移计算，既是现实工程问题的需要，也是后续超静定结构计算的桥梁。

复习思考题

分别用积分法、图乘法求图 11-27 所示结构 C 点的竖向位移，各杆 EI 为常数。

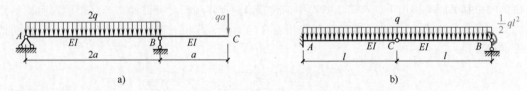

图 11-27　复习思考题图

习　题

11-1　求图 11-28a 所示刚架 C 点、图 11-28b 所示刚架 D 点的水平位移，各杆 EI 为常数。

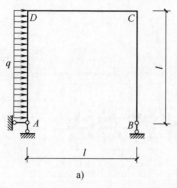

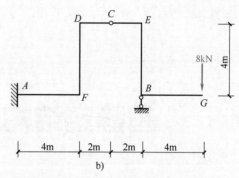

图 11-28　习题 11-1 图

11-2　如图 11-29 所示的桁架，各杆截面均为 $A = 2.4 \times 10^{-3} \mathrm{m}^2$，$E = 2.7 \times 10^8 \mathrm{kPa}$，$F_\mathrm{P} = 40 \mathrm{kN}$，$d = 2 \mathrm{m}$。试求 C 点的竖向位移 Δ_{VC}。

11-3　求图 11-30 所示结构 B 点和 D 点的相对角位移、相对水平位移。各杆长为 6m，各杆 $EI = 2 \times 10^4 \mathrm{kPa}$。

11-4　如图 11-31 所示的刚架因温度改变产生形变。已知各杆截面为矩形，截面高度相同，$h = 60 \mathrm{cm}$，$\alpha = 0.00001$，求 C 点的竖向位移、D 点的水平位移。

11-5　求如图 11-31 所示的刚架，仅在支座 A 向左移动 1cm 且下沉 1cm 时，引起的 D 点的水平位移、铰 C 两侧杆的相对角位移。

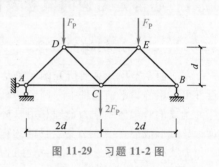

图 11-29　习题 11-2 图

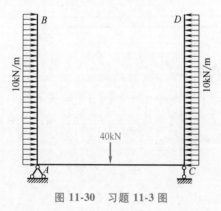

图 11-30　习题 11-3 图

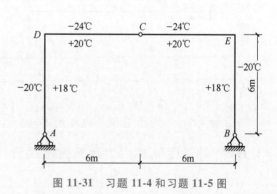

图 11-31　习题 11-4 和习题 11-5 图

第 12 章

超静定结构的计算方法

12.1 超静定结构的概念及内力计算方法

12.1.1 超静定结构的概念

在前面章节中，主要研究的对象是静定结构。一个结构，如果它的支座反力、各截面内力分量都可以用静力平衡条件唯一确定，通常称为静定结构。而实际建筑结构的梁、板、柱和基础等杆件构成的骨架体系，为合理利用原材料、建筑施工便利和抗震等经济与安全的需要，往往存在远远超过形成静定结构必要数目的约束。即使按照结构计算简图"忽略次要因素，反映体系实际受力状况"的要求来看，实际建筑物绝大多数也是超静定结构。图 12-1a 所示为静定结构、图 12-1b 所示为超静定结构。

相比较于静定结构，超静定结构存在多余约束，内力和支反力是超静定的。

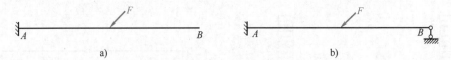

图 12-1 静定结构与超静定结构

由于超静定结构存在多余约束，因此由静力平衡条件不能全部求解出其支座反力、内力分量，必须在静力平衡方程（组）的基础上，引入其他条件建立对应数量的补充方程，以消除这些多余未知参数，进而求出整个结构的支座反力、内力和位移。

12.1.2 超静定结构内力计算方法简介

1. 力法

力法基于位移协调条件建立必要的补充方程，消除超静定结构多余约束力，进而计算超静定结构内力、位移。力法是计算超静定结构内力、位移最基本的方法。

2. 位移法

位移法是以超静定结构内部结点的杆端位移为基本未知量，基于杆端位移出现处（方向）的力平衡建立方程；求出位移未知量之后，利用结构位移和内力（支反力）之间的关系，计算出结构（含静定结构和超静定结构）的内力、位移等。

12.2 力法

超静定结构可以被视为与之相适应的某个静定结构上，附加有确定不变的一组多余约束力。

如果通过某种方式求解出这组约束力，此时该静定结构上相当于有两组已知外力作用，则可以利用前述静定结构求内力、位移的方法对超静定结构进行计算。

力法计算超静定结构的基本步骤：①解除多余约束，形成静定结构受力体系；②建立位移协调方程，求解多余约束力；③基于线弹性叠加原理，求出超静定结构的内力和位移。

12.2.1 超静定结构次数与力法基本方程

1. 超静定次数的确定

超静定结构是有多余约束的结构，超静定次数就是这些多余约束的个数。从原超静定结构中逐次去除多余约束，使之成为一个与原超静定结构相适应的静定结构，去除的多余约束的个数就是超静定次数。因此有

超静定次数 = 多余未知力的个数 = 增加必要补充方程的个数

超静定次数的判断，一般采用去除约束的办法，使原结构变成与之相适应的一个静定结构。与杆件体系几何组成分析章节的相关知识点相比，此处相当于增加了"杆系是结构"的预设条件。在去除多余约束时，应注意以下几点：

1）不能把原结构拆成一个几何可变体系。即不能拆除必要约束，如图 12-2a 所示。

2）要把全部多余约束都去除，一直到自由度为零。

3）不能采用先去除必要约束，再在其他处增加约束使之成为静定结构的方式。

4）从超静定结构到"静定结构+多余约束"，有无限多可能。在后续力法手算过程中，或为计算速度，或为熟悉程度，静定结构的选取应有所侧重。一般先选用与前述章节相近的静定结构，再练习一定数量习题后，二者可达到统一。

由前述章节可知，在去除超静定多余约束时，通常采用以下方式：

1）去除一个链杆或者支座链杆，等于去除一个约束，产生一个线性约束反力。

2）去除一个铰支座、单铰，等于去除两个约束，产生两个线性约束反力。

3）去除一个固定端或切断一个梁式杆，等于去除三个约束，产生两个线性约束反力、一个力矩约束反力。

4）去除一个定向支座或者定向连接，等于去除两个约束，产生一个线性约束反力、一个力矩约束反力，如图 12-2b 所示（选取左半边显示）。

5）两次及以上的约束（如单铰、定向支座、固定端）可以去除小于其约束个数的约束，此时要保留未去除的约束，并增加被去除约束的约束反力，如图 12-2c 所示。

6）超静定结构的多余约束个数与其上所受荷载无关。

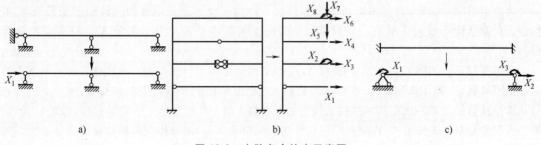

图 12-2 去除多余约束示意图

例 12-1 如图 12-3 所示，求超静定次数。

解：对于图 12-3a，去除左端竖向支座链杆成为其对应的一个静定结构，即其超静定次数为

1；同理图 12-3b 去除两竖向支座链杆、图 12-3c 去除中间链杆和中间两单铰、图 12-3d 去除相邻两柱之间的拉杆（链杆）之后，均为一个静定结构，因此其超静定次数分别为 2、5、3。

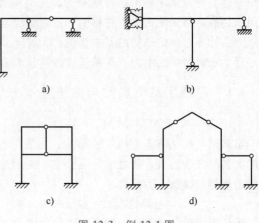

图 12-3　例 12-1 图

2. 力法的基本概念

作为求解超静定结构内力和位移的基本方法，力法计算的基本思路是把超静定结构内力的计算问题，通过基本体系转化为静定结构的位移计算问题。即建立以位移协调方程作为补充方程，求解出基本体系中的未知参数，进而使基本体系变为静定结构求内力和位移。

图 12-4a 所示的超静定结构称为原结构；选取其对应的一个静定结构，称为基本结构（图 12-4b），基本结构通常是静定结构；把基本结构、多余未知力 X_i 和原荷载 q，表达在同一图形中，称为基本体系，如图 12-4c 所示。

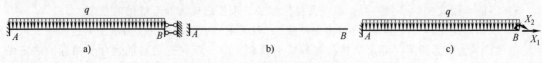

图 12-4　超静定结构分解

在图 12-4c 中，不能由静力平衡方程直接求出多余未知力 X_1、X_2，因而也不能求出原结构的支座反力、内力。如果通过某种方法先求解出多余未知力 X_1、X_2，那么力法对原结构求解的问题也迎刃而解。因此，力法求解的关键就是求出多余未知力。

总结以上可知，在力法中：

1）把超静定结构中的多余未知力称为力法的基本未知量。

2）把与原超静定结构相对应的静定结构称为力法的基本结构。

3）把基本结构、基本未知量和原荷载共同作用下的体系称为力法的基本体系。

3. 力法的基本方程

在一组外荷载作用下，并且结构不致发生超出线性变形时，超静定结构的支座反力、内力和位移与变形是唯一确定的。

为求出图 12-4c 所示的基本未知量 X_i，仅仅有静力平衡方程是不够的，其原因是无论 X_i 取何值，只要结构不致发生破坏，悬臂梁 AB 总是能实现自平衡。为了求解 X_i，必须增添补充方程。

为简便起见，如图 12-5 所示，图 12-5a 是原结构及变形图，图 12-5b 是其对应的一个基本体系。把原荷载 q、基本未知量 X_1 视作两类荷载，观察原结构中 B 点的竖向位移 Δ_1 为零。由静定结构求位移可知，第一次在基本结构上仅施加原荷载 q 时，B 点发生向下的竖向位移 Δ_{1p}；同理，第二次仅施加基本未知量 X_1 作用，产生向上的竖向位移 Δ_{11}。由结构变形满足叠加原理、变形唯一性原理可知，两次作用叠加之后，为实现 B 点竖向位移与原结构相一致，有

$$\begin{cases} \Delta_1 = 0 \\ \Delta_{11} + \Delta_{1p} = 0 \end{cases} \tag{12-1}$$

式中，Δ_1 为原结构中，与基本未知量 X_1 作用点（截面）、作用方向相一致的、真实的、通过观察即可知（或可参数表达）的位移；Δ_{11} 为基本结构仅在基本未知量 X_1 作用下，在 X_1 正方向上产生的位移；Δ_{1p} 为基本结构仅在原荷载作用下，在 X_1 正方向上产生的位移。

式（12-1）为力法的基本方程，规定当位移 Δ_1、Δ_{11}、Δ_{1p} 的方向与 X_1 的正方向相同时，为正；反之为负。

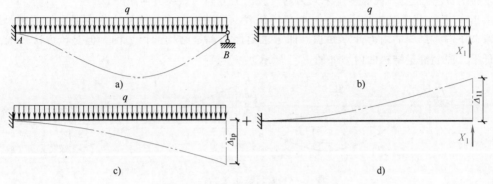

图 12-5　超静定结构指定点位移分解

式（12-1）中，Δ_{1p} 由静定结构求位移可以求解。具体求解时，先作出基本结构仅在原荷载 q 作用下的弯矩图 M_p，如图 12-6a 所示；再作出基本结构在 $X_1 = 1$ 单独作用下的弯矩图 $\overline{M}_1$，如图 12-6b 所示。由图乘法可知

$$\Delta_{1p} = \int \frac{M_p \overline{M}_1}{EI} dx = -\frac{1}{EI} \times \left(\frac{1}{3} \times \frac{ql^2}{2} \times l \right) \times \frac{3l}{4} = -\frac{ql^4}{8EI} \quad (\downarrow)$$

对于 Δ_{11} 的求解，可再次采用叠加原理，位移 Δ_{11} 与 X_1 成正比，有

$$\Delta_{11} = \delta_{11} X_1 \tag{12-2}$$

式中，δ_{11} 为 $X_1 = 1$ 单独作用在基本结构上，在 X_1 正方向上产生的位移。

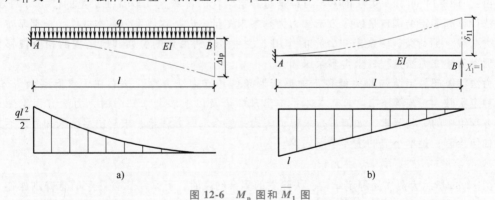

图 12-6　M_p 图和 $\overline{M}_1$ 图

由静定结构求位移可以解得

$$\delta_{11} = \int \frac{\overline{M}_1 \overline{M}_1}{EI} dx = \frac{1}{EI} \times \left(\frac{l \times l}{2} \times \frac{2l}{3} \right) = \frac{l^3}{3EI}$$

把式（12-2）代入式（12-1）可得

$$\delta_{11} X_1 + \Delta_{1p} = 0 \tag{12-3}$$

$$\frac{l^3}{3EI}X_1 - \frac{ql^4}{8EI} = 0$$

$$X_1 = \frac{3ql}{8} \quad (\uparrow)$$

求得的 X_1 为正号，说明多余未知力的真实受力方向与假设方向相一致。

求出 X_1 后，代入基本体系中，此时两类荷载（原荷载与多余未知力）都是已知荷载，运用前面章节中静定结构的内力计算知识，即可求出原超静定结构的内力图，但是该方法一般效率比较低下。原超静定结构的内力如图 12-7 所示。

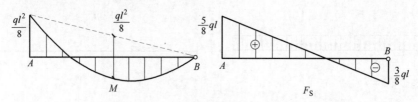

图 12-7　原超静定结构内力图

常用的方法是，求出 X_1 后，用叠加原理求原超静定结构任一截面上的弯矩 M。即

$$M = \overline{M}_1 X_1 + M_p \qquad (12\text{-}4)$$

式中，$\overline{M}_1$ 为单位力 $X_1 = 1$ 作用下，在基本结构中任一截面上所产生的弯矩；M_p 为荷载在基本结构中相应截面上所产生的弯矩。

通常的做法是，首先求出 X_1 后，由式（12-4）分别求出各单杆的杆端弯矩，先根据分段叠加法绘制出各单杆的弯矩，再拼装为整个结构的弯矩图 M；然后由弯矩图 M 根据微分关系求出剪力图 F_S；最后根据支座反力、内部（刚）结点平衡关系等求出轴力图 F_N。

12.2.2　力法方程的典型形式

由式（12-1）可知，力法的基本方程是超静定结构的特殊点（或截面）上的位移协调方程。用力法计算超静定结构，是以多余未知力为基本未知量，以基本体系为基本载体，根据基本结构在两类荷载（原荷载、多余未知力）的作用下，在多余约束处的位移和原结构的相应位移相等的变形条件建立力法方程，求得多余未知力。

力法计算超静定结构的关键在于根据变形条件建立力法方程，核心在于求解多余未知力。当超静定次数大于或等于 2，即基本体系中出现 2 个及以上多余未知力时，力法方程组怎么建立；方程组中的一些要素，如何进行求解、解读；怎么求解方程组；求解出多余未知力之后，内力图如何绘制；是本小节的主要学习内容。

1. 两次超静定结构的力法方程

图 12-8a 所示为两次超静定结构。去除它的多余约束时，可采用比较熟悉的悬臂刚架作为基本结构，加上多余未知力 X_i、原荷载形成图 12-8b 所示的基本体系。观察原结构中与 X_i 正方向相一致的位移 Δ_i 可知

$$\begin{cases} \Delta_1 = 0 \\ \Delta_2 = 0 \end{cases} \qquad (12\text{-}5)$$

基本结构在两类荷载分别作用下，在 X_i 的正方向上各自产生位移，如图 12-8c、d、e 所示。其中，图 12-8c 显示基本结构仅在 X_1 作用下，分别在 X_1、X_2 正方向上产生的位移 Δ_{11}、Δ_{21}；同

理，图 12-8d 显示基本结构仅在 X_2 作用下，分别在 X_1、X_2 正方向上产生的位移 Δ_{12}、Δ_{22}；图 12-8e 显示基本结构仅在原荷载作用下，分别在 X_1、X_2 正方向上产生的位移 Δ_{1p}、Δ_{2p}。

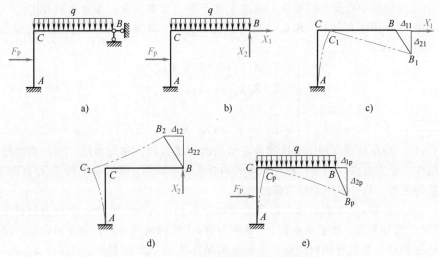

图 12-8　两次超静定结构示意图

由叠加原理可知，基本结构在两类荷载作用下，在 X_i 的正方向上产生位移的叠加之和，应该与原结构对应位移相等，因此有

$$\begin{cases} \Delta_{11}+\Delta_{12}+\Delta_{1p}=\Delta_1=0 \\ \Delta_{21}+\Delta_{22}+\Delta_{2p}=\Delta_2=0 \end{cases} \tag{12-6}$$

在线性变形体中，利用叠加原理，将式（12-6）中的 Δ_{ij} 项展开：

$$\Delta_{ij}=\delta_{ij}X_j \tag{12-7}$$

将式（12-7）代入式（12-6），整理可得

$$\begin{cases} \delta_{11}X_1+\delta_{12}X_2+\Delta_{1p}=0 \\ \delta_{21}X_1+\delta_{22}X_2+\Delta_{2p}=0 \end{cases} \tag{12-8}$$

式中，第一、二个方程分别表示基本结构在两类荷载作用下，在 X_1、X_2 的正方向上的叠加位移分别为零，即与原超静定结构相应位移相等；各项系数 δ_{ij} 和自由项 Δ_{ip} 都是基本结构的位移，均可采用单位荷载法求出，其各自含义如下：δ_{ij} 为基本结构在 $X_j=1$ 单独作用下，沿 X_i 方向的位移，又称为柔度系数；Δ_{ip} 为基本结构在原荷载单独作用下，沿 X_i 方向的位移。

先把求出的 δ_{ij}、Δ_{ip} 代入式（12-8），可以求出 X_i。再把 X_i 放到基本体系（图 12-8b）中，相当于静定结构求内力。由叠加法可知，基本体系任一截面的弯矩，等于 X_1、X_2 和原荷载分别单独作用下形成的弯矩之和，即

$$M=\overline{M}_1X_1+\overline{M}_2X_2+M_p \tag{12-9}$$

式中，$\overline{M}_1$ 为基本结构仅在 $X_1=1$ 单独作用下形成的弯矩；$\overline{M}_2$ 为基本结构仅在 $X_2=1$ 单独作用下形成的弯矩；M_p 为基本结构仅在原荷载单独作用下形成的弯矩。

求出弯矩图 M 之后，同理上小节相关内容，求出剪力图 F_S、轴力图 F_N。

2. n 次超静定结构的力法方程

超静定次数等于多余未知力 X_i 的个数，也等于力法方程的个数。

n 次超静定结构的基本未知量，一般有 n 个。对 n 次超静定结构去除 n 个多余未知约束后，

得到一个相应的静定结构。该静定结构在两类荷载（原荷载和多余未知力 X_i）作用下，在每一个多余未知力 X_j 的正方向上，产生的叠加位移之和等于原超静定结构相应方向的位移 Δ_j。而该位移 Δ_j 一般在原结构中根据观察可得，通常 Δ_j 等于零、常数或者与多余未知力相关的参数。

在每一个 X_j 作用正方向上，建立一个 Δ_j 的叠加方程，其方程组形式就是 n 次超静定结构的力法方程（组），如下：

$$
\begin{cases}
\delta_{11}X_1+\delta_{12}X_2+\cdots+\delta_{1n}X_n+\Delta_{1p}=0 \\
\delta_{21}X_1+\delta_{22}X_2+\cdots+\delta_{2n}X_n+\Delta_{2p}=0 \\
\vdots \qquad \vdots \qquad\quad \vdots \qquad \vdots \\
\delta_{n1}X_1+\delta_{n2}X_2+\cdots+\delta_{nn}X_n+\Delta_{np}=0
\end{cases}
\tag{12-10}
$$

式（12-10）即在荷载作用下 n 次超静定结构的力法方程，称为力法方程的典型形式。与两次超静定结构力法方程式（12-8）相比，含义和算法基本相同，即各项系数 δ_{ij} 和自由项 Δ_{ip} 也都是基本结构的位移，均可采用单位荷载法求出。

式（12-10）中第 j 个方程表示，在多余未知力 X_j 的正方向上，产生的叠加位移之和等于零（有时等于某个已知常数、可表达参数），常称为第 j 个位移协调方程；第 k 列表示，当 X_k（多余未知力 X_j、原荷载）单独作用时，在各个多余未知力 X_j 的正方向上产生的位移 Δ_{jk}。

式（12-10）也可用矩阵形式表示，如

$$
\begin{pmatrix}
\delta_{11} & \delta_{12} & \cdots & \delta_{1n} \\
\delta_{21} & \delta_{22} & \cdots & \delta_{2n} \\
\vdots & \vdots & & \vdots \\
\delta_{n1} & \delta_{n2} & \cdots & \delta_{nn}
\end{pmatrix}
\begin{pmatrix}
X_1 \\ X_2 \\ \vdots \\ X_n
\end{pmatrix}
+
\begin{pmatrix}
\Delta_{1p} \\ \Delta_{2p} \\ \vdots \\ \Delta_{np}
\end{pmatrix}
=
\begin{pmatrix}
0 \\ 0 \\ \vdots \\ 0
\end{pmatrix}
\tag{12-11}
$$

式中，柔度系数 δ_{ij} 组成的矩阵称为柔度矩阵，其主对角线元素 $\delta_{kk}>0$。力法方程也称为柔度方程，力法也称为柔度法。

求出柔度系数和自由项后，首先代入式（12-10）或式（12-11）中，求解方程组可得多余未知力 $\{X_i\}$，然后根据平衡条件求出超静定结构任一截面的弯矩内力分量 M，即

$$
\begin{cases}
M = \sum \overline{M}_i X_i + M_p \\
F_S = \sum \overline{F}_{Si} X_i + F_{Sp} \\
F_N = \sum \overline{F}_{Ni} X_i + F_{Np}
\end{cases}
\tag{12-12}
$$

式中，$\overline{M}_i$、M_p 的含义和计算与前述相同。

可以先根据式（12-12）的第一式求出弯矩 M 后，由叠加原理再依次求出剪力图、轴力图。当超静定结构为桁架结构、组合结构时，可由多余未知力 $\{X_i\}$、结点平衡条件求出各桁式杆轴力、梁式杆内力。

12.2.3 力法应用：梁、刚架、排架与桁架

梁、刚架和排架的杆件基本上是梁式杆，运用力法计算时，通常忽略各杆剪力、轴力对位移的影响，而只考虑弯矩的影响，从而简化位移计算。对于特殊情况，不宜忽略轴力或者剪力对位移计算的影响。例如，高层框架结构的底层柱子，轴向受力较大，需要考虑轴力的影响；高跨比接近深梁的梁，需要考虑剪力对位移的影响。

1. 超静定梁

例 12-2 求图 12-9 所示结构的弯矩图，各杆 EI 为常数。

解：（1）选择基本体系　原结构是一次超静定梁，把刚结点 B 转化为铰接点，并代之以一对方向相反的基本未知量 X_1，得到图 12-9b 所示的基本体系。

（2）列力法方程　原结构 B 点为刚结点，变形保持连续。因此基本体系在两类荷载作用下，在铰 B 的左右杆端相对转角也应为零，所以

$$\delta_{11}X_1 + \Delta_{1p} = 0$$

（3）计算系数和自由项　系数和自由项都是基本结构分别在两类荷载作用下相对应的位移，由于梁式杆的位移主要受弯矩的影响，因此分别绘制出基本结构在 $X_1 = 1$ 形成的弯矩图 $\overline{M}_1$；在原荷载作用下形成的弯矩图 M_p，如图 12-9c、d 所示。

应用图乘法可得

$$\delta_{11} = \int \frac{\overline{M}_1^2}{EI}dx = \frac{1}{EI} \times \left(1 \times 4 \times 1 + 2 \times \frac{1}{2} \times 1 \times 4 \times \frac{2}{3}\right)$$

$$= \frac{20}{3EI}$$

$$\Delta_{1p} = \int \frac{\overline{M}_1 M_p}{EI}dx = \frac{1}{EI} \times \left(\frac{1}{2} \times 4 \times 80 \times \frac{2}{3}\right) = \frac{320}{3EI}$$

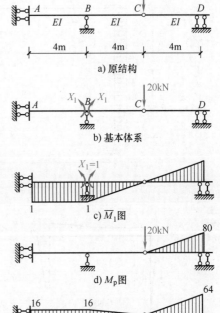

图 12-9　例 12-2 图

（4）解力法方程，求基本未知量　将系数和自由项代入力法方程，解得

$$X_1 = -16\text{kN}（与假设方向相反）$$

（5）作内力图　多余未知力解出后，可先利用弯矩叠加公式求出各杆杆端弯矩：

$$M = \overline{M}_1 X_1 + M_p$$

再根据分段叠加法求出结构的弯矩，如图 12-9e 所示。其剪力图可由弯矩图推导出。

2. 超静定刚架

例 12-3　用力法计算图 12-10a 所示刚架内力图，已知 F 作用于 BC 杆中点。

解：（1）选择基本体系　该刚架为两次超静定结构，选用去掉铰支座 A 的基本结构，并代之以两个基本未知量 X_1、X_2，形成图 12-10b 所示的基本体系。

（2）列力法方程　原结构 A 点为铰结点，在基本未知量 X_1、X_2 作用的正方向上位移为零。基本体系在两类荷载作用下，A 点的水平、竖向位移应都为零，所以有

$$\begin{cases} \delta_{11}X_1 + \delta_{12}X_2 + \Delta_{1p} = 0 \\ \delta_{21}X_1 + \delta_{22}X_2 + \Delta_{2p} = 0 \end{cases}$$

（3）计算系数和自由项　分别绘制出基本结构在原荷载作用下形成的弯矩图 M_p；在 $X_1 = 1$ 作用下形成的弯矩图 $\overline{M}_1$；在 $X_2 = 1$ 作用下形成的弯矩图 $\overline{M}_2$，如图 12-10c、d、e 所示。

应用图乘法可得

$$\delta_{11} = \sum \int \frac{\overline{M}_1 \overline{M}_1}{EI}dx = \frac{207}{EI}; \quad \delta_{22} = \sum \int \frac{\overline{M}_2 \overline{M}_2}{EI}dx = \frac{144}{EI}; \quad \delta_{12} = \delta_{21} = \sum \int \frac{\overline{M}_1 \overline{M}_2}{EI}dx = -\frac{135}{EI};$$

$$\Delta_{1p} = \sum \int \frac{\overline{M}_1 M_p}{EI}dx = \frac{702}{EI}; \quad \Delta_{2p} = \sum \int \frac{\overline{M}_2 M_p}{EI}dx = -\frac{520}{EI}$$

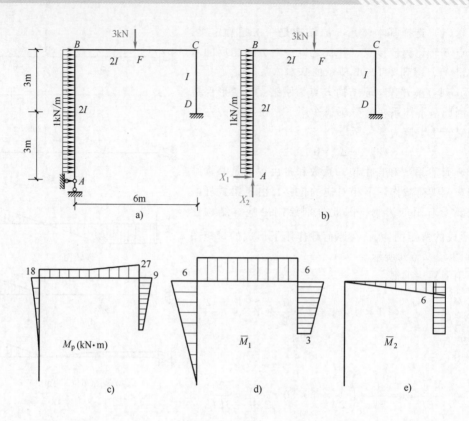

图 12-10　例 12-3 图

（4）解力法方程，求基本未知量　将系数和自由项代入力法方程，有

$$\begin{cases} 207X_1 - 135X_2 + 702 = 0 \\ -135X_1 + 144X_2 - 520 = 0 \end{cases}$$

解得

$$\begin{cases} X_1 = -2.67\text{kN} \\ X_2 = 1.11\text{kN} \end{cases}$$

（5）作内力图　多余未知力解出后，可先利用弯矩叠加公式求出各杆杆端弯矩：

$$M = \sum \overline{M}_i X_i + M_p$$

再根据分段叠加法求出结构的弯矩，其剪力图可由弯矩图基于单杆分析推导出，其轴力图可由剪力图基于刚结点分析推导出。其内力图如图 12-11 所示。

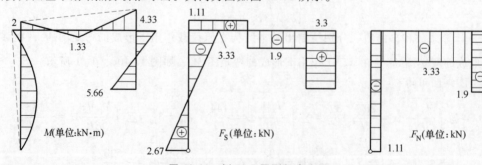

图 12-11　例 12-3 原刚架内力图

3. 超静定排架

例 12-4　试用力法计算图 12-12a 所示的超静定排架，并绘制弯矩图。已知 EI 为常数。

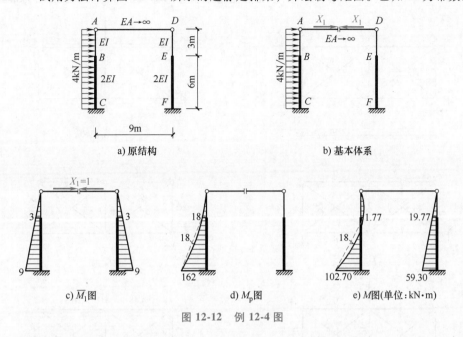

a) 原结构　　　　　　　　　　b) 基本体系

c) $\overline{M}_1$ 图　　　　　d) M_p 图　　　　　e) M 图(单位: kN·m)

图 12-12　例 12-4 图

解：（1）选择基本体系　该排架为一次超静定结构，选用截断排架链杆形成的基本结构，并代之以一对相互作用轴力的基本未知量 X_1，形成图 12-12b 所示的基本体系。

（2）列力法方程　该链杆的轴向刚度 $EA = +\infty$，在原结构中被截断面两侧的轴向相对位移为零。因此基本体系在两类荷载作用下，在被截断面的左右两侧轴向相对位移也应为零，所以

$$\delta_{11}X_1 + \Delta_{1p} = 0$$

（3）计算系数和自由项　因链杆轴向刚度无穷大，不产生变形，对系数和自由项无影响，因此不必求链杆轴力及其对位移的影响。分别绘制出基本结构在一对相互作用力 $X_1 = 1$ 作用下形成的弯矩图 $\overline{M}_1$；在原荷载作用下形成的弯矩图 M_p，如图 12-12c、d 所示。应用图乘法可得

$$\delta_{11} = \frac{2}{EI} \times \left[\left(\frac{1}{2} \times 3 \times 3\right) \times \left(\frac{2}{3} \times 3\right)\right] + 2 \times \frac{6}{6 \times (2EI)} \times$$

$$(2 \times 9 \times 9 + 2 \times 3 \times 3 + 2 \times 3 \times 9) = \frac{252}{EI}$$

$$\Delta_{1p} = \frac{6}{6 \times (2EI)} \times (2 \times 9 \times 162 + 2 \times 3 \times 18 + 9 \times 18 + 162 \times 3) -$$

$$\frac{1}{2EI} \times \left(\frac{2}{3} \times 18 \times 6 \times 6\right) = \frac{1660.5}{EI}$$

（4）解力法方程，求基本未知量　将系数和自由项代入力法方程，解得

$$X_1 = -6.59\text{kN （压力）}$$

（5）作内力图　多余未知力解出后，可先利用弯矩叠加公式求出各杆杆端弯矩：

$$M = \overline{M}_1 X_1 + M_p$$

再根据分段叠加法求出结构的弯矩，如图 12-12e 所示。

4. 超静定桁架

例 12-5　试用力法计算图 12-13a 所示超静定桁架结构的轴力，各杆抗拉刚度均为常数 EA。

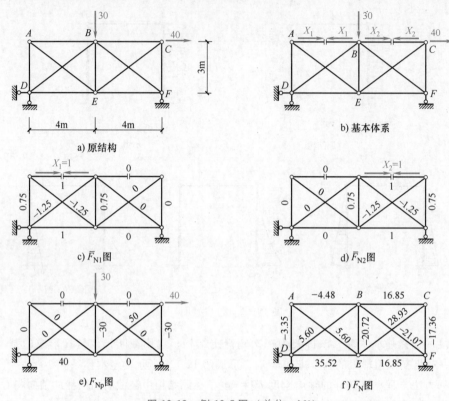

图 12-13　例 12-5 图 （单位：kN）

解：（1）选择基本体系　该桁架为两次超静定结构，选用截断两根上弦杆形成的基本结构，并代之以两对相互作用轴力的基本未知量 X_1、X_2，形成图 12-13b 所示的基本体系。

（2）列力法方程　在原结构中被截断面两侧的轴向相对位移为零。因此基本体系在两类荷载作用下，在被截断面的左右两侧轴向相对位移也应为零，所以有

$$\begin{cases} \delta_{11}X_1 + \delta_{12}X_2 + \Delta_{1p} = 0 \\ \delta_{21}X_1 + \delta_{22}X_2 + \Delta_{2p} = 0 \end{cases}$$

（3）计算系数和自由项　桁架结构杆件的内力分量中，只有轴力，因此位移是各杆的轴力贡献之和。分别绘制出基本结构在 $X_1 = 1$ 作用下形成的轴力图 $\overline{F}_{N1}$；在 $X_2 = 1$ 作用下形成的轴力图 $\overline{F}_{N2}$；原荷载作用下形成的轴力图 F_{Np}，如图 12-13c、d 和 e 所示。

$$\delta_{11} = \delta_{22} = \frac{2}{EA} \times [1 \times 1 \times 4 + 0.75 \times 0.75 \times 3 + (-1.25) \times (-1.25) \times 5] = \frac{27}{EA}$$

$$\delta_{12} = \delta_{21} = \frac{1}{EA} \times (0.75 \times 0.75 \times 3) = \frac{27}{16EA}$$

$$\Delta_{1p} = \frac{1}{EA} \times [40 \times 1 \times 4 + (-30) \times 0.75 \times 3] = \frac{185}{2EA}$$

$$\Delta_{2p} = \frac{1}{EA} \times [(-30) \times 0.75 \times 3 + 50 \times (-1.25) \times 5 + (-30) \times 0.75 \times 3] = -\frac{895}{2EA}$$

（4）解力法方程，求基本未知量　将系数和自由项代入力法方程，解得

$$X_1 = -4.48\text{kN}（压力）；X_2 = 16.85\text{kN}（拉力）$$

（5）作轴力图　多余未知力解出后，可利用轴力叠加公式求出各杆轴力，即

$$F_N = \sum \overline{F}_{Ni} \cdot X_i + F_{Np}$$

例如杆 BE 的轴力为

$$\begin{aligned}
F_{N,BE} &= \overline{F}_{N1,BE} \cdot X_1 + \overline{F}_{N2,BE} \cdot X_2 + F_{Np,BE} \\
&= [0.75\times(-4.48)+0.75\times16.85+(-30)]\text{kN} = -20.72\text{kN}（压力）
\end{aligned}$$

原结构的轴力图如图 12-13f 所示。

12.2.4　超静定结构位移计算及内力校核

1. 超静定结构位移计算

超静定结构位移计算的基本原理，仍然是以虚功原理为基础的单位荷载法。

具体计算时，首先基于力法求出超静定结构的内力；然后任选一个与原超静定结构相适应的基本结构（静定结构），把虚设单位力施加在所求位移处（含方向），求出该基本结构的单位内力；最后根据得到的两类内力，进行位移的积分运算或者图乘法计算，求出所求位移。

例 12-6　如图 12-14 所示，求超静定单跨梁 B 端的转角，EI 为常数。

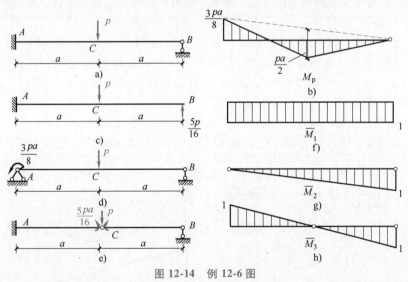

图 12-14　例 12-6 图

解：对于图中的超静定梁 AB，由力法解得其弯矩图如图 12-14b 所示。结构在确定荷载作用下，其内力、连接约束力、支座反力和位移变形，是确定不变的量值。

可由力法求得超静定梁 AB 右端支座反力为 $\dfrac{5p}{16}$（↑），原超静定结构可转化为悬臂梁，如图 12-14c 所示；或者转化左端刚结点 A 为铰结点 A，附加上由力法计算出来的约束弯矩 $\dfrac{3pa}{8}$（逆时针向），如图 12-14d 所示；或者转化梁中点刚结点 C 为铰结点 C，附加上由力法计算出来的一对相反的约束弯矩 $\dfrac{5pa}{16}$，如图 12-14e 所示。则原超静定结构与图 12-14c、d、e 的弯矩图均为图 12-14 中的 M_p 图。

求原超静定梁 AB 右端转角位移，等同于在静定结构（图 12-14c、d、e）中求 B 端转角。分别在图 12-14c、d、e 中虚设单位逆时针转向弯矩求出对应的 $\overline{M}_i$（图 12-14f~h），则所求位移为

$$\theta_1 = M_p \otimes \overline{M}_1 = \frac{1}{EI} \times \left(2a \times \frac{pa}{2} \times \frac{1}{2} \times 1 - \frac{1}{2} \times 2a \times \frac{3pa}{8} \times 1 \right) = \frac{pa^2}{8EI} \text{（逆时针向）}$$

$$\theta_2 = M_p \otimes \overline{M}_2 = \frac{1}{EI} \times \left(2a \times \frac{pa}{2} \times \frac{1}{2} \times \frac{1}{2} - \frac{1}{2} \times 2a \times \frac{3pa}{8} \times \frac{1}{3} \right) = \frac{pa^2}{8EI} \text{（逆时针向）}$$

$$\theta_3 = M_p \otimes \overline{M}_3 = \frac{1}{EI} \times \left(2a \times \frac{pa}{2} \times \frac{1}{2} \times 0 + \frac{1}{2} \times 2a \times \frac{3pa}{8} \times \frac{1}{3} \right) = \frac{pa^2}{8EI} \text{（逆时针向）}$$

式中，$M_i \otimes M_j$ 代表图乘。

从以上计算可知，选用三个不同的基本结构，超静定结构 B 端转角相等。给定荷载作用下，结构内力、位移的唯一性原理得到了佐证。

2. 超静定结构内力计算校核

力法求解超静定结构内力，计算步骤和数据运算较多，容易出错。为校核最终内力图是否正确，需要掌握一定的技巧，可以从以下几个方面进行：

1）计算过程校核。从超静定次数、基本体系选取、基本方程建立、系数和自由项计算，到方程求解以及内力图叠加绘制，逐步快速浏览是否存在错误。

2）平衡条件校核。对绘制的内力图，检查弯矩图在刚结点处是否平衡，轴力图、剪力图在隔离体上是否平衡等。

3）变形条件校核。如果 1）、2）均未检查出错误（但是仍然可能存在错误），则可进行变形条件校核。具体做法：在原超静定结构上，任选一个已知位移为 Δ_1 之处；默认原内力图正确的情况下，任选一个基本结构虚设单位荷载，计算原超静定结构所选处位移 Δ_2。如果 $\Delta_1 = \Delta_2$，则通常认为原内力图正确，反之则肯定不正确。

变形条件校核是可靠的校核，一般可直接由变形条件来进行校核。

例 12-7　如图 12-15 所示，试校核梁 AB 的弯矩图 M_p 是否正确。

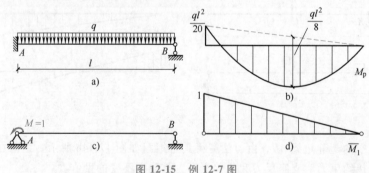

图 12-15　例 12-7 图

解：假设原弯矩图 M_p 是正确的。选取图 12-15c 所示的简支梁作为原超静定结构的一个基本结构，观察原结构在支座 A 端的转角等于零；在简支梁的 A 端虚设单位弯矩，求得简支梁的弯矩图 $\overline{M}_1$，则有

$$\theta_A = M_p \otimes \overline{M}_1 = \frac{1}{EI} \times \left(\frac{1}{2} \times \frac{ql^2}{20} \times l \times \frac{2}{3} - \frac{2}{3} \times l \times \frac{ql^2}{8} \times \frac{1}{2} \right) = \frac{-ql^3}{40EI} \text{（顺时针向）} \neq 0$$

说明原假设错误，即原弯矩图 M_p 是错误的。

12.3　位移法

尽管从理论上看，力法可以求解全部超静定结构的内力、位移，但是主要存在以下问题，促使结构计算产生新的方法：

1）对于实际工程结构，采用力法计算时，基本未知量数目庞大，计算工作量巨大。

2）线弹性结构在一组外力作用下，产生唯一的、在隔离体上呈现出平衡的支（约束）反力、内力和变形（位移）。力法采用多余约束力为未知量，那么在做虚功时与力因素相对应的位移因素，也存在作为未知量的可能。

3）随着计算机与软件技术的发展，需要大量基于结构计算的软件运用在结构设计与优化、结构监测等工程领域，其软件编程对结构计算的通用性、实时性要求很高，而力法存在较大的不足。

力法建立在静定结构内力、位移计算的基础之上，利用超静定结构位移协调建立力法方程，符合研究方法论中由已知探究未知、由简单到复杂、由易到难的一般规律，因此在19世纪后期已经被推导并应用在工程设计中。位移法是计算结构超静定问题的第二类基本方法，它稍晚于力法出现，发轫于20世纪初期出现的多层多跨平面刚架结构（一榀框架）计算需求，有效地弥补了力法以上方面的不足。位移法中截面单直杆的形常数、载常数表，由力法产生。

12.3.1　位移法的基本概念

位移法是以结构内部结点的杆端位移为基本未知量，基于杆端位移出现处（方向）的力平衡建立方程，求出位移未知量之后，即可利用结构位移和内力（支反力）之间的关系，实现结构（含静定结构和超静定结构）的内力、位移等计算。以图12-16所示来说明位移法的基本思路。

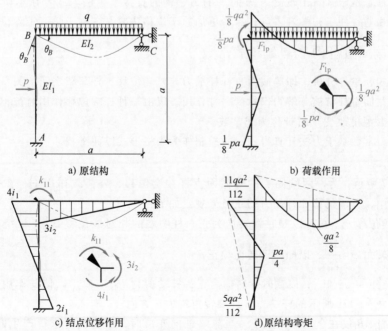

图 12-16　位移法的基本思路

如图 12-16a 所示，刚架承受荷载作用，杆件 AB、BC 发生变形，当忽略杆件轴向变形时，结点 B 只有转角位移 θ_B。如果通过某种方式，求出 θ_B 的值，那么当结构在荷载作用下变形结束时，杆 AB 的受力模型等同于两端固支约束，承受 B 端转角 θ_B、外荷载 p 作用；杆 BC 的受力模型等同于 B 端固支、C 端铰支约束，承受 B 端转角 θ_B、均布荷载 q 作用。两个单杆的内力图均可由力法得到。

为了求解 θ_B，计算可以分为以下三步：

1）在原结构结点 B 上施加角约束，将 B 结点锁住。此时杆 AB、BC 等同于两个超静定直杆。在荷载作用下，由力法可求出其弯矩图，如图 12-16b 所示。此时，由力法计算可知，在结点 B 产生一个外部约束力矩 $F_{1p} = \dfrac{1}{8}pa - \dfrac{1}{8}qa^2$，规定该力矩以顺时针转向为正。

2）去除原结构中的外荷载，在 B 点施加力偶 k_{11}。即施加使结点 B 产生顺时针转向的单位转角时所需的力偶，如图 12-16c 所示。

同理，$k_{11} = 4i_1 + 3i_2$，其中 $i = \dfrac{EI}{l}$，l 是杆长，i 是杆的线刚度。

3）在外荷载作用下，原结构中结点 B 不平衡力矩 F_{1p} 产生转角 θ_B。由 2）可知，结点 B 产生转角 θ_B 需要施加的力偶为 $k_{11}\theta_B$。原结构在 B 点达到力矩平衡，由此有

$$k_{11}\theta_B + F_{1p} = 0 \tag{12-13}$$

当 $i_1 = i_2$，$p = \dfrac{1}{2}qa$ 时，可解得

$$\theta_B = \frac{qa^2}{112i}$$

解出 θ_B 后，可由弯矩叠加得到原结构弯矩图，如图 12-16d 所示。

位移法在建立平衡方程时有两种方式：一种是模仿力法建立方程时的基本体系法；另一种是基于杆端位移基本未知量出现处（方向）的力平衡的直接平衡法。二者在本质上相同，前者与力法形式上相通，便于初学者了解；后者更加趋于位移法要义，利于学习矩阵位移法。

12.3.2 等截面直杆的形常数和载常数

由前述可知，单杆分析，即等截面直杆杆端力与杆端位移、外荷载之间的关系，是位移法计算的基础。等截面直杆常被分解为仅承受一种作用。仅由一种杆端位移作用时被称为形常数；仅由一种荷载（含温度改变）时被称为载常数。

形常数、载常数基于力法计算得到，并被制作为表格形式以便查找。

1. 等截面直杆的形常数

如图 12-17 所示，为一两端固支的等截面直杆在全位移、外荷载作用下，在杆端产生杆端力。在位移法中，杆端位移和杆端力的正负号规定如下：

1）杆端角位移 θ_A、θ_B，以顺时针转向为正；杆两端的相对线位移 Δ_{AB}，以绕杆远端顺时针转向为正。弦转角 $\varphi = \dfrac{\Delta_{AB}}{l_{AB}}$，以顺时针转向为正。

2）杆端弯矩 M_{AB}、M_{BA}，以顺时针转向为正；杆端剪力 F_{SAB}、F_{SBA} 以使其作用截面产生顺时针转向为正。图 12-17b 所示的杆端力、杆端转角均为正方向。

等截面直杆 AB 仅在全位移作用下，当忽略轴向变形时，由力法可求得产生的两端杆端力，轴力为零，其他杆端力分量如下：

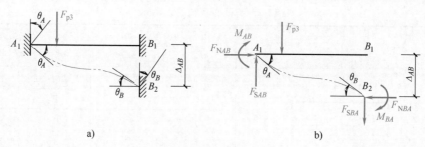

图 12-17　等截面直杆

$$\begin{cases} M_{AB} = 4i\theta_A + 2i\theta_B - 6i\dfrac{\Delta}{l} \\[2mm] M_{BA} = 2i\theta_A + 4i\theta_B - 6i\dfrac{\Delta}{l} \\[2mm] F_{SAB} = -\dfrac{6i\theta_A}{l} - \dfrac{6i\theta_B}{l} + \dfrac{12i\Delta}{l^2} \\[2mm] F_{SBA} = -\dfrac{6i\theta_A}{l} - \dfrac{6i\theta_B}{l} + \dfrac{12i\Delta}{l^2} \end{cases} \qquad (12\text{-}14)$$

对于式（12-14），当杆一端为固支约束，另一端为多种可能的约束，并且每次仅有一种单位位移作用时，形成形常数，见表 12-1。需要说明的是，在位移法的单杆分析中，至少有一端是固支约束，并且与杆轴线方向一致的支座链杆约束常被忽略。

表 12-1　等截面直杆的形常数

简图	M_{AB}	M_{BA}	F_{SAB}	F_{SBA}
$\theta=1$ 型（A、B 固定）	$4i$	$2i$	$-\dfrac{6i}{l}$	$-\dfrac{6i}{l}$
竖向位移型（A、B 固定）	$-\dfrac{6i}{l}$	$-\dfrac{6i}{l}$	$\dfrac{12i}{l^2}$	$\dfrac{12i}{l^2}$
$\theta=1$ 型（A 固定，B 铰支）	$3i$	0	$-\dfrac{3i}{l}$	$-\dfrac{3i}{l}$
竖向位移型（A 固定，B 铰支）	$-\dfrac{3i}{l}$	0	$\dfrac{3i}{l^2}$	$\dfrac{3i}{l^2}$
$\theta=1$ 型（A 固定，B 滑动）	i	$-i$	0	0

注：杆长均为 l。

2. 等截面直杆的载常数

同理，当等截面直杆一端为固支约束，另一端为多种可能的约束，并且每次仅有一种荷载（含温度改变）作用时，由力法求得，则形成载常数，见表 12-2。

表 12-2　等截面直杆的载常数

编号	简图	固端弯矩		固端剪力	
		M_{AB}^{F}	M_{BA}^{F}	F_{SAB}^{F}	F_{SBA}^{F}
1	（简图：两端固定梁，F_p 作用，a、b，l）	$-\dfrac{F_p a b^2}{l^2}$	$\dfrac{F_p a^2 b}{l^2}$	$\dfrac{F_p b^2(l+2a)}{l^3}$	$-\dfrac{F_p a^2(l+2b)}{l^3}$
	$a=b=\dfrac{l}{2}$	$-\dfrac{F_p l}{8}$	$\dfrac{F_p l}{8}$	$\dfrac{F_p}{2}$	$-\dfrac{F_p}{2}$
2	（简图：斜杆，F_p 作用于中点，$l/2$、$l/2$，角 α）	$-\dfrac{F_p l}{8}$	$\dfrac{F_p l}{8}$	$\dfrac{F_p}{2}\cos\alpha$	$-\dfrac{F_p}{2}\cos\alpha$
3	（简图：两端固定梁，均布荷载 q，l）	$-\dfrac{1}{12}ql^2$	$\dfrac{1}{12}ql^2$	$\dfrac{1}{2}ql$	$-\dfrac{1}{2}ql$
4	（简图：斜杆，均布荷载 q，l，角 α）	$-\dfrac{1}{12}ql^2$	$\dfrac{1}{12}ql^2$	$\dfrac{1}{2}ql\cos\alpha$	$-\dfrac{1}{2}ql\cos\alpha$
5	（简图：三角形分布荷载 q，l）	$-\dfrac{1}{20}ql^2$	$\dfrac{1}{30}ql^2$	$\dfrac{7}{20}ql$	$-\dfrac{3}{20}ql$
6	（简图：集中力偶 M，a、b，l）	$\dfrac{b(3a-l)}{l^2}M$	$\dfrac{a(3b-l)}{l^2}M$	$-\dfrac{6ab}{l^3}M$	$-\dfrac{6ab}{l^3}M$
7	（简图：温度变化 t_1、t_2，$\Delta t=t_2-t_1$）	$-\dfrac{EI\alpha\Delta t}{h}$	$\dfrac{EI\alpha\Delta t}{h}$	0	0
8	（简图：一端固定一端铰支，F_p，a、b，l）	$-\dfrac{F_p ab(l+b)}{2l^2}$	0	$\dfrac{F_p b(3l^2-b^2)}{2l^3}$	$-\dfrac{F_p a^2(2l+b)}{2l^3}$
	$a=b=l/2$	$-\dfrac{3F_p l}{16}$	0	$\dfrac{11F_p}{16}$	$-\dfrac{5F_p}{16}$
9	（简图：斜杆，一端固定一端铰支，F_p 作用于中点，$l/2$、$l/2$，角 α）	$-\dfrac{3F_p l}{16}$	0	$\dfrac{11F_p}{16}\cos\alpha$	$-\dfrac{5F_p}{16}\cos\alpha$

（续）

编号	简图	固端弯矩		固端剪力	
		M_{AB}^{F}	M_{BA}^{F}	F_{SAB}^{F}	F_{SBA}^{F}
10		$-\dfrac{ql^2}{8}$	0	$\dfrac{5ql}{8}$	$-\dfrac{3ql}{8}$
11		$-\dfrac{ql^2}{8}$	0	$\dfrac{5}{8}ql\cos\alpha$	$-\dfrac{3}{8}ql\cos\alpha$
12		$-\dfrac{1}{15}ql^2$	0	$\dfrac{4}{10}ql$	$-\dfrac{1}{10}ql$
13		$-\dfrac{7}{120}ql^2$	0	$\dfrac{9}{40}ql$	$-\dfrac{11}{40}ql$
14		$\dfrac{l^2-3b^2}{2l^2}M$	0	$-\dfrac{3(l^2-b^2)}{2l^3}M$	$-\dfrac{3(l^2-b^2)}{2l^3}M$
15		$-\dfrac{3EI\alpha\Delta t}{2h}$	0	$\dfrac{3EI\alpha\Delta t}{2hl}$	$\dfrac{3EI\alpha\Delta t}{2hl}$
16		$-\dfrac{F_p a}{2l}(2l-a)$	$-\dfrac{F_p a^2}{2l}$	F_p	0
17		$-\dfrac{F_p l}{2}$	$-\dfrac{F_p l}{2}$	F_p	F_p
18		$-\dfrac{ql^2}{3}$	$-\dfrac{ql^2}{6}$	ql	0

（续）

编号	简图	固端弯矩		固端剪力	
		M_{AB}^F	M_{BA}^F	F_{SAB}^F	F_{SBA}^F
19	A —— t_1 —— B / t_2 / $\Delta t = t_2 - t_1$	$-\dfrac{EI\alpha\Delta t}{h}$	$\dfrac{EI\alpha\Delta t}{h}$	0	0

12.3.3 位移法基本未知量和基本体系

位移法计算超静定结构时，需要先确定有多少个基本未知量。

位移法的基本未知量是结点位移，包括结点角位移和结点线位移。

如图 12-18 所示，从左至右依次为位移法原结构、基本结构和基本体系，其中基本未知量有结点角位移 θ_B、结点线位移 Δ_{CX}。基本结构和基本体系中，有虚设的限制基本未知量运动的约束，该虚设约束在原结构相应处（方向）的约束力为零。

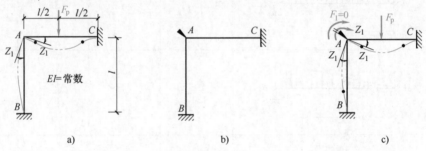

图 12-18 位移法原结构、基本结构和基本体系

采用位移法进行结构分析时，如何确定其基本未知量、基本体系的讨论如下：

1. 位移法的基本未知量

（1）结点角位移基本未知量 结构内部的刚结点，即不含与基础直接相连的全部刚结点，在承受外力作用时，可能发生转动。每个独立的刚结点具有独立的、带动其附属杆件发生转动的可能，因此，结构内部的每个独立的刚结点，存在一个结点角位移基本未知量。如图 12-18 中的刚结点 A 处，存在结点角位移基本未知量。而刚结点 B、C 与基础相连，转角恒为零，因此 B、C 处均不存在结点角位移基本未知量。

（2）结点线位移基本未知量 线弹性杆件体系的每一个结点，在平面内有两个自由度，即平面内每个结点有两个独立的线位移。为了减少位移法的基本未知量个数，考虑梁式杆轴向变形对位移贡献相对较小，可引入以下假设来简化计算：

1）忽略各杆轴力引起的轴向变形。

2）结点转角和各杆弦转角都很微小。

由以上两个假设可知，杆件发生弯曲变形前后，杆件两端结点之间的距离不变。

根据以上假定，来确定独立的结点线位移个数。如图 12-18 所示，变形前后，杆 AB、BC 的杆长不变，A 点没有竖向、水平位移，即只有一个独立的结点角位移基本未知量。

由于不考虑杆长改变，刚架的独立结点线位移基本未知量个数，可用几何组成分析的方法来粗略判定。把结构中所有的刚结点（含固定支座）在原位变为铰结点，新体系的几何自由度就是原结构的独立结点线位移基本未知量个数。

如图 12-19a 所示，为确定该刚架结构的独立结点线位移数目，把所有的刚结点转化为铰结点，其几何自由度为 $W = 2j - k = 2 \times 4 - 6 = 2$，即有两个独立的结点线位移基本未量。

在采用以上方法时需要注意：在确定结点角位移基本未知量时，确定出结点角位移基本未知量个数的同时，也确定出需要虚设角约束的位置。对于独立线位移未知量，化刚结点为铰结点的方法，只适用于普通的刚架，而对于图 12-19b 所示的结构等要谨慎使用；并且，找出新体系的自由度个数后，也应具体分析在哪些位置虚设线位移约束。

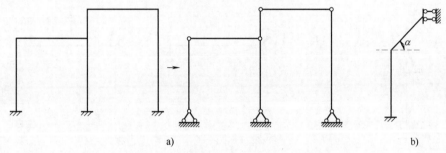

a)   b)

图 12-19 确定刚架独立线位移示意图

2. 位移法的基本体系

图 12-18a 所示为原结构、变形曲线和结点位移基本未知量示意图；图 12-18b 所示为去除原荷载之后，在超静定结构上施加结点位移约束的结构，得到无结点位移的结构，称为原结构的基本结构；如图 12-18c 所示，把原荷载和基本未知量共同作用在基本结构上，所形成的体系称为原结构的基本体系。

由上述可知，在原结构的基本未知量处（方向）增加相应的约束，即在结点角位移上施加控制转动的约束，在结点线位移方向上施加支座链杆约束，形成原结构的基本体系。从形式上看，增加了人工约束后，基本体系成为被约束的单杆系统综合体，而本质上这些虚设约束对原结构相应处（方向）的约束反力为零。

总体而言，相比较于力法，位移法基本未知量和基本结构是唯一确定的，计算基本单元是等截面直杆的单杆杆端受力分析，基本方程是结点处（或者结点连线方向）的平衡方程，具有相对优势，便于编程和建立、调用基本素材库（如形常数、载常数表）。力法与位移法的比较可见表 12-3。

表 12-3 力法与位移法的比较

项目	基本未知量	基本结构	计算模型	基本方程
力法	个数唯一	位置不确定	无限多	基本结构	位移条件
位移法	个数唯一	位置确定	唯一	单杆	平衡条件

12.3.4 位移法的基本方程

位移法的基本体系在原荷载和未知结点位移共同作用，与原结构的受力状态相比，多了一些虚设约束，因此，基本体系与原结构等价的前提是虚设约束的约束反力等于零。虚设约束的约束反力尽管最终等于零，但是并非无作用，它们起着分步控制的作用。

1. 位移法方程的建立

如图 12-20a 所示，原结构上作用外荷载发生变形，在结点 A 上有结点角位移未知量 Z_1。在

结点 A 上施加约束，形成基本体系，易知 A 点角约束的约束反力 $F_1 = 0$。下面分两步来说明该平衡过程：

1）先令图 12-20a 所示的基本结构在 A 点发生 Z_1 的转角，再把角约束施加上，此时在结点 A 产生约束力矩 F_{11}，如图 12-20b 所示。

2）令基本结构仅承受外荷载作用，A 点的附加角约束始终存在，那么外荷载在结点 A 产生约束力矩 F_{1p}，如图 12-20c 所示。

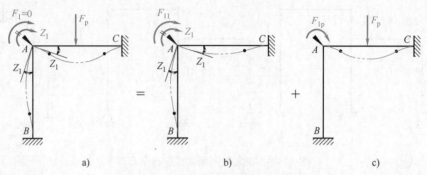

图 12-20　位移法结点平衡过程示意图

由前述 $F_1 = 0$ 可得

$$F_1 = F_{11} + F_{1p} = 0 \tag{12-15}$$

当图 12-20b 中的 $Z_1 = 1$ 时，有

$$F_{11} = k_{11}$$

式中，k_{11} 为当基本未知量 $Z_1 = 1$ 时，基本结构在 Z_1 位置处（方向）产生的约束力（力矩），简称刚度系数。

考虑原结构是线弹性体系，则当结点 A 处发生未知转角 Z 时，附加力矩 F_{11} 为

$$F_{11} = k_{11} Z_1$$

代入式（12-15）可得

$$k_{11} Z_1 + F_{1p} = 0 \tag{12-16}$$

式（12-16）就是位移法的基本方程，它本质上是力平衡方程，即虚设的约束反力等于零。对于虚设角约束，存在一个力矩平衡方程；对于虚设线约束（支座链杆），存在一个线力投影平衡方程。如果结构存在多个结点位移基本未知量，则存在对应数量的力平衡方程。

2. 位移法方程的典型形式

对于两个独立结点位移基本未知量的结构，其位移法方程的建立思路与单结点未知量结构类似，结合图 12-21a 所示的结构来说明。

原结构在外荷载作用下发生变形，其基本结构、基本体系分别如图 12-21b、c 所示。易知附加约束反力应等于零，即

$$\begin{cases} F_1 = 0 \\ F_2 = 0 \end{cases}$$

如图 12-22a 所示，在基本结构上单独施加外荷载（附加约束始终作用），则在附加约束 Z_1、Z_2 处分别产生附加力矩 F_{1p}、附加支座反力 F_{2p}，即方程的自由项。

如图 12-22b 所示，在基本结构上单独施加结点角位移未知量 Z_1（附加约束 Z_2 始终作用），

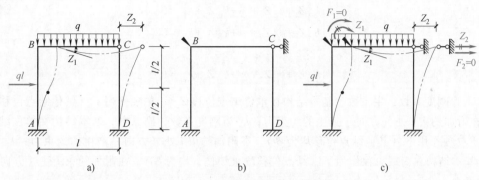

图 12-21 两结点位移法方程示意图

则在附加约束 Z_1、Z_2 处分别产生附加力矩 F_{11}、附加支座反力 F_{21}。

如图 12-22c 所示，在基本结构上单独施加结点线位移未知量 Z_2（附加约束 Z_1 始终作用），则在附加约束 Z_1、Z_2 处分别产生附加力矩 F_{12}、附加支座反力 F_{22}，包含方程的系数。

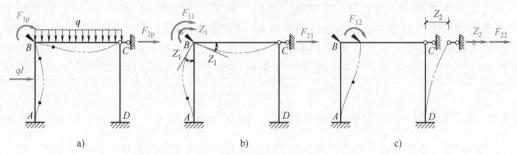

图 12-22 两结点位移法方程系数与自由项示意图

图 12-22 所示的三幅图叠加，在附加约束 Z_1、Z_2 处的附加约束反力等于零，因此有

$$\begin{cases} F_1 = F_{11} + F_{12} + F_{1p} = 0 \\ F_2 = F_{21} + F_{22} + F_{2p} = 0 \end{cases} \tag{12-17}$$

同理，分别令单位位移 $Z_1 = 1$、$Z_2 = 1$ 单独作用，在基本结构附加角约束上产生的反力矩分别为 k_{11} 及 k_{12}，在附加支座链杆中产生的反力分别为 k_{21} 及 k_{22}，根据线弹性叠加原理有

$$\begin{cases} F_{11} = k_{11}Z_1, \quad F_{12} = k_{12}Z_2 \\ F_{21} = k_{21}Z_1, \quad F_{22} = k_{22}Z_2 \end{cases} \tag{12-18}$$

式中，k_{11}、k_{21} 为基本结构在单位结点位移 $Z_1 = 1$ 单独作用下，在附加约束 1 和 2 处产生的约束力矩和约束力；k_{12}、k_{22} 为基本结构在单位结点位移 $Z_2 = 1$ 单独作用下，在附加约束 1 和 2 处产生的约束力矩和约束力。

把式（12-18）代入式（12-17），可得

$$\begin{cases} k_{11}Z_1 + k_{12}Z_2 + F_{1p} = 0 \\ k_{21}Z_1 + k_{22}Z_2 + F_{2p} = 0 \end{cases} \tag{12-19}$$

式（12-19）就是两个基本未知量的位移法典型方程，由此可进行后续计算。

对于具有 n 个独立结点位移的结构，相应地在基本结构中需加入 n 个附加约束，根据每个附加约束的附加反力矩或附加反力都应为零的平衡条件，同样可建立 n 个方程，如下：

$$
\begin{cases}
k_{11}Z_1+k_{12}Z_2+\cdots+k_{1n}Z_n+F_{1p}=0 \\
k_{21}Z_1+k_{22}Z_2+\cdots+k_{2n}Z_n+F_{2p}=0 \\
\quad\vdots\qquad\quad\vdots\qquad\quad\vdots\qquad\quad\vdots \\
k_{n1}Z_1+k_{n2}Z_2+\cdots+k_{nn}Z_n+F_{np}=0
\end{cases}
\tag{12-20}
$$

式中，k_{ii} 为刚度系数，主系数，基本结构在单位结点位移 $Z_i=1$ 单独作用下（其他结点位移均为零），在附加约束 i 处（方向）产生的约束力；k_{ij} 为刚度系数，副系数，基本结构在单位结点位移 $Z_j=1$ 单独作用下（其他结点位移均为零），在附加约束 i 处（方向）产生的约束力；F_{ip} 为自由项，基本结构在荷载单独作用下（结点位移均被锁住，均为零），在附加约束 i 处（方向）产生的约束力。

式（12-20）即多个基本未知量作用下的位移法典型方程。

式（12-20）中的刚度系数，一般根据形常数表计算；自由项根据载常数表计算。并且有

$$k_{ii}>0,\ k_{ij}=k_{ji}$$

式（12-20）中的每一个方程，均表示一个力平衡方程。如第 i 个方程（$i=1,\ 2,\ \cdots,\ n$），表示在基本未知量 Z_i 作用处（或者为作用方向上）的附加约束反力等于零。

在建立位移法方程时，基本未知量均假设为正，即假设结点角位移为顺时针转向，结点线位移使所在杆产生顺时针转动。当某个基本未知量的计算结果为负时，说明其真实运动方向与原假设相反。

12.3.5　位移法计算一：基本体系法

连续梁和无侧移刚架，从基本未知量分类上看，均为只含有结点角位移基本未知量。

例 12-8　采用位移法求图 12-23a 所示连续梁的内力图，各杆 EI 为常数。

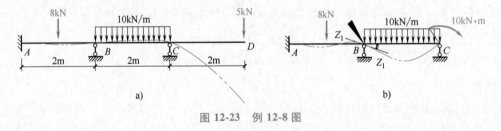

图 12-23　例 12-8 图

解：1）确定基本未知量。本例中有两个刚结点，C 点两侧的约束弯矩可由悬臂梁 CD 求得，等于 $10\text{kN}\cdot\text{m}$，去除静定杆 CD 后，基本未知量和基本体系如图 12-23b 所示。

2）位移法方程：

$$k_{11}Z_1+F_{1p}=0$$

3）计算系数及自由项。令 $i=\dfrac{EI}{2}$，k_{11} 为基本结构仅在 $Z_1=1$ 作用下，在 B 点产生的附加力矩，查形常数表可得，如图 12-24a、b 所示，可知

$$\overline{M}_{BA}=4i,\ \overline{M}_{BC}=3i,\ \overline{M}_{AB}=2i;\ k_{11}=4i+3i=7i$$

同理，自由项 F_{1p} 为 B 点附加约束不变，外荷载单独作用下，在 B 点产生的附加力矩。

此时杆 AB 为两端固支约束，中间承受集中力 8kN 作用；杆 BC 为 B 端固支、C 端铰支，杆全长上承受均布荷载 10kN/m、C 端承受顺时针转向 $10\text{kN}\cdot\text{m}$ 弯矩作用，分别查载常数表可得，

如图 12-24c、d 所示，可知

$$M_{BA}^{\mathrm{F}} = 2\mathrm{kN} \cdot \mathrm{m}, \quad M_{AB}^{\mathrm{F}} = -2\mathrm{kN} \cdot \mathrm{m}, \quad M_{BC}^{\mathrm{F}} = 0; \quad F_{1\mathrm{p}} = (2+0)\mathrm{kN} \cdot \mathrm{m} = 2\mathrm{kN} \cdot \mathrm{m}$$

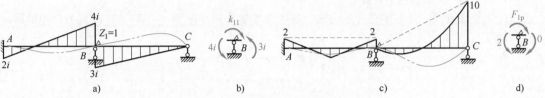

图 12-24　系数与自由项计算简图

4）解位移法方程。将系数和自由项代入位移法方程，可得

$$Z_1 = \frac{-F_{1\mathrm{p}}}{k_{11}} = \frac{-2\mathrm{kN} \cdot \mathrm{m}}{7i}$$

5）作内力图。利用叠加公式 $M = \overline{M}_1 X_1 + M_{\mathrm{p}}$，计算杆端弯矩：

$$M_{AB} = \left(2i \times \frac{-2}{7i} - 2\right) \mathrm{kN} \cdot \mathrm{m} = -2.57\mathrm{kN} \cdot \mathrm{m}$$

$$M_{BA} = \left(4i \times \frac{-2}{7i} + 2\right) \mathrm{kN} \cdot \mathrm{m} = 0.86\mathrm{kN} \cdot \mathrm{m}$$

$$M_{BC} = \left(3i \times \frac{-2}{7i} + 0\right) \mathrm{kN} \cdot \mathrm{m} = -0.86\mathrm{kN} \cdot \mathrm{m}$$

$$M_{CB} = -M_{CD} = 10\mathrm{kN} \cdot \mathrm{m}$$

杆端弯矩求出后，采用分段叠加法绘制出弯矩图，进而求出剪力图，如图 12-25 所示。

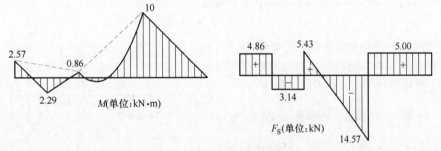

图 12-25　例 12-8 原结构内力图

例 12-9　采用位移法求图 12-26a 所示刚架的弯矩图，各杆 EI 为常数。

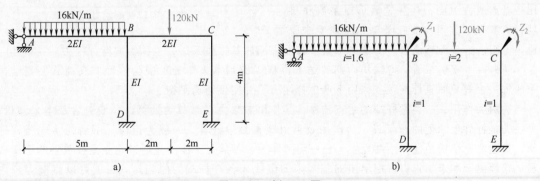

图 12-26　例 12-9 图

解：1）基本未知量。原结构为无侧移刚架，有 2 个结点角位移基本未知量，令 $i = \dfrac{EI}{4} = 1$，则得到图 12-26b 所示的基本体系。

2）位移法方程。基本体系在原荷载、基本未知量共同作用下，在 Z_1、Z_2 位置处产生的附加弯矩为零：

$$\begin{cases} k_{11}Z_1 + k_{12}Z_2 + F_{1p} = 0 \\ k_{21}Z_1 + k_{22}Z_2 + F_{2p} = 0 \end{cases}$$

3）求系数和自由项。分别作出基本结构在 $Z_1 = 1$、$Z_2 = 1$ 及荷载单独作用下的 $\overline{M}_1$ 图、$\overline{M}_2$ 图和 M_p 图，分别如图 12-27a、b 和 c 所示。

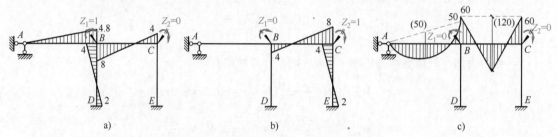

图 12-27　例 12-9 系数和自由项计算简图

对图 12-27a、b 和 c 进行结点的力矩平衡分析，可得

$$k_{11} = 4 + 8 + 4.8 = 16.8, \quad k_{12} = k_{21} = 4, \quad k_{22} = 4 + 8 = 12;$$

$$F_{1p} = (50 - 60)\,\text{kN} \cdot \text{m} = -10\,\text{kN} \cdot \text{m}, \quad F_{2p} = 60\,\text{kN} \cdot \text{m}$$

4）解位移法方程。将系数和自由项代入位移法方程，可得

$$Z_1 = 1.94, \quad Z_2 = -5.65$$

5）作弯矩图。首先利用叠加公式 $M = \overline{M}_1 X_1 + M_p$，计算出杆端弯矩，然后利用分段叠加法可得刚架的弯矩图，如图 12-28 所示。

12.3.6　位移法计算二：直接平衡法

先从基本未知量到基本结构、基本体系和基本方程；再到基本结构上分别由单位元素（单位力，或者单位位移）作用、荷载元素作用各自形成内力图，运算之后形成系数和自由项；求解基本方程，最后由叠加原理生成原结构内力图。这是位移法参照力法的求解步骤而采用的基本体系法，也称为典型方程法。

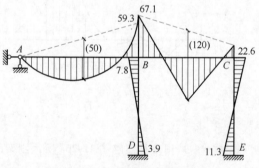

图 12-28　例 12-9 原刚架弯矩图

从另一个视角来看，把结构内部的结点位移（即基本未知量）视为一种广义荷载，则结构中的每一个等截面直杆在两类作用下产生杆端力，并实现结构平衡。

这两类作用，一类是杆端的结点位移，其作用效果由形常数表计算，一般包含基本未知量；另一类是杆件上承受的外荷载，其作用效果由载常数表计算，一般为定值。所谓的实现结构平衡，是指在原结构的任一刚结点上、任一隔离体上，都满足平衡。先通过建立足够数量的平衡方程，求解出基本未知量；再把求出的基本未知量代入各杆杆端力的表达式，就可以直接得到内力图。

首先利用单杆的形常数和载常数，结合杆件结点位移、荷载，写出每个单杆杆端力分量，然后建立结点平衡方程和截面投影平衡方程，计算基本未知量的方法，称为直接平衡法。

1. 等截面直杆的转角位移方程

如图 12-29 所示的等截面直杆，承受杆端全位移（转角 θ_A、θ_B，旋转角 $\dfrac{\Delta}{l}$）和荷载组 $P(x)$ 作用，则由形常数和载常数，利用线弹性体的叠加原理写出杆件杆端力的表达式式（12-21），式（12-21）称为等截面直杆的转角位移方程。

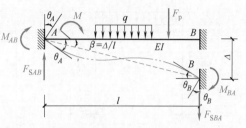

图 12-29 两端固支的直杆全位移及荷载作用图

$$\begin{cases} M_{AB} = 4i\theta_A + 2i\theta_B - 6i\dfrac{\Delta}{l} + M_{AB}^{F} \\[2mm] M_{BA} = 2i\theta_A + 4i\theta_B - 6i\dfrac{\Delta}{l} + M_{BA}^{F} \\[2mm] F_{SAB} = -\dfrac{6i\theta_A}{l} - \dfrac{6i\theta_B}{l} + \dfrac{12i\Delta}{l^2} + F_{SAB}^{F} \\[2mm] F_{SBA} = -\dfrac{6i\theta_A}{l} - \dfrac{6i\theta_B}{l} + \dfrac{12i\Delta}{l^2} + F_{SBA}^{F} \end{cases} \tag{12-21}$$

需要说明的是，运用式（12-21）计算杆端力时，要根据单杆的杆端约束情况，对式中的系数和载常数进行调整。

如图 12-30a 所示，一端固支、另一端铰支的等截面直杆，其表达式为

$$\begin{cases} M_{AB} = 3i\theta_A - 3i\dfrac{\Delta}{l} + M_{AB}^{F} \\[2mm] M_{BA} = 0 \\[2mm] F_{SAB} = -\dfrac{3i\theta_A}{l} + \dfrac{3i\Delta}{l^2} + F_{SAB}^{F} \\[2mm] F_{SBA} = -\dfrac{3i\theta_A}{l} + \dfrac{3i\Delta}{l^2} + F_{SBA}^{F} \end{cases}$$

如图 12-30b 所示，一端固支、另一端滑移支座的等截面直杆，其表达式为

$$\begin{cases} M_{AB} = i\theta_A - i\theta_B + M_{AB}^{F} \\[2mm] M_{BA} = -i\theta_A + i\theta_B + M_{BA}^{F} \\[2mm] F_{SAB} = F_{SAB}^{F} \\[2mm] F_{SBA} = 0 \end{cases}$$

以上各式中，各符号的意义和正负号规定与前述规定相一致。

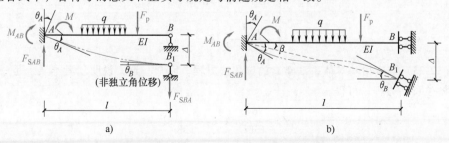

a)   b)

图 12-30 式（12-21）不同情况下的应用

建筑力学

2. 直接平衡法练习

例 12-10 用直接平衡法求解图 12-31a 所示超静定结构的弯矩图。

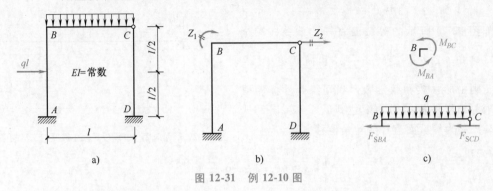

图 12-31 例 12-10 图

解：1）基本未知量。直接平衡法仍然需要找出基本未知量，本例中有 1 个结点角位移基本未知量 Z_1、1 个结点线位移基本未知量 Z_2，如图 12-31b 所示（提醒：不需要单独画出）。

2）基本方程。原结构在两类（广义）荷载作用下，变形结束时实现处处平衡。为了突显基本未知量，在基本未知量作用处（作用方向上）找隔离体，如图 12-31c 所示，有

$$\begin{cases} \sum M_{(B)}=0 \quad M_{BC}+M_{BA}=0 \\ \sum F_x=0 \quad F_{SBA}+F_{SCD}=0 \end{cases} \quad (12\text{-}22)$$

3）各杆杆端力。柱 AB，两端固支，B 端有 Z_1，两端有弦转角 $\dfrac{Z_2}{l}$，中部承受荷载：

$$M_{AB}=2iZ_1-6i\frac{Z_2}{l}-\frac{ql^2}{8}, \; M_{BA}=4iZ_1-6i\frac{Z_2}{l}+\frac{ql^2}{8}, \; F_{SBA}=-\frac{6iZ_2}{l}+\frac{12iZ_2}{l^2}-\frac{ql}{2}$$

柱 CD，D 端固支，C 端铰支，两端有弦转角 $\dfrac{Z_2}{l}$，杆内无荷载：

$$M_{CD}=0, \; M_{DC}=-3i\frac{Z_2}{l}, \; F_{SCD}=\frac{3iZ_2}{l^2}$$

梁 BC，B 端固支，C 端铰支，B 端有 Z_1，中部承受荷载：

$$M_{BC}=3iZ_1-\frac{ql^2}{8}, \; M_{CB}=0$$

4）把以上各杆端力代入式（12-22）中，有

$$\begin{cases} 7iZ_1-\dfrac{6i}{l}Z_2=0 \\ -\dfrac{6i}{l}Z_1+\dfrac{15i}{l^2}Z_2-\dfrac{ql}{2}=0 \end{cases} \quad (12\text{-}23)$$

式（12-23）与应用基本体系法建立的位移法方程，完全一致，说明二者本质上是一致的。

5）解位移法方程，可得

$$Z_1=\frac{6}{138i}ql^2, \; Z_2=\frac{7}{138i}ql^3$$

6）计算各杆杆端力。

$$M_{AB} = -\frac{63}{184}ql^2, \quad M_{BA} = -\frac{1}{184}ql^2, \quad M_{BC} = \frac{1}{184}ql^2, \quad M_{DC} = -\frac{28}{184}ql^2$$

7）绘制弯矩图。各杆杆端弯矩求出后，采用分段叠加法可以直接绘制出结构弯矩图，如图 12-32 所示。

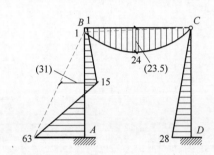

图 12-32　例 12-10 原刚架弯矩图（单位：$\frac{ql^2}{184}$）

12.4　力矩分配法

力法和位移法需要建立方程、求解未知量，计算量较大。而对于一些特殊结构，如只有结点线位移的排架结构，可采用剪力分配法（见相关参考资料）计算，绕开了建立方程，带来方便。同理，对于只有结点角位移基本未知量的某些刚架和连续梁，可采用力矩分配法简化计算。

12.4.1　力矩分配法的基本原理

力矩分配法不用建立方程（组），基本概念容易理解，计算步骤格式化，可直接求得各杆杆端弯矩，便于绘制弯矩图；计算收敛速度快，精度可满足工程需要。

从分析方法来看，力矩分配法属于位移法，其原理、基本未知量和各种正负号规定，仍与位移法相同。对于单结点（即只有 1 个结点角位移基本未知量）结构，力矩分配法计算结果是准确值，对于多结点结构，其结果是近似值。

结合简例来说明力矩分配法是如何基于位移法的计算原理，并结合线弹性体特性，在计算中避开方程计算，直接得到杆端弯矩的。

如图 12-33a 所示的无侧移刚架结构，在结点 A 上作用外力偶 M_A，各杆线刚度均为 i，采用位移法计算时，基本未知量为刚结点 A 的角位移 Z_1。由直接平衡法可得杆端弯矩：

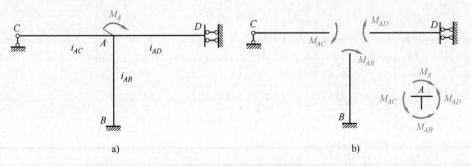

图 12-33　结点力偶的分配

$$M_{AC} = 3i_{AC}Z_1, \quad M_{AB} = 4i_{AB}Z_1, \quad M_{AD} = i_{AD}Z_1$$

由图 12-33b 所示的结点受力分析图可知,结点 A 处满足力矩平衡时:

$$M_{AC} + M_{AB} + M_{AD} - M_A = 0$$

解得

$$Z_1 = \frac{M_A}{3i_{AC} + 4i_{AB} + i_{AD}}$$

各杆杆端弯矩:

$$M_{AC} = \frac{3i_{AC}}{3i_{AC} + 4i_{AB} + i_{AD}} M_A, \quad M_{AB} = \frac{4i_{AB}}{3i_{AC} + 4i_{AB} + i_{AD}} M_A, \quad M_{AC} = \frac{i_{AD}}{3i_{AC} + 4i_{AB} + i_{AD}} M_A \qquad (12\text{-}24a)$$

$$M_{BA} = \frac{2i_{AB}}{3i_{AC} + 4i_{AB} + i_{AD}} M_A, \quad M_{DA} = \frac{-i_{AD}}{3i_{AC} + 4i_{AB} + i_{AD}} M_A, \quad M_{CA} = 0 \qquad (12\text{-}24b)$$

以上为位移法的直接平衡法计算刚架弯矩的过程,下面对该过程进行新的解读和处理。为此,先给出以下定义:

1. 转动刚度 S_{AB}

使等截面单直杆 AB 的 A 端(也称为近端)发生单位转角时,在 A 端所需施加的力矩,表示杆端对转动的抵抗能力。图 12-34 所示是常见单杆的转动刚度。

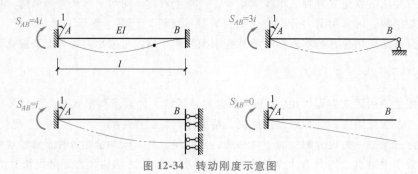

图 12-34 转动刚度示意图

一般而言,直杆的转动刚度 S_{AB} 只与其线刚度和远端支承情况有关。但是有时也与近端支承相关,如近端存在限制转动的弹性支座的模型。

式(12-24a)可统一表达为

$$M_{Ai} = \frac{S_{Ai}}{\sum S_{Ai}} M_A \qquad (12\text{-}25)$$

2. 分配系数 μ_{Ai}

由式(12-25)可知,在汇集后的不平衡力偶 M_A 作用下,结点 A 上各杆在 A 端的弯矩与各杆 A 端的转动刚度成正比,各杆在 A 端承担的弯矩 M_{Ai} 存在按照抵抗转动能力大小进行分配的现象,令

$$\mu_{Ai} = \frac{S_{Ai}}{\sum S_{Ai}}$$

则有

$$M_{Ai} = \frac{S_{Ai}}{\sum S_{Ai}} M = \mu_{Ai} M_A$$

这里称 μ_{Ai} 为结点 A 的杆 Ai 在 A 点的弯矩分配系数，μ_{Ai} 在数值上为杆 Ai 的转动刚度 S_{Ai} 与各杆在 A 点转动刚度之和 $\sum S_{Ai}$ 的比值，取值范围为 $\mu_{Ai} = [0, 1]$。

同一结点上，各杆分配系数之和恒为 1，可利用该结论进行结点分配系数校核。

3. 传递系数 C_{Ai}

传递系数 C_{Ai} 表示当杆件近端有转角时，杆件远端弯矩与近端弯矩的比值。根据形常数表，由图 12-34 可得常见单杆的传递系数为：远端固支，$C = \dfrac{1}{2}$；远端滑移，$C = -1$；远端铰支、悬臂梁，$C = 0$。

当刚结点 A 的杆 Ai 得到分配弯矩 M_{Ai} 时，它的待传递弯矩 M_{iA} 为

$$M_{iA} = C_{Ai} M_{Ai}$$

由分配系数 μ_{Ai}、传递系数 C_{Ai} 的取值范围可知，刚结点上的不平衡弯矩被分配、传递时，总是乘以一个绝对值小于（部分情况下等于）1 的系数，并且远端杆弯矩被基础全部吸收，因此快速趋于收敛。

多结点无侧移刚架和连续梁，各杆承受荷载作用，采用力矩分配法计算时，首先施加全部角位移约束，由载常数得到各杆杆端弯矩，计算出汇集到各刚结点的不平衡弯矩 M_i；M_i 在各自刚结点上按照分配系数进行近端弯矩分配；再结合一定的控制办法，由传递系数使近端分配弯矩有序传递到各杆远端；在进行几轮"分配-传递"之后，由力矩分配法满足收敛性可知，各刚结点上的不平衡弯矩趋于零值（或足够精度的小值），从而实现整个结构上弯矩平衡。这个过程的每一步骤都是可控可计算的，概念清晰、计算简便。

12.4.2　力矩分配法计算连续梁和无侧移刚架

下面结合两个例题来进一步说明。

例 12-11　采用力矩分配法计算图 12-35a 所示结构的弯矩图。

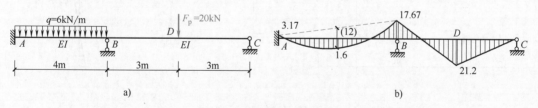

图 12-35　例 12-11 图

解：1）结构为 1 个角位移未知量，即 1 个结点的模型，有

$$S_{BA} = 4i_{BA} = 4 \times \frac{EI}{4} = EI ; \quad S_{BC} = 3i_{BC} = 3 \times \frac{EI}{6} = \frac{1}{2}EI$$

$$\mu_{BA} = \frac{EI}{EI + \dfrac{EI}{2}} = \frac{2}{3} ; \quad \mu_{BC} = \frac{\dfrac{EI}{2}}{EI + \dfrac{EI}{2}} = \frac{1}{3}$$

$$M_{BA}^{F} = \frac{1}{12}ql^2 = \left(\frac{1}{12} \times 6 \times 4^2 \right) \text{kN} \cdot \text{m} = 8 \text{kN} \cdot \text{m} ; \quad M_{BC}^{F} = -\frac{3}{16}F_p l = \left(-\frac{3}{16} \times 20 \times 6 \right) \text{kN} \cdot \text{m} = -22.5 \text{kN} \cdot \text{m} ;$$

$$M_B = (8 - 22.5) \text{kN} \cdot \text{m} = -14.5 \text{kN} \cdot \text{m}$$

2）力矩分配法的具体计算过程可列表计算，见表 12-4。

表 12-4　例 12-11 杆端弯矩计算

杆件	AB	BA	BC	CD
μ	—	$\dfrac{2}{3}$	$\dfrac{1}{3}$	—
固端弯矩 M^F	-8	8	-22.5	0
待分配弯矩 M_B	—	—	$-(-14.5)=14.5$	—
分配传递	$\dfrac{29}{6}$	$\xleftarrow{\dfrac{29}{3}}$	$\xrightarrow{\dfrac{29}{6}}$	0
$\sum M$	3.17	17.67	-17.67	0

注：1. 涂色部分数字之和为零，用单下画线数字表示结点平衡；双下画线数字表示各杆最终杆端弯矩。

　　2. 待分配弯矩 M_B 等于原结点上各杆端弯矩之和的相反数，M_B 数字不计入任一杆的汇总杆端弯矩中。

3）绘制弯矩图。表 12-4 中各杆最终杆端弯矩，等于各杆端的固端弯矩 M^F 与分配弯矩（或传递弯矩）的同列叠加。根据其绘制弯矩图，如图 12-35b 所示。

例 12-12　采用力矩分配法计算图 12-36a 所示无侧移刚架结构的弯矩图。

解：本例为两结点（即原结构有 2 个结点角位移基本未知量）刚架结构，需要采用多结点力矩分配法。多结点力矩分配法仍然以单结点的"分配-传递"为基本运算模型，辅以可控运算的控制手段：每次隔一个结点同时放松多个结点，既保证每个基本运算模型为单结点模型（运算的可控性），又可实现更快的运算速度。

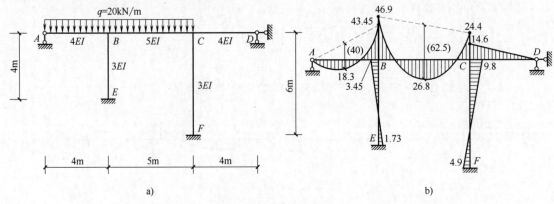

图 12-36　例 12-12 图

1）计算分配系数、固端弯矩。对于结点 B：

$$S_{BC}=4i_{BC}=4\times\frac{5EI}{5}=4EI;\quad S_{BA}=3i_{BA}=3\times\frac{4EI}{4}=3EI;\quad S_{BE}=4i_{BE}=4\times\frac{3EI}{4}=3EI$$

$$\mu_{BC}=\frac{S_{BC}}{\sum S_{Bi}}=\frac{4EI}{4EI+3EI+3EI}=\frac{2}{5}=0.4;\quad \mu_{BA}=\frac{S_{BA}}{\sum S_{Bi}}=\frac{3}{10}=0.3;\quad \mu_{BE}=\frac{S_{BE}}{\sum S_{Bi}}=\frac{3}{10}=0.3$$

对于结点 C：

$$S_{CB}=4i_{BC}=4\times\frac{5EI}{5}=4EI;\quad S_{CD}=3i_{CD}=3\times\frac{4EI}{4}=3EI;\quad S_{CF}=4i_{CF}=4\times\frac{3EI}{6}=2EI$$

$$\mu_{CB}=\frac{S_{CB}}{\sum S_{Ci}}=\frac{4EI}{4EI+3EI+2EI}=\frac{4}{9};\quad \mu_{CD}=\frac{S_{CD}}{\sum S_{Ci}}=\frac{1}{3};\quad \mu_{CF}=\frac{S_{CF}}{\sum S_{Ci}}=\frac{2}{9}$$

固端弯矩：

$$M_{BA}^{\mathrm{F}} = \frac{ql_{AB}^2}{8} = \frac{20 \times 4^2}{8} \mathrm{kN \cdot m} = 40 \mathrm{kN \cdot m}, \quad M_{AB}^{\mathrm{F}} = 0$$

$$M_{BC}^{\mathrm{F}} = -M_{CB}^{\mathrm{F}} = \frac{-ql_{BC}^2}{12} = \frac{-20 \times 5^2}{12} \mathrm{kN \cdot m} = -41.7 \mathrm{kN \cdot m}$$

2）列表计算杆端弯矩，见表 12-5。

表 12-5 例 12-12 杆端弯矩计算

杆件	结点 B					结点 C				
	EB	AB	BA	BE	BC	CB	CD	CF	FC	DC
μ			0.3	0.3	0.4	4/9	1/3	2/9	—	—
M^{F}	0	0	40	0	−41.7	**41.7**	**0**	**0**	0	0
M_B					1.7	−41.7				
分配传递					−9.3	←**−18.5**	**−13.9→**	**−9.3↓**	−4.7	0
分配传递	1.65	0	←−3.3	3.3↓	4.4→	**2.2**				
分配传递					−0.5	←**−1.0**	**0.7→**	**−0.5↓**	−0.2	0
分配传递	0.08	0	←0.15	0.15↓	0.2（止）					
ΣM	1.73	0	43.45	3.45	−46.9	24.4	−14.6	−9.8	−4.9	

注：1. 字体及颜色相同的表格数字之和等于零。

2. 内部结点之间终止传递时，可再向基础进行一次传递计算；初次计算，优先从 $|M_B|$ 较大的结点开始。

3）绘制弯矩图。表 12-5 中各杆最终杆端弯矩，等于同列叠加。根据其绘制弯矩图，如图 12-36b 所示。

12.5 小结

平面上超静定结构内力、位移计算与静定结构内力、位移计算相比，区别在于不能由平衡条件直接、全部求出，原因在于出现多余约束力。

力法以多余约束力为基本未知量，以相适应的静定结构为基本结构，在原结构上基于位移协调条件建立位移方程（组）；求解该方程（组）得到基本未知量，然后由叠加原理绘制出内力图。

力法求解出超静定结构内力后，任选取一个与原结构相适应的（超）静定结构，在其上计算所求位移方向施加单位力形成的内力图，然后采用函数积分法或者图乘法可得所求的位移。力法计算结果的校核，终究需要以其他方向上的位移协调条件来进行。

位移法以结构内部（不限定是静定结构或超静定结构）的杆端位移为基本未知量，基于杆端位移出现处（方向）的力平衡建立方程，求出位移未知量之后，即可利用结构位移和内力（支反力）之间的关系，实现结构（含静定结构和超静定结构）的内力、位移等计算。位移法可以计算静定结构或者超静定结构，适用面比较广。

力矩分配法适用于只出现结点角位移的结构，如连续梁和无侧移刚架。力矩分配法基于传统位移法，控制在单结点模型下计算、分配和传递不平衡弯矩，进而实现不建立复杂方程组求解结构内力的目的。

复习思考题

12-1 确定图 12-37 所示结构的超静定次数，并找出一种对应的静定结构。

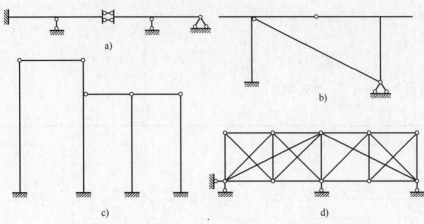

图 12-37 复习思考题 12-1 图

12-2 确定图 12-38 所示的结构，用位移法计算时的基本未知量数目，并画出基本结构。

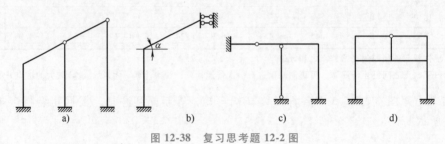

图 12-38 复习思考题 12-2 图

习 题

12-1 求图 12-39 所示结构的内力图。已知梁式杆均有常数 EI，桁式杆均有常数 EA。

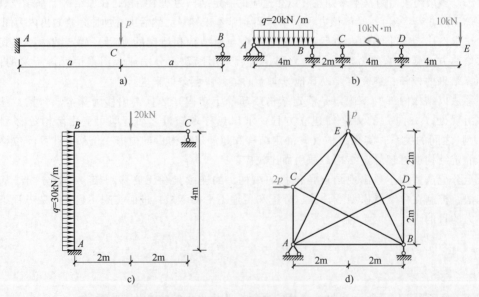

图 12-39 习题 12-1 图

12-2 利用力法计算图 12-40 所示刚架的弯矩图。

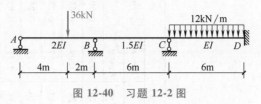

图 12-40 习题 12-2 图

12-3 采用位移法求解图 12-41 所示结构的弯矩图。

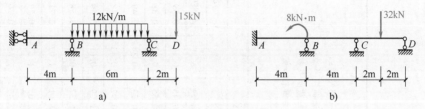

图 12-41 习题 12-3 图

12-4 分别采用位移法的基本体系法、直接平衡法，求解图 12-42 所示结构的弯矩图。其中，图 12-42a 中，各水平梁长为 6m，各立柱高为 4m；图 12-42b 中，各跨长为 6m，各层高为 4m。各杆 EI 相等且为常数。

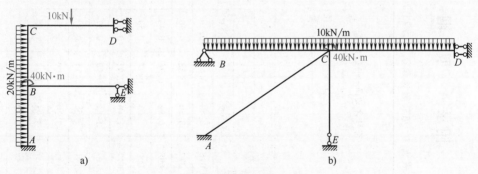

图 12-42 习题 12-4 图

12-5 用力矩分配法计算图 12-43 所示结构的弯矩图。各杆 EI 相等且为常数，层高为 4m，各跨长为 6m，集中力作用在跨中，铰结点 D 为中跨的中点。

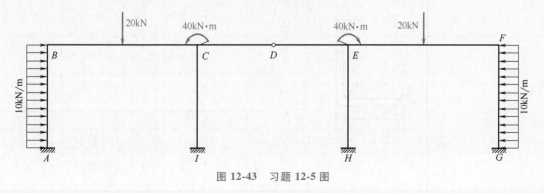

图 12-43 习题 12-5 图

附 录

附录 A 型 钢 表

表 A-1 热轧等边角钢 （GB/T 706—2016）

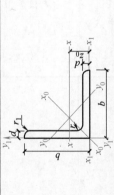

符号含义：b——边宽度；
d——边厚度；
r——内圆弧半径；
r_1——边端内圆弧半径；
I——惯性矩；
i——惯性半径；
W——截面系数；
z_0——重心距离

角钢号数	尺寸/mm			截面面积 /cm²	理论质量 /(kg/m)	外表面积 /(m²/m)	参考数值										
							$x-x$			x_0-x_0			y_0-y_0			x_1-x_1	z_0/cm
	b	d	r				I_x/cm⁴	i_x/cm	W_x/cm³	I_{x0}/cm⁴	i_{x0}/cm	W_{x0}/cm³	I_{y0}/cm⁴	i_{y0}/cm	W_{y0}/cm³	I_{x1}/cm⁴	
2	20	3	3.5	1.132	0.889	0.078	0.40	0.59	0.29	0.63	0.75	0.45	0.17	0.39	0.20	0.81	0.60
	20	4		1.459	1.145	0.077	0.50	0.58	0.36	0.78	0.73	0.55	0.22	0.38	0.24	1.09	0.64
2.5	25	3		1.432	1.124	0.098	0.82	0.76	0.46	1.29	0.95	0.73	0.34	0.49	0.33	1.57	0.73
	25	4		1.859	1.459	0.097	1.03	0.74	0.59	1.62	0.93	0.92	0.43	0.48	0.40	2.11	0.76
3.0	30	3		1.749	1.373	0.117	1.46	0.91	0.68	2.31	1.15	1.09	0.61	0.59	0.51	2.71	0.85
	30	4		2.276	1.786	0.117	1.84	0.90	0.87	2.92	1.13	1.37	0.77	0.58	0.62	3.63	0.89
3.6	36	3	4.5	2.109	1.656	0.141	2.58	1.11	0.99	4.09	1.39	1.61	1.07	0.71	0.76	4.68	1.00
	36	4		2.756	2.163	0.141	3.29	1.09	1.28	5.22	1.38	2.05	1.37	0.70	0.93	6.25	1.04
	36	5		3.382	2.654	0.141	3.95	1.08	1.56	6.24	1.36	2.45	1.65	0.70	1.09	7.84	1.07
4.0	40	3	5	2.359	1.852	0.157	3.59	1.23	1.23	5.69	1.55	2.01	1.49	0.79	0.96	6.41	1.09
	40	4		3.086	2.422	0.157	4.60	1.22	1.60	7.29	1.54	2.58	1.91	0.79	1.19	8.56	1.13
	40	5		3.791	2.976	0.156	5.53	1.21	1.96	8.76	1.52	3.10	2.30	0.78	1.39	10.74	1.17

（续）

角钢号数	尺寸/mm b	尺寸/mm d	尺寸/mm r	截面面积/cm²	理论质量/(kg/m)	外表面积/(m²/m)	I_x/cm⁴	i_x/cm	W_x/cm³	I_{x0}/cm⁴	i_{x0}/cm	W_{x0}/cm³	I_{y0}/cm⁴	i_{y0}/cm	W_{y0}/cm³	I_{x1}/cm⁴	z_0/cm
							\(x—x\)			\(x_0—x_0\)			\(y_0—y_0\)			\(x_1—x_1\)	
4.5	45	3	5	2.659	2.088	0.177	5.17	1.40	1.58	8.20	1.76	2.58	2.14	0.89	1.24	9.12	1.22
		4		3.486	2.736	0.177	6.65	1.38	2.05	10.56	1.74	3.32	2.75	0.89	1.54	12.18	1.26
		5		4.292	3.369	0.176	8.04	1.37	2.51	12.74	1.72	4.00	3.33	0.88	1.81	15.25	1.30
		6		5.076	3.985	0.176	9.33	1.36	2.95	14.76	1.70	4.64	3.89	0.88	2.06	18.36	1.33
5	50	3	5.5	2.971	2.332	0.197	7.18	1.55	1.96	11.37	1.96	3.22	2.98	1.00	1.57	12.50	1.34
		4		3.897	3.059	0.197	9.26	1.54	2.56	14.70	1.94	4.16	3.82	0.99	1.96	16.69	1.38
		5		4.803	3.770	0.196	11.21	1.53	3.13	17.79	1.92	5.03	4.64	0.98	2.31	20.90	1.42
		6		5.688	4.465	0.196	13.05	1.52	3.68	20.68	1.91	5.85	5.42	0.98	2.63	25.14	1.46
5.6	56	3	6	3.343	2.624	0.221	10.19	1.75	2.48	16.14	2.20	4.08	4.24	1.13	2.02	17.56	1.48
		4		4.390	3.446	0.220	13.18	1.73	3.24	20.92	2.18	5.28	5.46	1.11	2.52	23.43	1.53
		5		5.415	4.251	0.220	16.02	1.72	3.97	25.42	2.17	6.42	6.61	1.10	2.98	29.33	1.57
		8		8.367	6.568	0.219	23.63	1.68	6.03	37.37	2.11	9.44	9.89	1.09	4.16	47.24	1.68
6.3	63	4	7	4.978	3.907	0.248	19.03	1.96	4.13	30.17	2.46	6.78	7.89	1.26	3.29	33.35	1.70
		5		6.143	4.822	0.248	23.17	1.94	5.08	36.77	2.45	8.25	9.57	1.25	3.90	41.73	1.74
		6		7.288	5.721	0.247	27.12	1.93	6.00	43.03	2.43	9.66	11.20	1.24	4.46	50.14	1.78
		8		9.515	7.469	0.247	34.46	1.90	7.75	54.56	2.40	12.25	14.33	1.23	5.47	67.11	1.85
		10		11.657	9.151	0.246	41.09	1.88	9.39	64.85	2.36	14.56	17.33	1.22	6.36	84.31	1.93
7	70	4	8	5.570	4.372	0.275	26.39	2.18	5.14	41.80	2.74	8.44	10.99	1.40	4.17	45.74	1.86
		5		6.875	5.397	0.275	32.21	2.16	6.32	51.08	2.73	10.32	13.34	1.39	4.95	57.21	1.91
		6		8.160	6.406	0.275	37.77	2.15	7.48	59.93	2.71	12.11	15.61	1.38	5.67	68.73	1.95
		7		9.424	7.398	0.275	43.09	2.14	8.59	68.35	2.69	13.81	17.82	1.38	6.34	80.29	1.99
		8		10.667	8.373	0.274	48.17	2.12	9.68	76.37	2.68	15.43	19.98	1.37	6.98	91.92	2.03

参考数值

建筑力学

（续）

角钢号数	尺寸/mm			截面面积 /cm²	理论质量 /(kg/m)	外表面积 /(m²/m)	参考数值												
	b	d	r				$x—x$			$x_0—x_0$			$y_0—y_0$			$x_1—x_1$	z_0/cm
							I_x/cm^4	i_x/cm	W_x/cm^3	I_{x0}/cm^4	i_{x0}/cm	W_{x0}/cm^3	I_{y0}/cm^4	i_{y0}/cm	W_{y0}/cm^3	I_{x1}/cm^4	
7.5	75	5	9	7.412	5.818	0.295	39.97	2.33	7.32	63.30	2.92	11.94	16.63	1.50	5.77	70.56	2.04
		6		8.797	6.905	0.294	46.95	2.31	8.64	74.38	2.90	14.02	19.51	1.49	6.67	84.55	2.07
		7		10.160	7.976	0.294	53.57	2.30	9.93	84.96	2.89	16.02	22.18	1.48	7.44	98.71	2.11
		8		11.503	9.030	0.294	59.96	2.28	11.20	95.07	2.88	17.93	24.86	1.47	8.19	112.97	2.15
		10		14.126	11.089	0.293	71.98	2.26	13.64	113.92	2.84	21.48	30.05	1.46	9.56	141.71	2.22
8	80	5	9	7.912	6.211	0.315	48.79	2.48	8.34	77.33	3.13	13.67	20.25	1.60	6.66	85.36	2.15
		6		9.397	7.376	0.314	57.35	2.47	9.87	90.98	3.11	16.08	23.72	1.59	7.65	102.50	2.19
		7		10.860	8.525	0.314	65.58	2.46	11.37	104.07	3.10	18.40	27.09	1.58	8.58	119.70	2.23
		8		12.303	9.658	0.314	73.49	2.44	12.83	116.60	3.08	20.61	30.39	1.57	9.46	136.97	2.27
		10		15.126	11.874	0.313	88.43	2.42	15.64	140.09	3.04	24.76	36.77	1.56	11.08	171.74	2.35
9	90	6	10	10.637	8.350	0.354	82.77	2.79	12.61	131.26	3.51	20.63	34.28	1.80	9.95	145.87	2.44
		7		12.301	9.656	0.354	94.83	2.78	14.54	150.47	3.50	23.64	39.18	1.78	11.19	170.30	2.48
		8		13.944	10.946	0.353	106.47	2.76	16.42	168.97	3.48	26.55	43.97	1.78	12.35	194.80	2.52
		10		17.167	13.476	0.353	128.58	2.74	20.07	203.90	3.45	32.04	53.26	1.76	14.52	244.07	2.59
		12		20.306	15.940	0.352	149.22	2.71	23.57	236.21	3.41	37.12	62.22	1.75	16.49	293.76	2.67
10	100	6	12	11.932	9.366	0.393	114.95	3.10	15.68	181.98	3.90	25.74	47.92	2.00	12.69	200.07	2.67
		7		13.796	10.830	0.393	131.86	3.09	18.10	208.97	3.89	29.55	54.74	1.99	14.26	233.54	2.71
		8		15.638	12.276	0.393	148.24	3.08	20.47	235.07	3.88	33.24	61.41	1.98	15.75	267.09	2.76
		10		19.261	15.120	0.392	179.51	3.05	25.06	284.68	3.84	40.26	74.35	1.96	18.54	334.48	2.84
		12		22.800	17.898	0.391	208.90	3.03	29.48	330.95	3.81	46.80	86.84	1.95	21.08	402.34	2.91
		14		26.256	20.611	0.391	236.53	3.00	33.73	374.06	3.77	52.90	99.00	1.94	23.44	470.75	2.99
		16		29.627	23.257	0.390	262.53	2.98	37.82	414.16	3.74	58.57	110.89	1.94	25.63	539.80	3.06

（续）

角钢号数	尺寸/mm b	d	r	截面面积/cm²	理论质量/(kg/m)	外表面积/(m²/m)	x—x I_x/cm⁴	i_x/cm	W_x/cm³	x_0—x_0 I_{x0}/cm⁴	i_{x0}/cm	W_{x0}/cm³	y_0—y_0 I_{y0}/cm⁴	i_{y0}/cm	W_{y0}/cm³	x_1—x_1 I_{x1}/cm⁴	z_0/cm
11	110	7	12	15.196	11.928	0.433	177.16	3.41	22.05	280.94	4.30	36.12	73.38	2.20	17.51	310.64	2.96
		8		17.238	13.532	0.433	199.46	3.40	24.95	316.49	4.28	40.69	82.42	2.19	19.39	355.20	3.01
		10		21.261	16.690	0.432	242.19	3.38	30.60	384.39	4.25	49.42	99.98	2.17	22.91	444.65	3.09
		12		25.200	19.782	0.431	282.55	3.35	36.05	448.17	4.22	57.62	116.93	2.15	26.15	534.60	3.16
		14		29.056	22.809	0.431	320.71	3.32	41.31	508.01	4.18	65.31	133.40	2.14	29.14	625.16	3.24
12.5	125	8	14	19.750	15.504	0.492	297.03	3.88	32.52	470.89	4.88	53.28	123.16	2.50	25.86	521.01	3.37
		10		24.373	19.133	0.491	361.67	3.85	39.97	573.89	4.85	64.93	149.46	2.48	30.62	651.93	3.45
		12		28.912	22.696	0.491	423.16	3.83	41.17	671.44	4.82	75.96	174.88	2.46	35.03	783.42	3.53
		14		33.367	26.193	0.490	481.65	3.80	54.16	763.73	4.78	86.41	199.57	2.45	39.13	915.61	3.61
14	140	10		27.373	21.488	0.551	514.65	4.34	50.58	817.27	5.46	82.56	212.04	2.78	39.20	915.11	3.82
		12		32.512	25.522	0.551	603.68	4.31	59.80	958.79	5.43	96.85	248.57	2.76	45.02	1099.28	3.90
		14		37.567	29.490	0.550	688.81	4.28	68.75	1093.56	5.40	110.47	284.06	2.75	50.45	1284.22	3.98
		16		42.539	33.393	0.549	770.24	4.26	77.46	1221.81	5.36	123.42	318.67	2.74	55.55	1470.07	4.06
16	160	10	16	31.502	24.729	0.630	779.53	4.98	66.70	1237.30	6.27	109.36	321.76	3.20	52.76	1365.33	4.31
		12		37.441	29.391	0.630	916.58	4.95	78.98	1455.68	6.24	128.67	377.49	3.18	60.74	1639.57	4.39
		14		43.296	33.987	0.629	1048.36	4.92	90.05	1665.02	6.20	147.17	431.70	3.16	68.24	1914.68	4.47
		16		49.067	38.518	0.629	1175.08	4.859	102.63	1865.57	6.17	164.89	484.59	3.14	75.31	2190.82	4.55
18	180	12	18	42.241	33.159	0.710	1321.35	5.59	100.82	2100.10	7.05	165.00	542.61	3.58	78.41	2332.80	4.89
		14		48.896	38.383	0.709	1514.48	5.56	116.25	2407.42	7.02	189.14	621.53	3.56	88.38	2723.48	4.97
		16		55.467	43.542	0.709	1700.89	5.54	131.13	2703.37	6.98	212.40	698.60	3.55	97.83	3115.29	5.05
		18		61.955	48.634	0.708	1875.12	5.50	145.64	2988.24	6.94	234.78	762.01	3.51	105.14	3502.43	5.13
20	200	14	18	54.642	42.894	0.788	2103.55	6.20	144.70	3343.26	7.82	236.40	863.83	3.98	111.82	3734.10	5.46
		16		62.013	48.680	0.788	2366.15	6.18	163.65	3760.89	7.79	265.93	971.41	3.96	123.96	4270.39	5.54
		18		69.301	54.401	0.787	2620.64	6.15	182.22	4164.54	7.75	294.48	1076.74	3.94	135.52	4808.13	5.62
		20		76.505	60.056	0.787	2867.30	6.12	200.42	4554.55	7.72	322.06	1180.04	3.93	146.55	5347.51	5.69
		24		90.661	71.168	0.785	3338.25	6.07	236.17	5294.97	7.64	374.41	1381.53	3.90	166.65	6457.16	5.87

注：截面图中的 $r_1 = 1/3d$ 及表中 r 的数据用于孔型设计，不做交货条件。

建筑力学

表 A-2　热轧不等边角钢（GB/T 706—2016）

符号含义：B——长边宽度；
b——短边宽度；
d——边厚度；
r——内圆弧半径；
r₁——边端内圆弧半径；
I——惯性矩；
i——惯性半径；
W——截面系数；
x₀——重心距离；
y₀——重心距离；

角钢号数	尺寸/mm B	b	d	r	截面面积 /cm²	理论质量 /(kg/m)	外表面积 /(m²/m)	x-x I_x/cm⁴	i_x/cm	W_x/cm³	y-y I_y/cm⁴	i_y/cm	W_y/cm³	x_1-x_1 I_{x1}/cm⁴	y_0/cm	y_1-y_1 I_{y1}/cm⁴	x_0/cm	u-u I_u/cm⁴	i_u/cm	W_u/cm³	$\tan\alpha$
2.5/1.6	25	16	3	3.5	1.162	0.912	0.080	0.70	0.78	0.43	0.22	0.44	0.19	1.56	0.86	0.43	0.42	0.14	0.34	0.16	0.392
			4		1.499	1.176	0.079	0.88	0.77	0.55	0.27	0.43	0.24	2.09	0.90	0.59	0.46	0.17	0.34	0.20	0.381
3.2/2	32	20	3	3.5	1.492	1.171	0.102	1.53	1.01	0.72	0.46	0.55	0.30	3.27	1.08	0.82	0.49	0.28	0.43	0.25	0.382
			4		1.939	1.522	0.101	1.93	1.00	0.93	0.57	0.54	0.39	4.37	1.12	1.12	0.53	0.35	0.42	0.32	0.374
4/2.5	40	25	3	4	1.890	1.484	0.127	3.08	1.28	1.15	0.93	0.70	0.49	5.39	1.32	1.59	0.59	0.56	0.54	0.40	0.385
			4		2.467	1.936	0.127	3.93	1.26	1.49	1.18	0.69	0.63	8.53	1.37	2.14	0.63	0.71	0.54	0.52	0.381
4.5/2.8	45	28	3	5	2.149	1.687	0.143	4.45	1.44	1.47	1.34	0.79	0.62	9.10	1.47	2.23	0.64	0.80	0.61	0.51	0.383
			4		2.806	2.203	0.143	5.69	1.42	1.91	1.70	0.78	0.80	12.13	1.51	3.00	0.68	1.02	0.60	0.66	0.380
5/3.2	50	32	3	5.5	2.431	1.908	0.161	6.24	1.60	1.84	2.02	0.91	0.82	12.49	1.60	3.31	0.73	1.20	0.70	0.68	0.404
			4		3.177	2.494	0.160	8.02	1.59	2.39	2.58	0.90	1.06	16.65	1.65	4.45	0.77	1.53	0.69	0.87	0.402
5.6/3.6	56	36	3	6	2.743	2.153	0.181	8.88	1.80	2.32	2.92	1.03	1.05	17.54	1.78	4.70	0.80	1.73	0.79	0.87	0.408
			4		3.590	2.818	0.180	11.45	1.79	3.03	3.76	1.02	1.37	23.39	1.82	6.33	0.85	2.23	0.79	1.13	0.408
			5		4.415	3.466	0.180	13.86	1.77	3.71	4.49	1.01	1.65	29.25	1.87	7.94	0.88	2.67	0.78	1.36	0.404

（续）

角钢号数	尺寸/mm B	b	d	r	截面面积/cm²	理论质量/(kg/m)	外表面积/(m²/m)	参考数值 x—x I_x/cm⁴	i_x/cm	W_x/cm³	y—y I_y/cm⁴	i_y/cm	W_y/cm³	x₁—x₁ I_{x1}/cm⁴	y_0/cm	y₁—y₁ I_{y1}/cm⁴	x_0/cm	u—u I_u/cm⁴	i_u/cm	W_u/cm³	$\tan\alpha$
6.3/4	63	40	4	7	4.058	3.185	0.202	16.49	2.02	3.87	5.23	1.14	1.70	33.30	2.04	8.63	0.92	3.12	0.88	1.40	0.398
			5		4.993	3.920	0.202	20.02	2.00	4.74	6.31	1.12	2.71	41.63	2.08	10.86	0.95	3.76	0.87	1.71	0.396
			6		5.908	4.638	0.201	23.36	1.96	5.59	7.29	1.11	2.43	49.98	2.12	13.12	0.99	4.34	0.86	1.99	0.393
			7		6.802	5.339	0.201	26.53	1.98	6.40	8.24	1.10	2.78	58.07	2.15	15.47	1.03	4.97	0.86	2.29	0.389
7/4.5	70	45	4	7.5	4.547	3.570	0.226	23.17	2.26	4.86	7.55	1.29	2.17	45.92	2.24	12.26	1.02	4.40	0.98	1.77	0.410
			5		5.609	4.403	0.225	27.95	2.23	5.92	9.13	1.28	2.65	57.10	2.28	15.39	1.06	5.40	0.98	2.19	0.407
			6		6.647	5.218	0.225	32.54	2.21	6.95	10.62	1.26	3.12	68.35	2.32	18.58	1.09	6.35	0.98	2.59	0.404
			7		7.657	6.011	0.225	37.22	2.20	8.03	12.01	1.25	3.57	79.99	2.36	21.84	1.13	7.16	0.97	2.94	0.402
(7.5/5)	75	50	5	8	6.125	4.808	0.245	34.86	2.39	6.83	12.61	1.44	3.30	70.00	2.40	21.04	1.17	7.41	1.10	2.74	0.435
			6		7.260	5.699	0.245	41.12	2.38	8.12	14.70	1.42	3.88	84.30	2.44	25.37	1.21	8.54	1.08	3.19	0.435
			8		9.467	7.431	0.244	52.39	2.35	10.52	18.53	1.40	4.99	112.50	2.52	34.23	1.29	10.87	1.07	4.10	0.429
			10		11.590	9.098	0.244	62.71	2.33	12.79	21.96	1.38	6.04	140.80	2.60	43.43	1.36	13.10	1.06	4.99	0.423
8/5	80	50	5	8	6.375	5.005	0.255	41.96	2.56	7.78	12.82	1.42	3.32	85.21	2.60	21.06	1.14	7.66	1.10	2.74	0.388
			6		7.560	5.935	0.255	49.49	2.56	9.25	14.95	1.41	3.91	102.53	2.65	25.41	1.18	8.85	1.08	3.20	0.387
			7		8.724	6.848	0.255	56.16	2.54	10.58	16.96	1.39	4.48	119.33	2.69	29.82	1.21	10.18	1.08	3.70	0.384
			8		9.867	7.745	0.254	62.83	2.52	11.92	18.85	1.38	5.03	136.41	2.73	34.32	1.25	11.38	1.07	4.16	0.381
9/5.6	90	56	5	9	7.212	5.661	0.287	60.45	2.90	9.92	18.32	1.59	4.21	121.32	2.91	29.53	1.25	10.98	1.23	3.49	0.385
			6		8.557	6.717	0.286	71.03	2.88	11.74	21.42	1.58	4.96	145.59	2.95	35.58	1.29	12.90	1.23	4.13	0.384
			7		9.880	7.756	0.286	81.01	2.86	13.49	24.36	1.57	5.70	169.60	3.00	41.71	1.33	14.67	1.22	4.72	0.382
			8		11.183	8.779	0.286	91.03	2.85	15.27	27.15	1.56	6.41	194.17	3.04	47.93	1.36	16.34	1.21	5.29	0.380
10/6.3	100	63	6	10	9.617	7.550	0.320	99.06	3.21	14.64	30.94	1.79	6.35	199.71	3.24	50.50	1.43	18.42	1.38	5.25	0.394
			7		11.111	8.722	0.320	113.45	3.20	16.88	35.26	1.78	7.29	233.00	3.28	59.14	1.47	21.00	1.38	6.20	0.394

（续）

角钢号数	尺寸/mm B	b	d	r	截面面积/cm²	理论质量/(kg/m)	外表面积/(m²/m)	参考数值 x—x I_x/cm⁴	i_x/cm	W_x/cm³	y—y I_y/cm⁴	i_y/cm	W_y/cm³	x_1—x_1 I_{x1}/cm⁴	y_0/cm	y_1—y_1 I_{y1}/cm⁴	x_0/cm	u—u I_u/cm⁴	i_u/cm	W_u/cm³	tanα
10/6.3	100	63	8	10	12.584	9.878	0.319	127.37	3.18	19.08	39.39	1.77	8.21	266.32	3.32	67.88	1.50	23.50	1.37	6.78	0.391
			10		15.467	12.142	0.319	153.81	3.15	23.32	47.12	1.74	9.98	333.06	3.40	85.73	1.58	28.33	1.35	8.24	0.387
10/8	100	80	6		10.637	8.350	0.354	107.04	3.17	15.19	61.24	2.40	10.16	199.83	2.95	102.68	1.97	31.65	1.72	8.37	0.627
			7		12.301	9.656	0.354	122.73	3.16	17.52	70.08	2.39	11.71	233.20	3.00	119.98	2.01	36.17	1.72	9.60	0.626
			8	10	13.944	10.946	0.353	137.92	3.14	19.81	78.58	2.37	13.21	266.61	3.04	137.37	2.05	40.58	1.71	10.80	0.625
			10		17.167	13.476	0.353	166.87	3.12	24.24	94.65	2.35	16.12	333.63	3.12	172.48	2.13	49.10	1.69	13.12	0.622
11/7	110	70	6		10.637	8.350	0.354	133.37	3.54	17.85	42.92	2.01	7.90	265.78	3.53	69.08	1.57	25.36	1.54	6.53	0.403
			7		12.301	9.656	0.354	153.00	3.53	20.60	49.01	2.00	9.09	310.07	3.57	80.82	1.61	28.95	1.53	7.50	0.402
			8	11	13.944	10.946	0.353	172.04	3.51	23.30	54.87	1.98	10.25	354.39	3.62	92.70	1.65	32.45	1.53	8.45	0.101
			10		17.167	13.467	0.353	208.39	3.48	28.54	65.88	1.96	12.48	443.13	3.07	116.83	1.72	39.20	1.51	10.29	0.397
12.5/8	125	80	7		14.096	11.066	0.403	227.98	4.02	26.86	74.42	2.30	12.01	454.99	4.01	120.32	1.80	43.81	1.76	9.92	0.408
			8		15.989	12.551	0.403	256.77	4.01	30.41	83.49	2.28	13.56	519.99	4.06	137.85	1.84	49.15	1.75	11.18	0.407
			10	12	19.712	15.474	0.402	312.04	3.98	37.33	100.67	2.26	16.56	650.09	4.14	173.40	1.92	59.45	1.74	13.64	0.404
			12		23.351	18.330	0.402	364.41	3.95	44.01	116.67	2.24	19.43	780.39	4.22	209.67	2.00	69.35	1.72	16.01	0.400
14/9	140	90	8		18.038	14.160	0.453	365.64	4.50	38.48	120.69	2.59	17.34	730.53	4.50	195.79	2.04	70.83	1.98	14.31	0.411
			10		22.261	17.475	0.452	445.50	4.47	47.31	140.03	2.56	21.22	931.20	4.58	245.92	2.12	85.82	1.96	17.48	0.409
			12		26.400	20.724	0.451	521.59	4.44	55.87	169.79	2.54	24.95	1096.09	4.66	296.89	2.19	100.21	1.95	20.54	0.406
			14		30.456	23.908	0.451	594.10	4.42	64.18	192.10	2.51	28.54	1279.26	4.74	348.82	2.27	114.13	1.94	23.52	0.403
16/10	160	100	10	13	25.315	19.872	0.512	668.69	5.14	62.13	205.03	2.85	26.56	1362.89	5.24	336.59	2.28	121.74	2.19	21.92	0.390
			12		30.054	23.592	0.511	784.91	5.11	73.49	239.06	2.82	31.28	1635.56	5.32	405.94	2.36	142.33	2.17	25.79	0.388
			14		34.709	27.247	0.510	896.30	5.08	84.56	271.20	2.80	35.83	1908.50	5.40	476.42	2.43	162.23	2.16	29.56	0.385
			16		39.281	30.835	0.510	1003.04	5.05	95.33	301.60	2.77	40.24	2181.79	5.48	548.22	2.51	182.57	2.16	33.44	0.382

（续）

角钢号数	尺寸/mm				截面面积 /cm²	理论质量 /(kg/m)	外表面积 /(m²/m)	参考数值														
								x—x			y—y			x₁—x₁		y₁—y₁		u—u				
	B	b	d	r				I_x /cm⁴	i_x /cm	W_x /cm³	I_y /cm⁴	i_y /cm	W_y /cm³	I_{x1} /cm⁴	y_0 /cm	I_{y1} /cm⁴	x_0 /cm	I_u /cm⁴	i_u /cm	W_u /cm³	$\tan\alpha$
18/11	180	110	10		28.373	22.273	0.571	956.25	5.80	78.96	278.11	3.13	32.49	1940.40	5.89	447.22	2.44	166.50	2.42	26.88	0.376
			12		33.712	26.464	0.571	1124.72	5.78	93.53	325.03	3.10	38.32	2328.38	5.98	538.94	2.52	194.87	2.40	31.66	0.374
			14		38.967	30.589	0.570	1286.91	5.72	107.76	369.55	3.08	43.97	2716.60	6.06	631.95	2.59	222.30	2.39	36.32	0.372
			16	14	44.139	34.649	0.569	1443.06	5.72	121.64	411.85	3.06	49.44	3105.15	6.14	726.46	2.67	248.94	2.38	40.87	0.369
20/12.5	200	125	12		37.912	29.761	0.641	1570.90	6.44	116.73	483.16	3.57	49.99	3193.85	6.54	787.74	2.83	285.79	2.74	41.23	0.392
			14		43.867	34.436	0.640	1800.97	6.41	134.65	550.83	3.54	57.44	3726.17	6.62	922.47	2.91	326.58	2.72	47.34	0.390
			16		49.739	39.045	0.639	2023.35	6.38	152.18	615.44	3.52	64.69	4258.86	6.70	1058.86	2.99	366.21	2.71	53.32	0.388
			18		55.526	43.588	0.639	2238.30	6.35	169.33	677.19	3.49	71.74	4972.00	6.78	1197.13	3.06	404.83	2.70	59.18	0.385

注：1. 括号内型号不推荐使用。
2. 截面图中的 $r_1 = 1/3d$ 及表中 r 的数据，用于孔型设计，不做交货条件。

表 A-3 热轧槽钢（GB/T 706—2016）

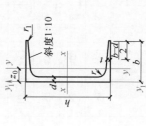

符号含义：h——高度；
b——腿宽度；
d——腰厚度；
t——平均腿厚度；
r——内圆弧半径；

r_1——腿端圆弧半径；
I——惯性矩；
W——截面系数；
i——惯性半径；
z_0——$y—y$ 轴与 $y_1—y_1$ 轴间距

（续）

型号	尺寸/mm h	b	d	t	r	r_1	截面面积/cm²	理论质量/(kg/m)	W_x/cm³	I_x/cm⁴	i_x/cm	W_y/cm³	I_y/cm⁴	i_y/cm	I_{y1}/cm⁴	z_0/cm
									x—x			y—y			y₁—y₁	
5	50	37	4.5	7	7.0	3.5	6.928	5.438	10.4	26.0	1.94	3.55	8.30	1.10	20.9	1.35
6.3	63	40	4.8	7.5	7.5	3.8	8.451	6.634	16.1	50.8	2.45	4.50	11.9	1.19	28.4	1.36
8	80	43	5.0	8	8.0	4.0	10.248	8.045	25.3	101	3.15	5.79	16.6	1.27	37.4	1.43
10	100	48	5.3	8.5	8.5	4.2	12.748	10.007	39.7	198	3.95	7.8	25.6	1.41	54.9	1.52
12.6	126	53	5.5	9	9.0	4.5	15.692	12.318	62.1	391	4.95	10.2	38.0	1.57	77.1	1.59
14a	140	58	6.0	9.5	9.5	4.8	18.516	14.535	80.5	564	5.52	13.0	53.2	1.70	107	1.71
14b	140	60	8.0	9.5	9.5	4.8	21.316	16.733	87.1	609	5.35	14.1	61.1	1.69	121	1.67
16a	160	63	6.5	10	10.0	5.0	21.962	17.240	108	866	6.28	16.3	73.3	1.83	144	1.80
16b	160	65	8.5	10	10.0	5.0	25.162	19.752	117	935	6.10	17.6	83.4	1.82	161	1.75
18a	180	68	7.0	10.5	10.5	5.2	25.699	20.174	141	1270	7.04	20.0	98.6	1.96	190	1.88
18b	180	70	9.0	10.5	10.5	5.2	29.299	23.000	152	1370	6.84	21.5	111	1.95	210	1.84
20a	200	73	7.0	11	11.0	5.5	28.837	22.637	178	1780	7.86	24.2	128	2.11	244	2.01
20b	200	75	9.0	11	11.0	5.5	32.837	25.777	191	1910	7.64	25.9	144	2.09	268	1.95
22a	220	77	7.0	11.5	11.5	5.8	31.846	24.999	218	2390	8.67	28.2	158	2.23	298	2.10
22b	220	79	9.0	11.5	11.5	5.8	36.246	28.453	234	2570	8.42	30.1	176	2.21	326	2.03
25a	250	78	7.0	12	12.0	6.0	34.917	27.410	270	3370	9.82	30.6	176	2.24	322	2.07
25b	250	80	9.0	12	12.0	6.0	39.917	31.335	282	3530	9.41	32.7	196	2.22	353	1.98
25c	250	82	11.0	12	12.0	6.0	44.917	35.260	295	3690	9.07	35.9	218	2.21	384	1.92
28a	280	82	7.5	12.5	12.5	6.2	40.034	31.427	340	4760	10.9	35.7	218	2.33	388	2.10
28b	280	84	9.5	12.5	12.5	6.2	45.634	35.823	366	5130	10.6	37.9	242	2.30	428	2.02
28c	280	86	11.5	12.5	12.5	6.2	51.234	40.219	393	5500	10.4	40.3	268	2.29	463	1.95

型号	尺寸/mm						截面面积 /cm²	理论质量 /(kg/m)	参考数值							
									x—x			y—y			y_1—y_1	z_0/cm
	h	b	d	t	r	r_1			W_x/cm³	I_x/cm⁴	i_x/cm	W_y/cm³	I_y/cm⁴	i_y/cm	I_{y1}/cm⁴	
32a	320	88	8.0	14	14.0	7.0	48.513	38.083	475	7600	12.5	46.5	305	2.50	552	2.24
32b	320	90	10.0	14	14.0	7.0	54.913	40.107	509	8140	12.2	49.2	336	2.47	593	2.16
32c	320	92	12.0	14	14.0	7.0	61.313	48.131	543	8690	11.9	52.6	374	2.47	643	2.09
36a	360	96	9.0	16	16.0	8.0	60.910	47.814	660	11900	14.0	63.5	455	2.73	818	2.44
36b	360	98	11.0	16	16.0	8.0	68.110	53.466	703	12700	13.6	66.9	497	2.70	880	2.37
36c	360	100	13.0	16	16.0	8.0	75.310	59.118	746	13400	13.4	70.0	536	2.67	948	2.34
40a	400	100	10.5	18	18.0	9.0	75.068	58.928	879	17600	15.3	78.8	592	2.81	1070	2.49
40b	400	102	12.5	18	18.0	9.0	83.068	65.208	932	18600	15.0	82.5	640	2.78	1140	2.44
40c	400	104	14.5	18	18.0	9.0	91.068	71.488	986	19700	14.7	86.2	688	2.75	1220	2.42

注：截面图和表中标注的圆弧半径 r、r_1 的数据用于孔型设计，不做交货条件。

表 A-4　热轧工字钢（GB/T 706—2016）

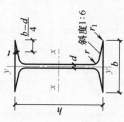

符号含义：h——高度；
　　　　　b——腿宽度；
　　　　　d——腰厚度；
　　　　　t——平均腿厚度；
　　　　　r——内圆弧半径；

r_1——腿端圆弧半径；
I——惯性矩；
W——截面系数；
i——惯性半径；
S——半截面的静力矩；

（续）

型号	尺寸/mm						截面面积/cm²	理论质量/(kg/m)	参考数值						
									x—x				y—y		
	h	b	d	t	r	r₁			I_x/cm⁴	W_x/cm³	i_x/cm	I_x/S_x/cm	I_y/cm⁴	W_y/cm³	i_y/cm
10	100	68	4.5	7.6	6.5	3.3	14.345	11.261	245	49.0	4.14	8.59	33.0	9.72	1.52
12.6	126	74	5.0	8.4	7.0	3.5	18.118	14.223	488	77.5	5.20	10.8	46.9	12.7	1.61
14	140	80	5.5	9.1	7.5	3.8	21.516	16.890	712	102	5.76	12.0	64.4	16.1	1.73
16	160	88	6.0	9.9	8.0	4.0	26.131	20.513	1130	141	6.58	13.8	93.1	21.2	1.89
18	180	94	6.5	10.7	8.5	4.3	30.756	24.143	1660	185	7.36	15.4	122	26.0	2.00
20a	200	100	7.0	11.4	9.0	4.5	35.578	27.929	2370	237	8.15	17.2	158	31.5	2.12
20b	200	102	9.0	11.4	9.0	4.5	39.578	31.069	2500	250	7.96	16.9	169	33.1	2.06
22a	220	110	7.5	12.3	9.5	4.8	42.128	33.070	3400	309	8.99	18.9	225	40.9	2.31
22b	220	112	9.5	12.3	9.5	4.8	46.528	36.524	3570	325	8.78	18.7	239	42.7	2.27
25a	250	116	8.0	13.0	10.0	5.0	48.541	38.105	5020	402	10.2	21.6	280	48.3	2.40
25b	250	118	10.0	13.0	10.0	5.0	53.541	42.030	5280	423	9.94	21.3	309	52.4	2.40
28a	280	122	8.5	13.7	10.5	5.3	55.404	43.492	7110	508	11.3	24.6	345	56.6	2.50
28b	280	124	10.5	13.7	10.5	5.3	61.004	47.888	7480	534	11.1	24.2	379	61.2	2.49
32a	320	130	9.5	15.0	11.5	5.8	67.156	52.717	11100	692	12.8	27.5	460	70.8	2.62
32b	320	132	11.5	15.0	11.5	5.8	73.556	57.741	11600	726	12.6	27.1	502	76.0	2.61
32c	320	134	13.5	15.0	11.5	5.8	79.956	62.765	12200	760	12.3	26.8	544	81.2	2.61
36a	360	136	10.0	15.8	12.0	6.0	76.480	60.037	15800	875	14.4	30.7	552	81.2	2.69
36b	360	138	12.0	15.8	12.0	6.0	83.680	65.689	16500	919	14.1	30.3	582	84.3	2.64
36c	360	140	14.0	15.8	12.0	6.0	90.880	71.341	17300	962	13.8	29.9	612	87.4	2.60

（续）

型号	尺寸/mm						截面面积/cm²	理论质量/(kg/m)	参考数值						
	h	b	d	t	r	r₁			x—x				y—y		
									I_x/cm⁴	W_x/cm³	i_x/cm	I_x/S_x/cm	I_y/cm⁴	W_y/cm³	i_y/cm
40a	400	142	10.5	16.5	12.5	6.3	86.112	67.598	21700	1090	15.9	34.1	660	93.2	2.77
40b	400	144	12.5	16.5	12.5	6.3	94.112	73.878	22800	1140	15.6	33.6	692	96.2	2.71
40c	400	146	14.5	16.5	12.5	6.3	102.112	80.158	23900	1190	15.2	33.2	727	99.6	2.65
45a	450	150	11.5	18.0	13.5	6.8	102.466	80.420	32200	1430	17.7	38.6	855	114	2.89
45b	450	152	13.5	18.0	13.5	6.8	111.446	87.485	33800	1500	17.4	38.0	894	118	2.84
45c	450	154	15.5	18.0	13.5	6.8	120.446	94.550	35300	1570	17.1	37.6	938	122	2.79
50a	500	158	12.0	20.0	14.0	7.0	119.304	93.654	46500	1860	19.7	42.8	1120	142	3.07
50b	500	160	14.0	20.0	14.0	7.0	129.304	101.504	48600	1940	19.4	42.4	1170	146	3.01
50c	500	162	16.0	20.0	14.0	7.0	139.304	109.354	50600	2080	19.0	41.8	1220	151	2.96
56a	560	166	12.5	21.0	14.5	7.3	135.435	106.316	65600	2340	22.0	47.7	1370	165	3.18
56b	560	168	14.5	21.0	14.5	7.3	146.635	115.108	68500	2450	21.6	47.2	1490	174	3.16
56c	560	170	16.5	21.0	14.5	7.3	157.835	123.900	71400	2550	21.3	46.7	1560	183	3.16
63a	630	176	13.0	22.0	15.0	7.5	154.658	121.407	93900	2980	24.5	54.2	1700	193	3.31
63b	630	178	15.0	22.0	15.0	7.5	167.258	131.298	98100	3160	24.2	53.5	1810	204	3.29
63c	630	180	17.0	22.0	15.0	7.5	179.858	141.189	102000	3300	23.8	52.9	1920	214	3.27

注：截面图和表中标注的圆弧半径 r、r_1 的数据，用于孔型设计，不做交货条件。

附录 B 习 题 答 案

第 2 章

2-1 略

2-2 略

2-3 $F_R = 1014N$

2-4 $F_R = 853N$

2-5 垂直屋面分力 $F_y = 26.9kN$，沿屋面分力 $F_x = 13.3kN$

2-6 $F_R = 115N$，$\theta = 22.5°$

2-7 a）$\alpha = 29.34°$；b）$\alpha = 44.43°$

2-8 $F_R = 8.2kN$，$F_2 = 4.42kN$

2-9 $F_1 = -36.3kN$，$F_2 = 53kN$

2-10 $F_2 = 2.18kN$

2-11 $M_O(F_1) = 163.2N \cdot m$，$M_O(F_2) = -326.4N \cdot m$

2-12 $147.3kN \cdot m$

2-13 $M_A(F_1) = -1120kN \cdot m$，$M_A(F_2, F_3, F_4) = 2300kN \cdot m$，不会倾覆

2-14 $200N \cdot m$

2-15 $F_A = F_C = M/(2\sqrt{2}a)$

第 3 章

3-1 略

3-2 $F_R = 437.4N$

3-3 $F_R = 74N$

3-4 $F_R = 709.4kN$，$\cos(F_R, i) = \dfrac{\sum F_x}{F_R} = 0.3238$，$\cos(F_R, j) = \dfrac{\sum F_y}{F_R} = -0.9446$，$x = 3.425m$

3-5 $F_{AB} = W$（拉），$F_{BC} = 1.73W$（压）

3-6 $F = 250kN$，$M_O = 5kN \cdot m$

3-7 $F'_R = 336.7N$，$M_A = 937N \cdot m$

3-8 $F_{Ax} = F_{Ay} = 250N$，$F_C = 353.6N$

3-9 $F_A = 1075N$

3-10 $F = 5kN$，$F_{NA} = 3.33kN$，$F_{NB} = 5.33kN$

3-11 1）$F_{Qmin} = 7.5kN$；2）$F_{Qmax} = 110kN$；3）$F_A = 45kN$，$F_B = 255kN$

3-12 a）$F_{Ax} = F_{Ay} = 0.5F$，$F_B = 0.707F$；b）$F_A = 3.8kN$，$F_B = 4.2kN$；c）$F_{Ax} = 0$，$F_{Ay} = 2F$，$M_A = 2Fa$；d）$F_{Ax} = 0$，$F_{Ay} = -\dfrac{1}{2}\left(F + \dfrac{M}{a} - \dfrac{5}{2}qa\right)$，$F_B = \dfrac{1}{2}\left(3F + \dfrac{M}{a} - \dfrac{1}{2}qa\right)$

3-13 a）$F_{Ax} = 10kN$，$F_{Ay} = 5.32kN$，$F_B = 22kN$，$F_D = 10kN$；b）$F_A = -5kN$，$M_A = 10kN \cdot m$，$F_D = 15kN$

3-14 a）$F_{Ax} = -3kN$，$F_{Ay} = -0.25kN$，$F_B = 4.25kN$；b）$F_{Ax} = 0$，$F_{Ay} = 6kN$，$M_A = 5kN \cdot m$

3-15 $F_{Ax} = -3kN$，$F_{Ay} = 9kN$，$F_{Bx} = -9kN$，$F_{By} = 15kN$，$F_{Cx} = 9kN$，$F_{Cy} = 3kN$

3-16 $x = 3.33m$

3-17 $F_{min} = F_P \tan(\alpha - \varphi_m)$，$F_{max} = F_P \tan(\alpha + \varphi_m)$

3-18 1）不滑动；2）不翻倒

第 4 章

4-1 $F_x = 70.7\text{N}$, $F_y = -35.35\text{N}$, $F_z = 61.2\text{N}$

4-2 $F_x = 36\text{kN}$, $F_y = 32.3\text{kN}$, $F_z = 10\text{kN}$

4-3   杆中的压力 $F_{AB} = 3200\text{N}$

4-4 $F_{AD} = F_{BD} = 3.15\text{kN}$, $F_{CD} = 0.15\text{kN}$

4-5 $F_{AD} = F_{BD} = 26.4\text{kN}$ （压）, $F_{CD} = 33.5\text{kN}$

4-6 $F_{RA} = 10.2\text{kN}$, $F_{RB} = 15.9\text{kN}$, $F_{RC} = 13.8\text{kN}$

4-7 $F_{Ax} = 0$, $F_{Ay} = 10\text{kN}$ （↑）, $F_{Az} = 0$, $M_{Ax} = 10\text{kN} \cdot \text{m}$, $M_{Ay} = 40\text{kN} \cdot \text{m}$, $M_{Az} = 0$

4-8 $a = 35\text{cm}$

4-9 $F_{Ax} = 2.1\text{kN}$, $F_{Ay} = 0$, $F_{Az} = 200\text{N}$, $M_{Ax} = 14.2\text{kN} \cdot \text{m}$, $M_{Ay} = 8.4\text{kN} \cdot \text{m}$, $M_{Az} = 800\text{kN} \cdot \text{m}$

4-10 $F_G = F_H = 28.3\text{kN}$, $F_{Ax} = 0$, $F_{Ay} = 20\text{kN}$, $F_{Az} = 69\text{kN}$

4-11   a) $x_C = 3.33\text{mm}$; b) $y_C = 36.1\text{mm}$; c) $x_C = 11.875\text{mm}$; d) $y_C = 175\text{mm}$

第 5 章

5-1   a) $F_{N1-1} = 40\text{kN}$, $F_{N2-2} = 20\text{kN}$; b) $F_{N1-1} = -\dfrac{ql}{2}$; c) $F_{N1-1} = -F$, $F_{2-2} = F$; d) $F_{N1-1} = 5\text{kN}$, $F_{N2-2} = 10\text{kN}$

5-2   a) $T_{max} = 2T$, $T_{min} = -T$; b) $T_{max} = 15\text{kN} \cdot \text{m}$, $T_{min} = -15\text{kN} \cdot \text{m}$

5-3   a) $F_{SAC} = \dfrac{F}{3}$、$M_A = 0$, $F_{SCA} = \dfrac{F}{3}$, $M_C = \dfrac{2Fl}{3}$, $F_{SDB} = -\dfrac{2F}{3}$, $M_D = \dfrac{2Fl}{3}$, $F_{SBD} = -\dfrac{2F}{3}$、$M_B = 0$;

b) $F_{SAC} = \dfrac{M}{3l}$, $M_A = 0$, $F_{SCA} = \dfrac{M}{3l}$, $M_C = -\dfrac{2M}{3}$, $F_{SDB} = \dfrac{M}{3l}$, $M_D = \dfrac{M}{3}$, $F_{SBD} = \dfrac{M}{3l}$、$M_B = 0$; c) $F_{SAC} = \dfrac{5ql}{3}$、$M_A = 0$, $F_{SCA} = -\dfrac{ql}{3}$、$M_C = \dfrac{4ql^2}{3}$, $F_{SDB} = -\dfrac{ql}{3}$、$M_D = \dfrac{ql^2}{3}$, $F_{SBD} = -\dfrac{ql}{3}$、$M_B = 0$; d) $F_{SAC} = ql$、$M_A = ql^2$, $F_{SCA} = ql$、$M_C = \dfrac{ql^2}{2}$, $F_{SDB} = ql$、$M_D = \dfrac{ql^2}{2}$, $F_{SBD} = 0$、$M_B = 0$; e) $F_{SAC} = 0$, $M_A = Fl$, $F_{SCA} = 0$、$M_C = Fl$, $F_{SDB} = -F$, $M_D = Fl$, $F_{SBD} = -F$、$M_B = 0$; f) $F_{SAC} = -\dfrac{3F}{2}$、$M_A = Fl$, $F_{SC} = -\dfrac{3F}{2}$、$M_C = \dfrac{Fl}{4}$, $F_{SCB} = F$、$M_B = 0$

5-4   a) $|F_{Smax}| = \dfrac{4ql}{3}$, $M_{max} = \dfrac{4ql^2}{3}$; b) $F_{Smax} = \dfrac{M}{2l}$, $M_{max} = 2M$; c) $F_{Smax} = F + ql$, $|M_{max}| = Fl + \dfrac{3ql^2}{2}$; d) $F_{Smax} = F$, $|M_{max}| = Fl$; e) $F_{Smax} = F$, $|M_{max}| = \dfrac{Fl}{2}$; f) $F_{Smax} = \dfrac{ql}{2}$, $M_{max} = \dfrac{3ql^2}{8}$;

5-5   a) $|F_{Smax}| = ql$, $M_{max} = \dfrac{ql^2}{4}$; b) $F_{Smax} = \dfrac{3F}{2}$, $M_{max} = \dfrac{5Fl}{4}$; c) $|F_{Smax}| = \dfrac{ql}{2}$, $M_{max} = \dfrac{5ql^2}{8}$; d) $|F_{Smax}| = \dfrac{5ql}{4}$, $|M_{max}| = ql^2$; e) $|F_{Smax}| = ql$, $|M_{max}| = ql^2$; f) $F_{Smax} = 3ql$, $|M_{max}| = \dfrac{5ql^2}{2}$

5-6   a) $M_{max} = Fl$; b) $M_{max} = \dfrac{5M}{3l}$; c) $|M_{max}| = 2Fl$; d) $|M_{max}| = \dfrac{5ql^2}{2}$; e) $M_{max} = \dfrac{5ql^2}{16}$; f) $M_{max} = \dfrac{7ql^2}{8}$

5-7 $x = 0.462\text{m}$

5-8　$\dfrac{M_1}{M_2} = \dfrac{1}{2}$

5-9　$x = \dfrac{(\sqrt{2}-1)l}{2}$

5-10　（1）1）最合理；（2）$T_{\max} = 25\text{kN} \cdot \text{m}$，$T_{\min} = -55\text{kN} \cdot \text{m}$

5-11　$x = \dfrac{l-c}{2}$（距左支座）

第 6 章

6-1　a）$S_x = 42250\text{mm}^3$；b）$S_x = 854.3\text{mm}^3$；c）$S_x = 3000\text{mm}^3$

6-2　a）$(x,y) = (53,22)$；b）$(x,y) = (2.5,0)$；c）$(x,y) = (0,123.6)$

6-3　静矩：$S_x = \displaystyle\int_0^r x^2 \mathrm{d}x \int_0^\pi \sin\theta \mathrm{d}\theta = \dfrac{2r^3}{3}$

坐标：$(x,y) = \left(0, \dfrac{4r}{3\pi}\right)$

6-4　（1）矩形：$I_x = \dfrac{bh^3}{12} = 3.375 \times 10^8 \text{mm}^4$

（2）工字形：$I_{x'} = 5.875 \times 10^8 \text{mm}^4$

（3）惯性矩增大百分比：$P = 74.07\%$

6-5　a）$I_x = 1.0578 \times 10^8 \text{mm}^4$，$I_y = 0.5238 \times 10^8 \text{mm}^4$；b）$I = 0.537 \times 10^8 \text{mm}^4$

6-6　a）$I_{z_C} = 0.662 \times 10^8 \text{mm}^4$；b）$I_{z_C} = 87.566 \times 10^8 \text{mm}^4$

6-7　证明：

$$I_y = \int_A x^2 \mathrm{d}A,\ I_x = \int_A y^2 \mathrm{d}A,\ I_{xy} = \int_A xy \mathrm{d}A$$

先将半圆裁成 1、2 两部分，再把 1 部分旋转后当作 3 部分，并与 2 拼接形成半个太极图，因 y 轴为半圆的对称轴，则有

$$I_{xy} = I_{xy}^{(1)} + I_{xy}^{(2)} = 0,\ I_x = I_x^{(1)} + I_x^{(2)},\ I_y = I_y^{(1)} + I_y^{(2)},\ I_x = I_y$$

变换前后 xy、x^2、y^2 的符号不变，则

$$I_x^{(3)} = I_x^{(1)},\ I_y^{(3)} = I_y^{(1)},\ I_{xy}^{(3)} = I_{xy}^{(1)}$$

因此有

$$I_{xy} = I_{xy}^{(3)} + I_{xy}^{(2)} = 0,\ I_x = I_x^{(3)} + I_x^{(2)},\ I_y = I_y^{(3)} + I_y^{(2)},\ I_x = I_y$$

根据转轴公式，有

$$I_{x'} = \dfrac{I_x + I_y}{2} + \dfrac{I_x - I_y}{2}\cos 2\alpha - I_{xy}\sin 2\alpha$$

$$I_{y'} = \dfrac{I_x + I_y}{2} - \dfrac{I_x - I_y}{2}\cos 2\alpha + I_{xy}\sin 2\alpha$$

得

$$I_{x'} = I_{y'} = I_x = I_y$$

第 7 章

7-1　$\sigma_{1-1} = 20\text{MPa}$，$\sigma_{2-2} = 10\text{MPa}$，$\sigma_{3-3} = -15\text{MPa}$

7-2　$\sigma_{\max} = 100\text{MPa}$

7-3　$F = 1.93\text{kN}$

7-4　$\Delta_{Cy} = 0.14\text{mm}$

7-5　$\Delta_{Cx} = 0.476\text{mm}$（→），$\Delta_{Cy} = 0.476\text{mm}$（↓）

7-6　$E = 73.5\text{GPa}$，$\mu = 0.326$

7-7　$\tau_{\max} = 163.1\text{MPa}$

7-8　$\tau_A = 39.8\text{MPa}$，$\tau_B = 19.9\text{MPa}$，$\tau_O = 0$

7-9　$\tau_{\max} = 35.5\text{MPa}$，$\varphi = 0.01143\text{rad}$

7-10　$d = 195\text{mm}$，$D = 325\text{mm}$

7-11　1—1：$\sigma_A = 9.26\text{MPa}$，$\sigma_B = -9.26\text{MPa}$，$\sigma_C = 0$，$\sigma_D = -6.17\text{MPa}$

　　　　2—2：$\sigma_A = -7.41\text{MPa}$，$\sigma_B = 7.41\text{MPa}$，$\sigma_C = 0$，$\sigma_D = 4.94\text{MPa}$

7-12　矩形：$\tau_{\max} = 21.43\text{MPa}$，$\tau_A = 14.43\text{MPa}$，$\tau_B = 10.50\text{MPa}$

　　　　圆形：$\tau_{\max} = 19.06\text{MPa}$　工字形：$\tau_{\max} = 29.90\text{MPa}$

7-13　$\rho = 85.7\text{m}$

7-14　a）$\theta_C = \dfrac{ql^3}{48EI}$，$w_C = \dfrac{7ql^4}{384EI}$；b）$\theta_C = -\dfrac{Fl^2}{12EI}$，$w_C = -\dfrac{Fl^3}{12EI}$；c）$\theta_C = -\dfrac{7ql^3}{9EI}$，$w_C = \dfrac{8ql^4}{9EI}$；d）$\theta_C = \dfrac{5ql^3}{16EI}$，$w_C = \dfrac{13ql^4}{48EI}$

7-15　$\theta_C = \dfrac{ql^3}{4EI}$，$w_C = \dfrac{5ql^4}{48EI}$

7-16　$\sigma_{\text{tmax}} = \sigma_A = 107.7\text{MPa}$，$\sigma_{\text{cmax}} = \sigma_B = -107.7\text{MPa}$

7-17　$\sigma_{\text{tmax}} = 96\text{MPa}$，$\sigma_{\text{cmax}} = -48\text{MPa}$

7-18　$F = 1.7\text{kN}$

7-19　$h = 240\text{mm}$

第 8 章

8-1　$[F] = 42.4\text{kN}$

8-2　$\sigma_1 = 33.33\text{MPa}$，$\sigma_2 = 1.73\text{MPa}$

8-3　$\sigma_{AB} = 103.6\text{MPa}$，$d_2 \geqslant 20.3\text{mm}$

8-4　1）$d_1 = 85\text{mm}$，$d_2 = 75\text{mm}$；2）$d = 85\text{mm}$

8-5　$[T_1] = 10.5\text{kN} \cdot \text{m}$，$[T_2] = 5.23\text{kN} \cdot \text{m}$

8-6　$\tau_{\max} = 16.29\text{MPa}$，$\theta_{\max} = 0.58°/\text{m}$

8-7　$[F] = 2.56\text{kN}$

8-8　$\sigma_{\text{tmax}} = 44.0\text{MPa}$，$\sigma_{\text{cmax}} = 82.8\text{MPa}$

8-9　$b \geqslant 92.4\text{mm}$，$h \geqslant 184.8\text{mm}$

8-10　$b \geqslant 175\text{mm}$，$h \geqslant 262.5\text{mm}$

8-11　$[F] = 3.94\text{kN}$

8-12　$I_z \geqslant 7612.9\ \text{cm}^4$

第 9 章

9-1　1）$F_{\text{cr}} = 9.5\text{kN}$；2）$F_{\text{cr}} = 52.6\text{kN}$；c）$F_{\text{cr}} = 601.5\text{kN}$

9-2　$F_{\text{cr,d}} = F_{\text{cr,e}} > F_{\text{cr,c}} > F_{\text{cr,b}} > F_{\text{cr,a}}$

9-3　$F_{\text{cr}} = 100.6\text{kN}$

9-4　$[F] = 454\text{kN}$

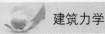

9-5　$F_{cr} = 89.5\text{kN}$

9-6　$\theta = \arctan(\cot^2\beta)$

9-7　$n = 1.47$

9-8　$\sigma_{max} = 113.5\text{MPa}$；$n = 1.84$

9-9　$F_{cr} = 275.3\text{kN}$

9-10　$[F] = 15.5\text{kN}$

9-11　$[F] = 9.71\text{kN}$

9-12　1）$F_{CD} = 20\text{kN}$，$F_{cr} = 43.0\text{kN}$；2）$\sigma_{max} = 117.6\text{MPa}$

第 10 章

10-1　a）几何不变，且无多余联系；b）常变；c）几何不变，且无多余联系；d）瞬变；e）常变；f）几何不变，有一个多余联系

10-2　a）$F_{Ax} = F_{Bx} = 20\text{kN}$（←）；b）水平反力为 8kN（向内）；c）$F_{Ax} = 4.848\text{kN}$（←），$F_{Ay} = 1.961\text{kN}$（↓），$F_{Bx} = 3.602\text{kN}$（←），$F_{By} = 1.961\text{kN}$（↑），$M_{DA} = 14.61\text{kN}\cdot\text{m}$（逆时针），$M_{EB} = 12.85\text{kN}\cdot\text{m}$（逆时针）；d）$F_{Ax} = 8\text{kN}$（→），$F_{Ay} = 12\text{kN}$（↑），$F_{Bx} = 8\text{kN}$（←），$F_{By} = 8\text{kN}$（↑），$M_{CA} = 24\text{kN}\cdot\text{m}$（顺时针），$M_{DB} = 16\text{kN}\cdot\text{m}$（逆时针）

10-3　a）最长斜杆受拉，拉力为 $3.2F_P$；b）$F_{BH} = -\dfrac{125}{6}\text{kN}$（压），$F_{Bx} = \dfrac{50}{3}\text{kN}$（拉）

10-4　a）$F_{Na} = -\dfrac{3}{2}F_P$，$F_{Nb} = \dfrac{1}{2}F_P$，$F_{Nc} = \dfrac{3\sqrt{2}}{2}F_P$；b）$F_{Na} = -12\text{kN}$，$F_{Nb} = \dfrac{10}{3}\text{kN}$，$F_{Nc} = \dfrac{28}{3}\text{kN}$

10-5

轴力图(单位:kN)

弯矩图(单位:kN·m)

第 11 章

11-1　a）$\Delta_{HC} = \dfrac{3ql^4}{8EI}$（→）；b）$\Delta_{HD} = \dfrac{1600}{EI}$（←）

11-2　$\Delta_{VC} = 2.28\text{mm}$（↓）

11-3　$\Delta_{HBD} = 0.54\text{mm}$（向内）；$\varphi_{B\text{-}D} = 0.099\text{rad}$（逆时针）

11-4　$\Delta_{VC} = 2.442\text{cm}$（↑）；$\Delta_{HD} = 2.466\text{cm}$（→）

11-5　$\Delta_{HD} = 0.01\text{cm}$（←）；$\varphi_{CD\text{-}CE} = 0.001667\text{rad}$（逆时针）

第 12 章

12-1　a）$M_{AB} = \dfrac{pa}{8}$（上部受拉）；b）$M_{BA} = -29.86\text{kN}\cdot\text{m}$，$M_{CD} = -19.14\text{kN}\cdot\text{m}$；c）$M_{AB} = -183.75\text{kN}\cdot\text{m}$，$M_{BA} = 56.25\text{kN}\cdot\text{m}$；d）$F_{NAC} = -0.245p$，$F_{NAE} = -0.577p$，$F_{NCE} = -1.174p$，$F_{NED} = -0.647p$

12-2　$M_{BA} = 8.8\text{kN}\cdot\text{m}$，$M_{CB} = 29.8\text{kN}\cdot\text{m}$，$M_{DC} = 74.9\text{kN}\cdot\text{m}$

12-3　a）$M_{AB} = M_{BA} = 13\text{kN}\cdot\text{m}$（上部受拉），$M_{CB} = 30\text{kN}\cdot\text{m}$；b）$M_{AB} = -4\text{kN}\cdot\text{m}$，$M_{BA} = -8\text{kN}\cdot\text{m}$，$M_{CB} = 0$，$M_{CD} = 12\text{kN}\cdot\text{m}$

12-4　弯矩图如下：

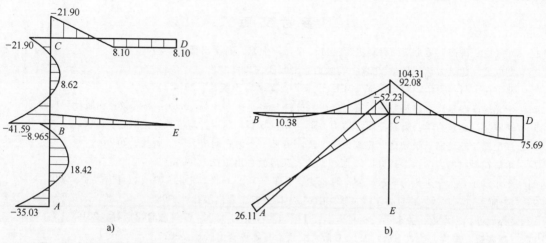

a)

b)

12-5 正对称结构。取半边计算，弯矩图如下：

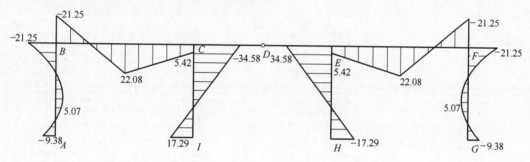

参 考 文 献

[1] 邓宗白，陶阳，吴永端. 材料力学 [M]. 2 版. 北京：科学出版社，2021.

[2] 刘成云. 建筑力学 [M]. 北京：机械工业出版社，2006.

[3] 邓宗白. 材料力学实验与训练 [M]. 北京：高等教育出版社，2014.

[4] 干光瑜，秦惠民. 建筑力学：第二分册 材料力学 [M]. 3 版. 北京：高等教育出版社，1999.

[5] 李家宝. 建筑力学：第三分册 结构力学 [M]. 3 版. 北京：高等教育出版社，2006.

[6] 周国瑾，施美丽，张景良. 建筑力学 [M]. 4 版. 上海：同济大学出版社，2011.

[7] 单辉祖. 材料力学：Ⅰ [M]. 2 版. 北京：高等教育出版社，2004.

[8] 哈尔滨工业大学理论力学教研室. 理论力学：Ⅰ [M]. 6 版. 北京：高等教育出版社，2002.

[9] 李前程，安学敏. 建筑力学 [M]. 北京：中国建筑工业出版社，1998.

[10] 孙训方，方孝淑，关来泰. 材料力学：Ⅰ [M]. 6 版. 北京：高等教育出版社，2019.

[11] 李廉锟. 结构力学：上册 [M]. 6 版. 北京：高等教育出版社，2017.